模具制造工艺学

主　　编　胡彦辉
副主编　周春华　龙　华
参　　编　刘瑞已
主　　审　董建国

重庆大学出版社

内 容 提 要

本书主要讲述模具制造工艺的全过程,包括模具制造工艺综述;模具零件基本表面的机械加工;精密机械加工;电火花成形加工;电火花线切割加工;其他制模加工技术介绍;模具钳工及光整加工;典型模具零件加工工艺分析;模具装配等。在保证各种加工工艺方法的完整性和系统性的同时,更加突出工艺方法的综合性、针对性和实用性,内容简明、通俗,侧重于基础理论的应用教学和实践动手能力的培养。

本书是高等职业技术院校模具设计及制造专业的教学用书,也可供自学者及相关工程技术人员参考。

图书在版编目(CIP)数据

模具制造工艺学/胡彦辉主编.—重庆:重庆大学出版社,2005.7(2020.9 重印)
(高职高专模具设计与制造专业系列教材)
ISBN 978-7-5624-3430-6

Ⅰ.模… Ⅱ.胡… Ⅲ.模具—制造—工艺—高等学校:技术学校—教材 Ⅳ.TG760.6

中国版本图书馆 CIP 数据核字(2005)第 067549 号

模具制造工艺学

主 编 胡彦辉
副主编 周春华 龙 华

责任编辑:彭 宁 高鸿宽 版式设计:彭 宁
责任校对:李定群 责任印制:张 策

*

重庆大学出版社出版发行
出版人:饶帮华
社址:重庆市沙坪坝区大学城西路 21 号
邮编:401331
电话:(023)88617190 88617185(中小学)
传真:(023)88617186 88617166
网址:http://www.cqup.com.cn
邮箱:fxk@cqup.com.cn(营销中心)
全国新华书店经销
POD:重庆新生代彩印技术有限公司

*

开本:787mm×1092mm 1/16 印张:16.25 字数:406 千
2005 年 8 月第 1 版 2020 年 9 月第 9 次印刷
ISBN 978-7-5624-3430-6 定价:42.00 元

前言

本书根据机械职业教育"模具设计及制造专业"教学指导委员会,高等职业技术教育"模具制造工艺学"课程教学大纲编写,是重庆大学出版社组织编写的高职高专系列教材之一,是高等职业技术院校模具设计及制造专业的教学用书,也可供有关工程技术人员参考。

本书在编写中根据高职高专教育的特点、模具设计与制造专业的培养目标及教学要求,力求体现高职教材的特色,贯彻"职业性、实用性、系统性、超前性"的原则,以典型模具及模具零件为例,主要讲述制订模具制造工艺规程的基础知识;模架主要组成零件及模具成形零件的加工工艺和加工方法;模具装配的基本知识和装配工艺及要求等。在讲述和分析模具零件的加工时,以机械加工、电火花成形加工及数控线切割加工为重点,从生产实际出发突出实用性,内容简明扼要、通俗易懂。

参加本书编写的有湖南工业职业技术学院胡彦辉(绪论、第1、8章)、长沙航空职业技术学院周春华(第2、6、7、9章)、湖南工业职业技术学院龙华(第3、4章)、湖南工业职业技术学院刘瑞已(第5章)。全书由胡彦辉任主编,周春华和龙华任副主编。陕西工业职业技术学院的南欢、淮安信息职业技术学院的朱立义、昆明冶金高等专科学校的邹莉参与有关章节的编写工作。

本书由湖南工业职业技术学院董建国主审,在此表示感谢。同时,也向对本书编写给予帮助的李晓辉、龙瑾、陈波和本书所引用的文献、著作的作者,表示感谢。

由于编者水平有限,书中难免有疏漏、错误之处,敬请读者斧正。

编　者
2005 年 4 月 30 日

目录

1

绪　论

(1) 模具在现代工业生产中的作用

在现代工业生产中,模具是重要的工艺装备之一,它在铸造、锻造、冲压、塑料、橡胶、玻璃、粉末冶金、陶瓷制品等生产行业中得到了广泛应用。汽车、飞机、拖拉机、电器、仪表、玩具和日常用品等产品的零部件很多都采用模具进行加工。随着科学技术的发展,工业产品的品种和数量不断增加,产品的改型换代加快,对产品质量、外观不断提出新的要求,对模具质量的要求也越来越高。模具设计及制造业肩负着为相关企业和部门提供产品(模具)的重任。显然,如果模具设计及制造水平落后,产品质量低劣,制造周期长,必将影响产品的更新换代,使产品失去竞争能力,阻碍生产和经济的发展。因此,模具设计及制造技术在国民经济中的地位是显而易见的。例如,汽车工业,一个车型的轿车,共需 4 000 多套模具,价值 2～3 亿元,各种类型的汽车中,平均一个车型需要冲压模具 2 000 套,其中,大中型覆盖件模具 300 套。采用模具生产零、部件具有生产效率高、质量稳定,一致性好,节约原材料和能源,生产成本低等优点,模具的应用已成为当代工业生产的重要手段和工艺发展方向之一。现代工业产品的品种发展和生产效率的提高,在很大程度上取决于模具的发展和技术经济水平。目前,模具已成为衡量一个国家、一个地区、一家企业制造水平的重要标志之一。

(2) 模具制造技术现状及发展方向

近年来,我国的模具工业也有较大发展,全国已有模具生产厂数千个,拥有职工数十万人,每年能生产上百万套模具。多工位级进模具和长寿命硬质合金模具的生产及应用有了进一步扩大。为满足新产品试制和小批量生产的需要,我国模具行业制造了多种结构简单、生产周期短、成本低的简易冲模,如钢皮冲模、聚氨脂模、橡胶模、低熔点合金模具、锌合金模具、组合冲模、通用可调冲孔模等。数控铣床、数控电火花加工机床、加工中心等加工设备已在模具生产中被广泛采用。电火花和线切割加工已成为冷冲模制造的主要手段。为了对硬质合金模具进行精密成形磨削,研制成功了单层电镀金刚石成形磨轮和电火花成形磨削专用机床,使用效果良好,对型腔的加工正在根据模具的不同类型采用电火花加工、电解加工、电铸加工、陶瓷型精密铸造、冷挤压、超塑成形以及利用照相腐蚀技术加工型腔皮革纹表面等多种工艺。模具的计算机辅助设计及制造(CAD/CAM)也已进行开发和应用。

1

尽管我国的模具工业这些年来发展较快,模具制造的水平也在逐步提高,但与工业发达国家相比仍存在较大差距,主要表现在模具品种少、精度差、寿命短、生产周期长等方面。由于制造技术落后,造成了模具供不应求的状况,远不能适应国民经济发展的需要,严重影响工业产品品种的发展和质量的提高。许多模具(尤其是精密、复杂、大型模具)由于国内不能制造,不得不从国外高价引进。为了尽快改变这种状况,国家已采取了许多措施促进模具工业的发展,争取在较短的时间内使模具生产基本适应各行业产品发展的需要,掌握生产精密、复杂、大型、长寿命模具的技术,使模具标准件实现大批量生产。

由于模具是一种生产效率很高的工艺装备,其种类很多(按其用途分为冷冲模、塑料模、陶瓷模、压铸模、锻模、粉末冶金模、橡胶模、玻璃模等),组成各种不同用途模具的零件更是多种多样。模具生产多为单件生产,这就给模具生产带来许多困难,为了减少模具设计和制造的工作量,模具零件的标准化工作尤为重要。标准化的模具零件可以组织批量生产,并向市场提供这些模具的标准零件和组件。制造一种新模具只需制造那些非标准零件,再将它和标准零件装配起来便成为一套完整的模具,从而使模具的生产周期缩短,制造成本降低。我国已制订了冷冲模、塑料注射模、压铸模、锻模、橡胶模等的国家标准。模架、模板、导柱、导套等模具的标准零件,也开始了小规模的专业化生产。

随着社会主义市场经济的不断发展,工业产品的品种增多、产品更新换代加快,市场竞争日益激烈。因此,模具制造质量的提高和生产周期的缩短显得尤为重要,谁占有优势,谁就将占领市场,促使模具制造技术的发展出现以下趋势:

1)模具粗加工技术向高速加工发展 以高速铣削为代表的高速切削加工技术代表了模具零件外形表面粗加工发展的方向。高速铣削可以大大改善模具表面质量状况,并大大提高加工效率和降低成本。例如,INGERSOLL 公司生产的 VEM 型超高速加工中心的切削进给速度为 76 m/min、主轴转速为 45 000 r/min,瑞士 SIP 公司生产的 AFX 立式精密坐标镗床主轴转速为 30 000 r/min,日本森铁工厂生产的 MV-40 型立式加工中心,其转速达 40 000 r/min。另外,毛坯下料设备出现高速锯床、阳极切割和激光切割等高速高效率加工设备。还出现了高速磨削设备和强力磨削设备。

2)成形表面的加工向精密、自动化发展 成形表面的精加工向数控、数显和计算机控制等方向发展,使模具加工设备的 CNC 水平不断提高。推广应用数控电火花成形加工设备,连续轨迹计算机控制坐标磨床和配有 CNC 修整装备和精密测量装置的成形磨削加工设备等先进设备,是提高模具制造技术水平的关键。

3)光整加工技术向自动化发展 在当前,模具成形表面的研磨、抛光等光整加工仍然以手工作业为主,不仅花费工时多、而且劳动强度大和表面质量低。目前工业发达国家正在研制由计算机控制、带有磨料磨损自动补偿装置的光整加工设备,可以对复杂型面的三维曲面进行光整加工,并开始在模具加工上使用,它大大提高了光整加工的质量和效率。

4)快速成形加工模具技术 快速成形制造技术是 20 世纪 80 年代以来,制造技术上的又一重大发展,它对模具制造具有重大的影响。特别适用于多品种、少批量用模具。由于多品种、少批量生产方式将占工业生产的 75% 左右,因此,快速成形制模技术必将有极大的发展前途。

5)模具 CAD/CAM 技术将有更快的发展 模具 CAD/CAM 技术在模具设计上的优势越来越明显,它是模具技术的又一次革命,普及和提高模具 CAD/CAM 技术的应用是历史发展的必然趋势。

(3)模具制造工艺学基本要求

为了适应我国国民经济发展的需要,发展我国的模具制造工业,需要培养大量不同层次的模具制造专业人才。"模具制造工艺学"是为培养模具设计及制造专业人才而设置的专业课程之一。主要讲授以下内容:制订模具制造工艺规程的基础知识;加工模具零件的各种工艺方法(如切削加工、特种加工、铸造加工、冷挤压加工和超塑成形加工等)及模具典型零件的加工;模具的装配工艺。

通过课程教学,并配合其他教学环节使学生初步掌握工艺规程的制订;掌握一定的基础理论知识;具有一定的分析、解决工艺技术问题的能力;为进一步学习本专业新工艺、新技术打下必要的基础。

"模具制造工艺学"涉及的知识面广,是一门综合性较强的课程。金属材料及热处理、数控技术、机械制造工艺及设备等课程的有关内容都将在"模具制造工艺学"课程中得到综合应用。制订任何模具零件的工艺路线,都需要具备较广泛的机械加工方面的专业知识和技术基础知识。因此,在学习中善于综合应用相关课程的知识,对于学好"模具制造工艺学"是十分重要的。

"模具制造工艺学"是一门实践性较强的课程。任何模具零件的工艺路线和采用的工艺方法都与实际生产条件密切相关,在处理工艺技术问题时一定要理论联系实际。对于同一个加工零件,在不同的生产条件下可以采用不同的工艺路线和工艺方法达到工件的技术要求。要注意在生产过程中学习、积累模具生产的有关知识和经验,以便能更好地处理生产中的有关技术问题。

模具制造技术和其他科学技术一样,也在不断的发展和提高。在制订工艺路线时要充分考虑一些新工艺、新技术应用的可行性,并加以应用,以不断提高模具制造的工艺技术水平。

"模具制造工艺学"和其他学科一样,有它自己的规律和内在联系。如加工一个零件所产生的加工误差,直接受加工设备、毛坯情况和其他工艺因素的综合影响,它们之间存在着一定的内在联系。一个零件的工艺路线,各工序间也存在着相互联系和影响。因此,在学习本课程时要善于进行深入的分析和思考,掌握工艺过程的内在联系和规律,并运用这些规律处理工艺技术问题。

第 **1** 章
模具制造工艺综述

1.1 模具的生产过程和特点

1.1.1 模具的生产过程

模具的生产过程是指将原材料转变为模具成品的全过程。它主要包括：

1）产品投产前的生产技术准备工作　包括产品的试验研究和设计、工艺设计和专用工艺装备的设计及制造、各种生产资料和生产组织等方面的准备工作。

2）毛坯制造　如毛坯的锻造、铸造和冲压等。

3）零件的加工过程　如机械加工、特种加工、焊接、热处理和表面处理等。

4）产品的装配过程　包括零、部件装配、总装配。

5）试模　模具的调试和鉴定。

6）各种生产服务活动　包括原材料、半成品、工具的供应、运输、保管以及产品的油漆和包装等。

它们的关系及内容如图 1.1 所示。

在上述生产过程中，生产技术准备阶段是整个生产的基础，对于模具的质量、成本、进度和管理都有重大的影响。生产技术准备阶段工作包括模具图样的设计；工艺技术文件的编制；材料定额和加工工时定额的制订；模具成本的估价等。

在模具加工过程中，毛坯、零件和组件的质量保证和检验是必不可少的，在模具生产中通过"三检制"的实施来保证合格制件在生产线上流转。在模具加工过程中，相关工序和车间之间的转接是生产连续进行所必需的，在转接中间和加工不均衡所造成的等待和停歇是模具生产中的突出问题，作为模具生产组织者应该将这部分时间减小到最小程度。同时在确定生产周期上要充分考虑。

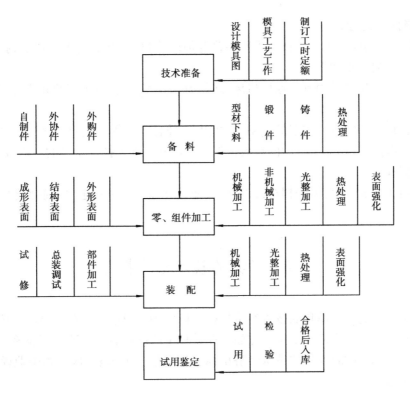

图 1.1　模具的生产过程示意图

1.1.2　模具的生产和工艺特点

(1)模具的生产特点

模具作为一种高寿命的专用工艺装备有以下生产特点:

1)属于单件、多品种生产　模具是高寿命专用工艺装备,每副模具只能生产某一特定形状、尺寸和精度的制件,这就决定了模具生产属于单件、多品种生产规程的性质。

2)客观要求模具生产周期短　当前由于新产品更新换代的加快和市场的竞争,客观上要求模具生产周期越来越短。模具的生产管理、设计和工艺工作都应该适应客观要求。

3)模具生产的成套性　当某个制件需要多副模具来加工时,各副模具之间往往相互牵连和影响。只有最终制件合格,这一系列模具才算合格,因此,在生产和计划安排上必须充分考虑这一特点。

4)试模和试修　由于模具生产的上述特点和模具设计的经验性,模具在装配后必须通过试冲或试压,最后确定是否合格。同时有些部位需要试修才能最后确定。因此,在生产进度安排上必须留有一定的试模周期。

5)模具加工向机械化、精密化和自动化发展　目前,产品零件对模具精度的要求越来越高,高精度、高寿命、高效率的模具越来越多。而加工精度主要取决于加工机床精度、加工工艺条件、测量手段和方法。精密成形磨床、CNC 高精度平面磨床、精密数控电火花线切割机床、高精度连续轨迹坐标磨床以及三坐标测量机的使用越来越普遍,使模具加工向高技术密集型发展。

(2)模具的工艺特点

当前,由于我国模具加工的技术手段还普遍偏低,同时具有上述生产特点,我国模具制造上的工艺特点主要表现如下:

①模具加工上尽量采用万能通用机床、通用刀量具和仪器,尽可能地减少专用二类工具的使用数量。

②在模具设计和制造上较多的采用"实配法"、"同镗法"等,使模具零件的互换性降低,但这是保证加工精度,减小加工难度的有效措施。今后随着加工技术手段的不断改进,互换性程度将会逐渐提高。

③在制造工序安排上,工序相对集中,以保证模具加工质量和进度,简化管理和减少工序周转时间。

1.2 模具的技术经济指标

模具也是一种商品。模具的技术经济指标可以归纳为:模具的精度、模具的生产周期、模具的生产成本和模具的寿命4个基本方面。在模具生产过程的各个环节都应该对模具4个方面的要求综合考虑。同时模具的技术经济指标也是衡量一个国家、地区和企业模具生产技术水平的重要标志。

(1)模具的精度

模具的精度包括:尺寸精度、形状精度、位置精度和表面粗糙度。模具在工作状态和非工作状态的精度不同,又分为动态精度和静态精度。

模具的精度主要体现在模具工作零件的精度和相关部位的配合精度。模具工作部位的精度高于产品制件的精度,例如,冲裁模刃口尺寸的精度要高于产品制件的精度,冲裁凸模和凹模间冲裁间隙的数值大小和均匀一致性也是主要精度参数之一。平时测量出的精度都是非工作状态下进行的——如冲裁间隙,即静态精度。而在工作状态时,受到工作条件的影响,其静态精度数值都发生了变化,这时称为动态精度,这种动态冲裁间隙才是真正有实际意义的。一般模具的精度也应与产品制件的精度相协调,同时也受模具加工技术手段的制约。

影响模具精度的主要因素有:

1)产品制件精度 产品制件的精度越高,模具工作零件的精度就越高。模具精度的高低不仅对产品制件的精度有直接影响,而且对模具的生产周期、生产成本都有很大的影响。

2)模具加工技术手段的水平 模具加工设备的加工精度如何、设备的自动化程度如何,是保证模具精度的基本条件。今后模具精度更大地依赖模具加工技术手段的高低。

3)模具装配钳工的技术水平 模具的最终精度很大程度依赖装配调试来完成,模具光整表面的表面粗糙度数值主要依赖模具钳工来完成,因此,模具钳工技术水平如何是影响模具精度的重要因素。

4)模具制造的生产方式和管理水平 模具工作刃口尺寸在模具设计和生产时,是采用"实配法",还是"分别制造法"是影响模具精度的重要方面。对于高精度模具只有采用"分别制造法"才能满足高精度的要求和实现互换性生产。

对于高速冲压模、大型件冲压成形模、精密塑料模,不仅要求具有精度高,还应有良好的刚度。这类模具工作负荷较大,当出现较大的弹性变形时,不仅要影响模具的动态精度,而且关系到模具能否继续正常工作。因此,在模具设计中,在满足强度要求时,对于模具刚度也应得到保证,同时在制造时也要避免由于加工不当造成的附加变形。

(2) 模具的生产周期

模具的生产周期是从接受模具订货任务开始到模具试模后交付合格模具所用的时间。当前,模具使用单位要求模具的生产周期越来越短,以满足市场竞争和更新换代的需要。因此,模具生产周期长短是衡量一个模具企业生产能力和技术水平的综合标志之一,也关系到一个模具企业在激烈的市场竞争中有无立足之地。同时模具的生产周期长短也是衡量一个国家模具技术管理水平高低的标志。

影响模具生产周期的主要因素有:

1) 模具技术和生产的标准化程度　模具标准化程度是一个国家模具技术和生产发展到一定水平的产物。目前,我国模具技术的标准化已有良好的基础,有模具基础技术标准、各种模具设计标准、模具工艺标准、模具毛坯和半成品件标准以及模具检验和验收标准等。由于我国企业的小而全和大而全状况,使模具标准件的商品化程度不高,这是影响模具生产周期的重要因素。

2) 模具企业的专门化程度　现代工业发展的趋势是企业分工越来越细,企业产品的专门化程度越高,越能提高产品质量和经济效益,并有利于缩短产品的生产周期。目前,我国模具企业的专门化程度还较低,只有各模具企业生产自己最擅长的模具类型,有明确和固定的服务范围,同时各模具企业相互配合搞协作化生产,才能缩短模具生产周期。

3) 模具生产技术手段的现代化　模具设计、生产、检测手段的现代化也是影响模具生产周期的因素之一。只有大力推广和普及模具 CAD/CAM 技术;粗加工向高效率发展,毛坯下料采用高速锯床、阳极切割和砂轮切割等高效设备,粗加工采用高速铣床、强力高速磨床;精密加工采用高精度的数控机床,如数控仿形铣床、数控光学曲线磨床、高精度数控电火花线切割机床、数控连续轨迹坐标磨床等;推广先进快速制模技术等等。使模具生产技术手段提高到一个新水平。

4) 模具生产的经营和管理水平　从管理上要效率,研究模具企业生产的规律和特点,采用现代化的管理手段和制度管理企业,也是影响模具生产周期的重要因素。

(3) 模具生产成本

模具生产成本是指企业为生产和销售模具支付费用的总和。模具生产成本包括原材料费、外购件费、外协件费、设备折旧费、经营开支等。从性质上分为生产成本、非生产成本和生产外成本,模具生产成本是指与模具生产过程有直接关系的生产成本。

影响模具生产成本的主要因素有:

1) 模具结构的复杂程度和模具功能的高低　现代科学技术的发展使模具向高精度、多功能和自动化方向发展,相应提高了模具的生产成本。

2) 模具精度的高低　模具的精度和刚度越高,模具生产成本就越高。模具精度和刚度应该与客观需要的产品制件、生产批量的要求相适应。

3) 模具材料的选择　模具费用中,材料费在模具生产成本中约占 25% ~ 30%,特别是因模具工作零件材料类别的不同,相差较大。因此,应该正确地选择模具材料,使模具工作零件的材料类别与要求的模具寿命相协调,同时应采取各种措施充分发挥材料的效能。

4）模具加工设备　模具加工设备向高效、高精度、高自动化、多功能发展,使模具成本相应提高。因此,为了维持和发展模具的生产,应该充分发挥设备的效能,提高设备的使用效率。

5）模具的标准化程度和企业生产的专门化程度　这些都是制约模具成本和生产周期的重要因素,应通过模具工业体系的改革有计划、有步骤地解决。

（4）模具寿命

模具寿命是指模具在保证产品零件质量的前提下,所能加工制件的总数量,它包括工作面的多次修磨和易损件更换后的寿命。

模具寿命一般可分为设计寿命和使用寿命,在模具设计阶段就应明确该模具适用的生产批量类型或者模具生产制件的总数量,即模具的设计寿命;在正常情况下,模具的使用寿命应大于设计寿命。不同类型的模具正常损坏的形式也不一样,但总的来说,工作表面损坏的形式有摩擦损坏、塑性变形、开裂、疲劳损坏、啃伤等。

影响模具寿命的主要因素有:

1）模具结构　合理的模具结构有助于提高模具的承载能力,减轻模具承受的热-机械负荷水平。例如,模具可靠的导向机构,对于避免凸模和凹模间的互相啃伤是有帮助的。又如,承受高强度负荷的冷镦和冷挤压模具,对应力集中十分敏感,当承力件截面尺寸变化时,最容易由于应力集中而开裂。因此,对截面尺寸变化处理是否合理,对模具寿命影响较大。

2）模具材料　应根据产品零件生产批量的大小,选择模具材料。注意模具材料的冶金质量可能造成的工艺缺陷及工作时承载能力的影响,采取必要的措施来弥补冶金质量的不足,以提高模具寿命。

3）模具加工质量　模具零件在机械加工,电火花加工,以及锻造、预处理、淬火硬化,在表面处理时的缺陷都会对模具的耐磨性、抗咬合能力、抗断裂能力产生显著的影响。例如,模具表面粗糙度、残存的刀痕、电火花加工的显微裂纹,热处理时的表层增碳和脱碳等缺陷都对模具的承载能力和寿命带来影响。

4）模具工作状态　模具工作时,使用设备的精度与刚度,润滑条件,被加工材料的预处理状态,模具的预热和冷却条件等都对模具寿命产生影响。例如,薄料的精密冲裁对压力机的精度、刚度尤为敏感,必须选择高精度、高刚度的压力机,才能获得良好的效果。

5）产品零件状况　被加工零件材料的表面质量状态、材料硬度、伸长率等力学性能,被加工零件的尺寸精度都对模具寿命有直接的关系。如镍的质量分数为80%的特殊合金成形时极易和模具工作表面发生强烈的咬合现象,使工作表面咬合拉毛,直接影响模具能否正常工作。

总之,模具的技术经济指标是相互影响和互相制约的,而且影响因素也是多方面的。在实际生产过程中要根据产品零件和客观需要综合平衡,抓住主要矛盾,求得最佳的经济效益,满足生产的需要。

1.3　模具工艺工作

1.3.1　工艺过程及其组成

生产过程中为改变生产对象的形状、尺寸、相对位置和性质等,使其成为成品或半成品的过程称为工艺过程。若采用机械加工方法来完成上述过程,则称其为机械加工工艺过程。

模具零件制造工艺过程由一个或若干个按顺序排列的工序所组成,毛坯依次经过这些工序而变为成品。

（1）工序

工序是一个或一组工人,在一个工作地点对同一个或同时对几个工件进行加工所连续完成的那一部分工艺过程。它是组成工艺过程的基本单元,又是生产计划和经济核算的基本单元。划分工序的依据是工作地(设备)、加工对象(工件)是否改变以及加工是否连续完成,如果其中之一有改变或者加工不是连续完成的,则应另外划分一道工序。

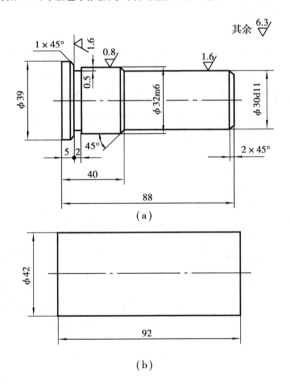

图1.2　压入式模柄

（a）零件图　（b）毛坯图

如何判断一个工件在一个工作地点的加工过程是否连续呢? 现以一批工件上某孔的钻、铰加工为例说明。如果每一个工件在同一台机床上钻孔后就接着铰孔,则该孔的钻、铰加工过程是连续的,应算作一道工序。若在该机床上将这批工件都钻完孔后再逐个铰孔,对一个工件的钻铰加工过程就不连续了,钻、铰加工应该划分成两道工序。

如图1.2所示模柄的机械加工工艺过程划分为三道工序,见表1.1。

表1.1　模柄的加工工艺过程

工序编号	工 序 内 容	设 备
1	车两端面钻中心孔	车床
2	车外圆(ϕ32 留磨削余量)车槽并倒角	车床
3	磨 ϕ32 外圆	外圆磨床

(2)安装

工件在加工之前,应使其在机床上(或夹具中)处于一个正确的位置并将其夹紧。工件具有正确位置及夹紧的过程称为装夹。工件经一次装夹后所完成的那一部分工序称为安装。在一道工序中,有时工件需要进行多次装夹,如表1.1中的工序1,当车削第一端面、钻中心孔时要进行一次装夹,调头车另一端面、钻中心孔时又需要重新装夹工件,因此,完成该工序,工件要进行两次装夹。多一次装夹,不单增加了装卸工件的辅助时间,同时还会产生装夹误差。因此,在工序中应尽量减少装夹次数。

(3)工位

为了完成一定的工序部分,一次装夹工件后,工件与夹具或设备的可动部分一起,相对于刀具或设备的固定部分所占据的每一个位置称为工位。在加工中为了减少工件的装夹次数,常采用一些不需要重新装卸就能改变工件位置的夹具或其他机构来实现工件加工位置的改变,以完成对不同部位(或零件)的加工,如图1.3所示是利用万能分度头使工件依次处于工位Ⅰ,Ⅱ,Ⅲ,Ⅳ来完成对凸模槽的铣削加工。

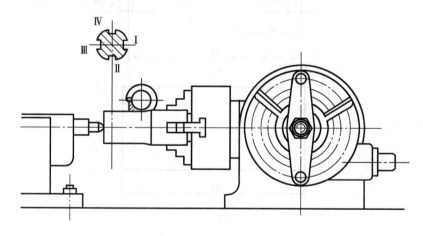

图1.3　多工位加工

(4)工步

为了便于分析和描述工序内容,有必要把工序划分为工步。工步是在加工表面和加工工具不变的情况下,所连续完成的那一部分工序。一个工序可以包含几个工步,也可能只有一个工步。如表1.1中工序1可划分成4个工步(车端面、钻中心孔、车另一端面、钻中心孔)。

决定工步的两个因素(加工表面、加工工具)之一发生变化,或者这两个因素虽然没有变化,但加工过程不是连续完成,一般应划分为另一工步。当工件在一次装夹后连续进行若干个相同的工步时,为了简化工序内容的叙述,在工艺文件上常将其填写为一个工步。如图1.4所示零件,对4个$\phi10$ mm的孔连续进行钻削加工,在工序中可以写成一个工步:钻4 – $\phi10$ mm孔。

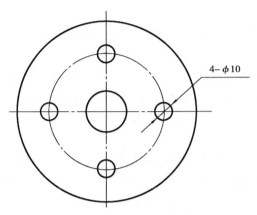

图1.4　具有4个相同孔的工件

为了提高生产率,用几把刀具或者用复合刀具,同时加工同一工件上的几个表面,称为复合工步。在工艺文件上,复合工步应视为一个工步。如图1.5所示是用钻头和车刀同时加工内孔和外圆的复合工步。如图1.6所示是用复合中心钻钻孔、锪锥面的复合工步。

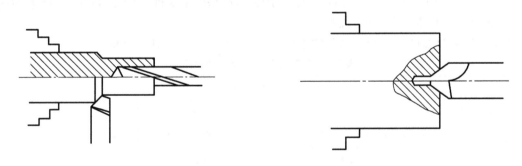

图1.5　多刀加工　　　　　　　　　图1.6　钻孔、锪锥面复合工步

(5)进给

有些工步,由于需要切除的余量较大或其他原因,需要对同一表面进行多次切削,刀具从被加工表面每切下一层金属层即称为一次进给。因此,一个工步可能只有一次进给,也可能要几次进给。

1.3.2　生产纲领和生产类型

(1)生产纲领

企业在计划期内应生产的产品量(年产量)和进度计划称为生产纲领。

某种零件的年产量可用以下公式计算

$$N = Qn(1 + \alpha\% + \beta\%)$$

式中　N——零件的年产量,单位为件/年;

11

Q——产品的年产量,单位为台/年;

n——每台产品中该零件的数量,单位为件/台;

$\alpha\%$——零件的备品率;

$\beta\%$——零件的平均废品率。

(2)生产类型的确定

企业(或车间、工段、班组、工作地)生产专业化程度的分类称为生产类型。一般按年产量划分为以下 3 种类型:

1)单件生产　单件生产的基本特点是产品品种繁多,每种产品仅生产一件或数件,各个工作地的加工对象经常改变,而且很少重复生产。例如:重型机械产品的制造、新产品的试制等多属于这种生产类型。一般工厂的工具车间所进行的专用模具、夹具、刀具、量具的生产也多属于单件或小批生产。

2)成批生产　成批生产的基本特点是产品品种多,同一产品有一定的数量,能够成批进行生产,或者在一段时间之后又重复某种产品的生产。例如,机床制造、机车制造等多属于成批生产。一次投入或生产的同一产品(或零件)的数量称为生产批量。按照批量的大小,成批生产又分为小批生产、中批生产和大批生产。小批生产在工艺方面接近单件生产,二者常常相提并论。中批生产的工艺特点介于单件生产和大量生产之间。大批生产在工艺方面接近大量生产。

3)大量生产　大量生产的基本特点是产品品种单一而固定,同一产品产量很大,大多数工作长期地进行一个零件某道工序的加工,生产具有严格的节奏性。例如,汽车、自行车、轴承制造,常常是以大量生产方式进行的。

表 1.2 所列是按产品年产量划分的生产类型,供确定生产类型时参考。

表 1.2　年产量与生产类型的关系

生产类型		同类零件的年产量/件		
		轻型零件 (零件质量 < 100 kg)	中型零件 (零件质量 100 ~ 2 000 kg)	重型零件 (零件质量 > 2 000 kg)
单件生产		< 100	< 10	< 5
成批生产	小批	100 ~ 500	10 ~ 200	5 ~ 100
	中批	500 ~ 5 000	200 ~ 500	100 ~ 300
	大批	5 000 ~ 50 000	500 ~ 5 000	300 ~ 1 000
大量生产		> 50 000	> 5 000	> 1 000

生产类型对工厂的生产过程和生产组织起决定性的作用。各种生产类型的工艺特征见表 1.3。

生产类型是制订工艺规程的主要依据之一。应根据生产类型合理地选择零件加工的工艺方法、毛坯、加工设备、工艺装备以及生产的组织形式。

表 1.3　各种生产类型的工艺特征

特点\类型	单件生产	成批生产	大量生产
加工对象	经常改变	周期性改变	固定不变
毛坯的制造方法及加工余量	铸件用木模,手工造型;锻件用自由锻。毛坯精度低,加工余量大	部分铸件用金属模,部分锻件采用模锻。毛坯精度中等,加工余量中等	铸件广泛采用金属模机器造型。锻件广泛采用模锻以及其他高生产率的毛坯制造方法。毛坯精度高,加工余量小
机床设备及其布置形式	采用通用机床。机床按类别和规格大小采用"机群式"排列布置	采用部分通用机床和部分高生产率的专用机床。机床设备按加工零件类别分"工段"排列布置	广泛采用高生产率的专用机床及自动机床。按流水线形式排列布置
工艺装备	多标准夹具,很少采用专用夹具,靠划线及试切法达到尺寸精度　采用通用刀具与万能量具	广泛采用专用夹具,部分靠划线进行加工　较多采用专用刀具和专用量具	广泛采用先进高效夹具,靠夹具及调整法达到加工要求　广泛采用高生产率的刀具和量具
对操作工人的要求	需要技术熟练的操作工人	操作工人需要有一定的技术熟练程度	对操作工人的技术要求较低,对调整工人的技术要求较高
工艺文件	有简单的工艺过程卡片	有较详细的工艺规程,对重要零件需编制工序卡片	有详细编制的工艺文件
零件的互换性	广泛采用钳工修配	零件大部分有互换性,少数用钳工修配	零件全部有互换性,某些配合要求很高的零件采用分组互换
生产率	低	中等	高
单件加工成本	高	中等	低

1.3.3　模具工艺工作的主要内容

作为模具工艺技术人员应该根据模具的特点和要求、模具生产具体条件和工艺规律等编制合理的工艺技术文件并指导生产。模具工艺工作的主要内容如下:

(1)编制工艺文件

模具工艺文件主要包括模具零件加工工艺规程、模具装配工艺要点或工艺规程、原材料清单、外购件清单和外协件清单等。模具工艺技术人员应该在充分理解模具结构、工作原理和要求的情况下,结合本企业加工设备、生产和技术状态等条件,编制模具零件加工和装配等工艺文件。

（2）二类工具的设计制造和工艺编制

二类工具（二级工具）是指加工模具和装配中所用的各种专用工具。这些专用的二类工具，一般都由模具工艺技术人员负责设计和工艺编制（特殊的部分由专门技术人员完成）。二类工具的质量和效率对模具质量和生产进度起着重要的作用。在客观允许条件下可以利用通用工具改制，注意应该将二类工具的数量和成本降低到最小程度。

通常需要设计的二类工具有：非标准的铰刀和铣刀、各型面检验样板、非标准量规、仿形加工用靠模，电火花成形加工电极、型面检验放大图等。

（3）处理加工现场技术问题

在模具零件加工和装配过程中出现的技术、质量和生产管理问题是模具工艺技术人员的经常性工作之一。如解释工艺文件和进行技术指导、调整加工方案和方法、办理尺寸超差和代料等。在处理加工现场技术问题时，既要保证质量又要保证生产进度。

（4）参加试模和鉴定工作

各种模具在装配之后的试冲和试压是模具生产的重要环节，模具工艺技术人员和其他有关人员通过试压和试冲，及时分析技术问题和提出解决方案，并对模具的最终技术质量状态做出正确的结论。

1.3.4 模具制造工艺规程

规定产品或零部件制造工艺过程和操作方法等的工艺文件称为工艺规程。模具加工工艺规程一般应规定工件加工的工艺路线、工序的加工内容、检验方法、切削用量、时间定额以及所采用的设备和工艺装备等。不同的生产类型对工艺规程的要求也不相同，大批、大量生产的工艺规程比较详细；单件、小批生产则比较简单。编制工艺规程是生产准备工作的重要内容之一，合理的工艺规程对保证产品质量、提高劳动生产率、降低原材料及动力消耗、改善工人的劳动条件等都具有十分重要的意义。

（1）工艺规程的作用

在生产过程中工艺规程有如下几个方面的作用：

1）工艺规程是指导生产的重要技术文件　合理的工艺规程是在总结广大工人和技术人员长期实践经验的基础上，结合工厂具体生产条件，根据工艺理论和必要的工艺试验而制订的。按照它进行生产，可以保证产品的质量、较高的生产效率和经济性。经批准生效的工艺规程在生产中应严格执行，否则，往往会使产品质量下降、生产效率降低。但是，工艺规程并不是固定不变的，工艺人员应及时总结技术创新和技术改造，及时吸收国内外先进工艺技术，对现行工艺规程不断地予以改进和完善，使其能更好地指导生产。

2）工艺规程是生产组织和生产管理工作的基本依据　有了工艺规程，在产品投产前就可以根据它进行原材料、毛坯的准备和供应；机床设备的准备和负荷的调整，专用工艺装备的设计和制造；生产作业计划的编排；劳动力的组织以及生产成本的核算等，使整个生产有计划地进行。

3）工艺规程是新建工厂或车间的基本资料　在新建或扩建工厂、车间的工作中，根据产品零件的工艺规程及其他资料，可以统计出所建车间应配备机床设备的种类和数量，算出车间所需面积和各类人员的数量，确定车间的平面布置和厂房基建的具体要求，从而提出有根据的筹建或扩建计划。

　　制订工艺规程的基本原则是:保证以最低的生产成本和最高的生产效率,可靠地加工出符合设计图样要求的产品。因此,在制订工艺规程时,应从工厂的实际条件出发,充分利用现有设备,尽可能多地采用国内外的先进技术和经验。

(2)模具工艺规程卡片的种类

　　工艺规程是生产中使用的重要工艺文件,为了便于科学管理和交流,其格式都有相应的标准(见 JB/Z 187.3—88)。常用的有以下3种:

　　1)加工工艺过程卡片　以工序为单位简要说明零件加工过程的一种工艺文件。它以工序为单位列出零件加工的工艺路线(包括毛坯、加工方法和热处理),是制订其他工艺文件的基础。主要用于单件小批生产和中批生产的零件,其格式见表1.4。

表1.4　加工工艺过程卡片

(厂名)		加工工艺过程卡		产品型号		零(部)件图号		共 页	
				产品名称		零(部)件名称		第 页	
材料牌号		毛坯种类		毛坯外形尺寸		每毛坯件数		每台件数	毛坯质量
工序号	工序名称	工序内容	车 间	工 段	设 备	工艺装备		工 时	
								准终	单件
描 图									
描 校									
底图号									
装订号									
							编 制 (日期)	审 核 (日期)	会 签 (日期)
	标 记	处 数	更改文件号		签 字	日 期			

　　2)加工工序卡　在加工工艺过程卡片的基础上,按每道工序编制的一种工艺文件。一般绘有工序简图,并详细说明该工序每个工步的加工内容、工艺参数、操作要求以及使用的设备

和工艺装备等,如表1.5所示。

表1.5 加工工序卡片

| （厂名） | 加工工序卡片 | 产品型号 | | 零(部)件图号 | | 共 页 |
| | | 产品名称 | | 零(部)件名称 | | 第 页 |

工序号		工序名称	
车 间	工 段	材料牌号	
毛坯种类	毛坯外形尺寸	每坯件数	每台件数
设备名称	设备型号	设备编号	同时加工件数
夹具编号		夹具名称	切削液
			工时定额
		准终	单件

描 图	工步号	工步内容	工艺装备	主轴转速/ (r·min⁻¹)	切削速度/ (m·min⁻¹)	进给量/ (mm·r⁻¹)	背吃刀量/mm	进给数	工时定额	
									机动	辅助
描 校										
底图号										
装订号										

					编 制 (日期)	审 核 (日期)	会 签 (日期)
标 记	处 数	更改文件号	签 字	日 期			

　　加工工序卡片主要用于大批、大量生产中的零件加工,中批生产以及单件小批生产中的复杂零件加工。

　　3）装配工艺卡 模具装配工艺卡是指导模具装配的技术文件。模具装配工艺卡的制订应根据模具种类和复杂程度,各单位的生产组织形式和习惯做法等具体情况可简可繁,对于一般模具只编制装配要点、重要技术要求的保证措施以及在装配过程中需要配合加工的要求。模具装配工艺卡内容包括:模具零件和组件的装配顺序,装配基准的确定,装配工艺方法和技术要求,装配工序的划分以及关键工序的详细说明,必备的二级工具和设备,检验方法和验收条件等。

(3)对工艺规程的要求

对某一个产品而言,合理的工艺规程要体现以下几个方面的基本要求:

1)产品质量的可靠性 工艺规程要充分考虑和采取一切确保产品质量的必要措施,以期能全面、可靠和稳定地达到设计图样上所要求的精度、表面质量和其他技术要求。

2)工艺技术的先进性 工艺规程的先进性指的是在工厂现有条件下,除了采用本厂成熟的工艺方法外,尽可能地吸收适合工厂情况的国内外同行的先进工艺技术和工艺装备,以提高工艺技术水平。

3)经济性 在一定的生产条件下,要采用劳动量、物资和能源消耗最少的工艺方案,从而使生产成本最低,使企业获得良好的经济效益。

4)有良好的劳动条件 制订的工艺规程必须保证工人具有良好而安全的劳动条件。尽可能采用机械化或自动化的措施,以减轻某些繁重的体力劳动。

制订工艺规程时应具有相关的原始资料。主要有:产品的零件图和装配图;产品的生产纲领;有关手册、图册、标准、类似产品的工艺资料和生产经验;工厂的生产条件(机床设备、工艺设备、工人技术水平等)以及国内外有关工艺技术的发展情况等。这些原始资料是编制工艺规程的出发点和依据。

(4)编制工艺规程的步骤

①研究产品的装配图和零件图进行工艺分析。分析产品零件图和装配图,熟悉产品用途、性能和工作条件。了解零件的装配关系及其作用,分析制订各项技术要求的依据,判断其要求是否合理、零件结构工艺性是否良好。通过分析找出主要的技术要求和关键技术问题,以便在加工中采取相应的技术措施。如有问题,应与有关设计人员共同研究,按规定的手续对图样进行修改和补充。

②确定生产类型。

③确定毛坯。在确定毛坯时,要熟悉本厂毛坯车间(或专业毛坯厂)的技术水平和生产能力,各种钢材、型材的品种规格。应根据产品零件图使用性能要求和加工时的工艺要求(如定位、夹紧、加工余量和结构工艺性),确定毛坯的种类、技术要求及制造方法。必要时,应和毛坯车间技术人员一起共同确定毛坯图。

④拟定工艺路线。工艺路线是指产品或零部件在生产过程中,由毛坯准备到成品包装入库,经过企业各有关部门或工序的先后顺序。拟定工艺路线是制订工艺规程十分关键的一步,需要提出几个不同的方案进行分析对比,寻求一个最佳的工艺路线。

⑤确定各工序的加工余量,计算工序尺寸及其公差。

⑥选择各工序使用的机床设备及刀具、夹具、量具和辅助工具。

⑦二类工具的设计和工艺编制。

⑧确定切削用量及时间定额。

⑨填写工艺文件。生产中常见的工艺文件的格式有:加工工艺过程卡片、加工工艺卡片和

加工工序卡片,它们分别适合于不同的生产情况。模具工艺规程内容的填写,应该文字简捷、明确、符合工厂用语。对于重要关键工序的技术要求和保证措施、检验方法做出必要的说明。根据需要画出工序加工简图。

1.4 模具加工工艺分析

模具是由许多零件组成的。每个零件的材料、尺寸形状、精度和表面粗糙度、热处理要求等都是根据产品零件的加工要求、模具零件的不同作用和零件间的相互关系而确定的。模具零件的表面形状有平面、斜面、圆柱面、圆锥面、螺纹面和曲面。各个表面在模具中所起的作用也不同,在加工工艺安排中要仔细分析各个表面的作用和几何形状特征及各种技术要求,确定各个表面的加工方法,确保模具零件合格为最终装配奠定基础。

1.4.1 模具加工表面分类

模具零件表面的分类方法很多,可以按表面的几何形状特征分类,也可按表面形成的实体分类。从模具制造工艺的角度看,根据每个零件及表面在模具中的作用和制造阶段的不同,可以分为外形表面、成形表面和结构表面。

(1)外形表面

外形表面是指构成模具零件基本外形特征的表面。

一般,外形表面是模具零件的外沿表面,这些外沿表面多由平面组成的矩形体或由圆柱面、圆锥面组成的旋转体。有时也包含二维曲面和三维曲面。如图 1.7 所示的弯曲模凸模零件的外形表面可以理解为 80 mm × 60 mm × 20 mm 的矩形体。

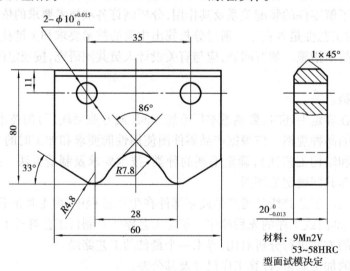

图 1.7 弯曲模凸模

这些外形表面有可能是加工其他表面的划线面,或是其他表面加工找正、装配的基准面;也有可能是模具的成形表面,塑料模的分型面等。

（2）成形表面

成形表面是指在模具中直接决定产品零件形状、尺寸、精度的表面及与这些表面协调的相关表面。例如,冲裁模中的凹模、凸模工作表面及与工作表面协调相关的卸料板、固定板等型孔表面。如图1.7所示的弯曲模凸模的成形表面就是指由 $R4.8,R7.8,86°,33°$ 等尺寸构成的二维曲面。

一般,成形表面的形状较复杂、尺寸精度较高和表面粗糙度数值较小,而且多有热处理要求,各相关零件的成形表面的一致性和协调性都有比较严格的要求,成形表面的加工是模具工艺工作的重点和难点之一。

（3）结构表面

结构表面是指在模具中起定位、导向、定距、限位、联接、驱动等作用的表面。如图1.7所示的弯曲模凸模的 $2-\phi10^{+0.015}_{0}$ mm 圆柱销孔等表面就属于结构表面,它是和模柄相联的定位和固定表面。

结构表面在模具中,对于保证各个零件间的相关尺寸和位置精度,对于联接和相互运动的可靠性起着十分重要的作用。结构表面的形状是各种各样的,而且不同零件的材料及热处理要求也不相同。在工艺安排中,要根据各个零件结构表面的作用及其他相关零件的关系分别对待。

1.4.2　各类表面的加工分析

（1）外形表面的加工

各种模具零件的加工都从外形表面加工开始,并为成形表面和结构表面的后续加工奠定基础。在模具零件的毛坯设计和加工中,应使外形表面的加工余量适当,避免材料浪费和减少后续加工工作量。对于锻件和铸件毛坯,在毛坯加工阶段应进行必要的退火和时效热处理,减小材料内应力和为后续加工做好金相组织准备。

在模具零件的外形表面中,有的表面是后续加工的划线面和划线、尺寸加工的基准面;有的是零件间相联的接合面、模具的分型面、模具和机床联接的安装面。对于将做为划线面、基准面、接合面、分型面、安装面的平面外形表面,表面粗糙度 $Ra\leqslant0.8$ μm,其余平面外形表面 $Ra=6.3$ μm 即可。平面外形表面的形位精度要求有平面的平面度和平面间的平行度和垂直度要求。这些形位精度要求,有的是在模具设计中已经规定和要求的,有的是由于零件加工工艺的需要,必须在加工中保证的。一般平面间的平行度要求见表1.6。平面间的垂直度要求见表1.7。平面的平面度为0.02:300。

表1.6　平面间的平行度要求

被测量表面的最大长度尺寸或最大宽度尺寸/mm	允许值/mm	被测量表面的最大长度尺寸或最大宽度尺寸/mm	允许值/mm
> 40 ~ 63	0.012	> 250 ~ 400	0.030
> 63 ~ 100	0.015	> 400 ~ 630	0.040
> 100 ~ 160	0.020	> 630 ~ 1 000	0.060
> 160 ~ 250	0.025		

表 1.7　平面间的垂直度要求

被测量表面的短边长度/mm	允许值/mm	被测量表面的短边长度/mm	允许值/mm
> 40 ~ 63	0.012	> 100 ~ 160	0.020
> 63 ~ 100	0.015	> 160 ~ 250	0.025

平面外形表面的加工可以在牛头刨床、立铣床、龙门刨床上进行刨削和铣削加工,去除毛坯上的大部分加工余量。

从生产效率上考虑,大型平面多采用龙门刨床刨削加工;中型平面多采用牛头刨床刨削加工;中、小型平面多采用立铣床铣削加工。

通过上述加工得到平面外形表面的基本形状和尺寸,但是平面的表面比较粗糙,平行度和垂直度都比较低,再通过后续工序的平面磨削达到规定的尺寸和表面粗糙度、平行度、垂直度要求。对于相邻表面的垂直度要求,一般在平面磨床上利用专用夹具来定位夹紧工件后进行磨削来保证垂直度要求,精度检查可以通过直角尺来测量。对于外形表面为矩形和方形的复杂形面的镶块和拼块,一般应进行 6 个平面的平面磨削,并达到平行度和垂直度要求,以保证后续划线、加工、测量的需要。

对于外圆柱或圆锥体的外形表面,在车床上进行车削加工,一般通过一次装卡,在车削外旋转表面的同时,车削端面,并可以在中心部位进行钻孔、铰孔、镗孔,以保证各相关表面的同轴度、垂直度等要求。对于尺寸较大和质量较大的零件,多采用在立式车床上加工,这样既方便于找正和装卡,又易于保证加工精度;对于中、小型零件多采用普通车床进行加工;对于细长轴类零件,由于刚度较差,应该采取两端装卡和支承的办法来进行车削;对于母线为曲线的旋转体零件,多采用仿形车床,通过仿形靠模来加工,用型面样板进行检查。

(2)成形表面的加工

成形表面是模具零件表面中形状比较复杂,尺寸精度、形位精度、表面粗糙度要求较高的表面,而且该表面多有热处理要求,是模具零件加工中难度较大的,也是模具工艺工作中的重点之一。

1)成形表面的分类方法

从模具制造工艺的角度考虑,成形表面的分类方法有以下几种情况:

①按成形表面所形成的材料实体与否,分为外型面和内型面。

②当内型面为通孔时,称为型孔。当内型面为盲孔时,称为型腔。

③按型面的截面几何形状特征不同,又分成圆形截面和异形截面(曲面)。

④按照曲面的可变坐标点数量不同,又分为二维曲面(平面曲面)和三维曲面(立体曲面)。

2)成形表面的加工方法

按照加工的机理不同,成形表面的加工方法可以分成 3 大类:

①主要依靠机械力的切削加工的金属切削加工方法,这是最古老的,也是应用最广泛的加工方法,也是模具零件加工的基本方法。

②其次是利用电能、热能、光能、化学能做动力的特种加工方法,这是一种新型的、有极大发展前途的加工方法,它在模具零件加工中所占地位越来越重要。

③最后是采用精密铸造、挤压成形、超塑成形方法的专门加工,它在某种特定条件下显示了独特的优越性。

在确定采用哪类加工方法时,要根据具体零件成形表面的特征;零件材料及热处理要求;尺寸精度和形位精度要求;以及其他相关零件的关系等具体分析,区别对待,以求得最佳的质量和生产效益。

(3)结构表面的加工

模具零件的结构表面,由于它们的作用不同,形状各异,但是,大多数为简单的几何形状。从加工方法看,采用一般的金属切削加工方法都能实现。结构表面中除平面、斜面、圆柱面、圆锥面以外,还有不同截面形状的通槽、半通槽、不同形状的台阶孔,这些多在工具铣床上进行加工。

对于大、中型平板类零件,中间部位有较大通孔时,在划线后,在立铣床上用立铣刀铣削加工,四壁之间以圆弧相联,圆弧尺寸取决于立铣刀直径。

当在插床上插削中间较大通孔时,应事先做好预孔,插削后四壁之间呈直角联接。

对于台阶形的方孔和异形孔以及方形和异形盲孔,必须在立铣床上或工具铣床上用立铣刀铣削加工,使型孔各垂直面以圆弧面相接。

加工图和零件图如图1.8所示。

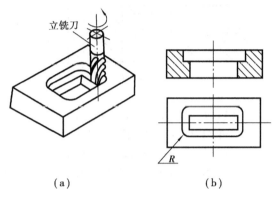

图1.8 阶梯孔加工示意图
(a)加工图 (b)零件示意图

对于模具零件的结构表面,在加工工序安排上不能仅仅考虑单个零件,还应该考虑该零件和其他相关零件的一致性和协调关系,以及零件材料和热处理的要求。有些零件的结构表面可以在零件加工阶段来完成,而有的零件的结构表面必须在装配阶段才能进行加工,要考虑不同零件之间的基准关系,以保证相关零件的一致性。有的结构表面在零件加工阶段,预先留有一定的试修量,在装配阶段通过试修来保证相关零件的协调。

(4)分型面的加工

塑料模和其他型腔模的动模和定模的接合面,称为分型面。如图1.9、图1.10所示。

分型面的形状根据成形的产品零件而异,有单一平面分型面,有夹角平面和阶梯平面的分型面,也有二维曲面和三维曲面的分型面。对于单一分型面,它本身就是外形表面的一部分,在外形表面加工时就应该保证基本要求。除单一平面分型面以外的复杂分型面,它们是成形表面的一部分。无论哪种形状的分型面,都要求动模和定模的分型面之间有良好的吻合性。

分型面的加工,一般安排在外形表面加工之后进行。对于单一平面分型面的加工按一般切削加工方法处理。对于复杂分型面的加工,在外形表面加工之后,将划线面和基准面磨削之后,进行划线,然后进行切削加工的粗加工,再根据复杂型面的具体情况,进行切削加工和特种加工的精密加工。无论哪样,分型面都要进行研磨加工,使动模、定模的分型面有良好的吻合性。在分型面加工完毕再进行成形表面的加工。

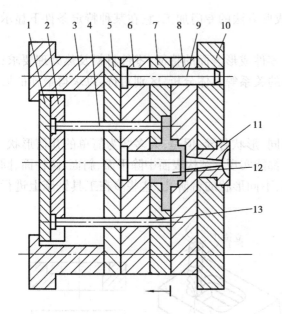

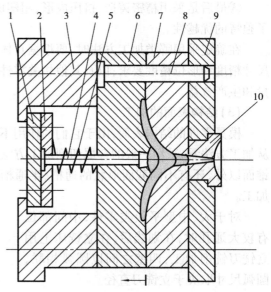

图1.9 单一平面分型面注射模
1—推板;2—推杆固定板;3—垫块;
4—推杆;5—垫板;6—固定板;7—动模;
8—定模;9—导柱;10—定模座板;
11—浇口套;12—型芯;13—复位杆

图1.10 复杂分型面注射模
1—推板;2—推杆固定板;3—垫块;
4—推杆;5—弹簧;6—动模;7—定模;
8—导柱;9—定模座板;10—浇口套

1.4.3 零件的工艺性分析

制订模具零件的加工工艺规程,首先要对零件进行工艺分析,以便从加工制造的角度出发分析零件结构的工艺性是否良好,技术要求是否恰当。并从中找出主要的技术要求和关键技术问题,以便采取相应的工艺措施,为合理制订工艺规程做好必要的准备。

（1）零件结构的工艺分析

任何零件从形体上分析都是由一些表面和特殊表面组成的。基本表面有内、外圆柱表面、圆锥表面和平面等,特殊表面主要有螺旋面、渐开线齿形表面及其他一些成形表面。研究零件结构,首先要分析该零件是由哪些表面组成,因为表面形状是选择加工方法的基本因素之一。例如,对外圆柱面一般采用车削和外圆磨削进行加工;而内圆柱面（孔）则通过钻、扩、铰、镗、内圆磨削和拉削等方法获得。除了表面形状外,表面尺寸大小对工艺也有重要影响,例如,对直径很小的孔采用铰削加工,不宜采用磨削加工;深孔应采用深孔钻进行加工。它们在工艺上都有各自的特点。

分析零件结构,不仅要注意零件各构成表面的形状尺寸,还要注意这些表面的不同组合。机械制造中通常按照零件结构和工艺过程的相似性,将各种零件大致分为轴类零件、套类零件、盘环类零件、叉架类零件以及箱体等。正是这些不同组合形成了零件结构工艺上的特点,如圆柱套筒上的孔,可以采用钻、扩、铰、镗、拉、内圆磨削等方法进行加工。箱体零件上的孔则不宜采用拉削和内圆磨削加工。模具零件中的模柄、导柱等零件和一般机械零件的轴类零件在结构或工艺上有许多相同或相似之处。导套是一个典型的套类零件。整体结构的圆形凹模和一般机械零件的盘类零件相类似,但其上的型孔加工则比一般盘类零件要复杂得多,所以圆盘形凹模又具有不同于一般盘类零件的工艺特点。

许多功能、作用完全相同而结构不同的两个零件,它们的加工方法与制造成本常常有很大的差别。零件结构的工艺性,是指设计的零件在满足使用要求的前提下制造的可行性和经济性。零件结构的工艺性好是指零件的结构形状在满足使用要求的前提下,按现有的生产条件能用较经济的方法方便地加工出来。在不同的生产条件下对零件结构的工艺性要求也不一样。

表1.8列出了几种零件的结构并对零件结构的工艺性进行对比。

表1.8　零件结构的工艺性比较

序号	结构的工艺性不好	结构的工艺性好	说　明
1	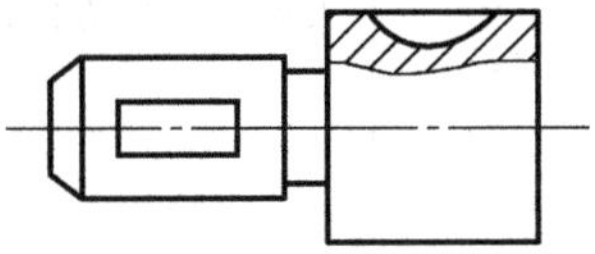	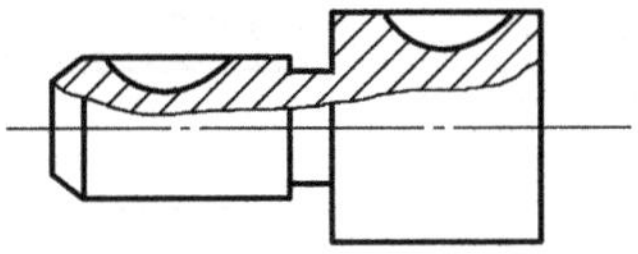	键槽的尺寸、方位相同,可在一次装夹中加工出全部键槽,提高生产率
2	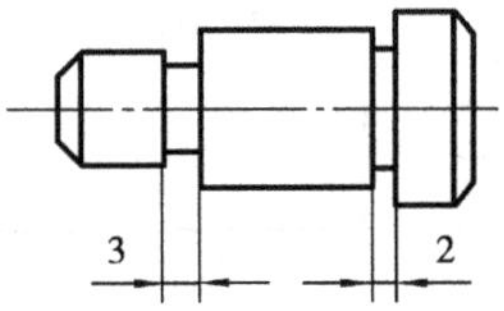	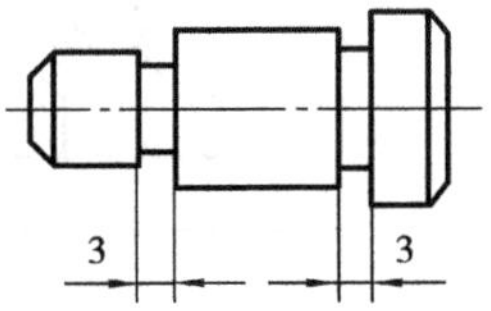	退刀槽尺寸相同,可减少刀具种类,减少换刀时间
3	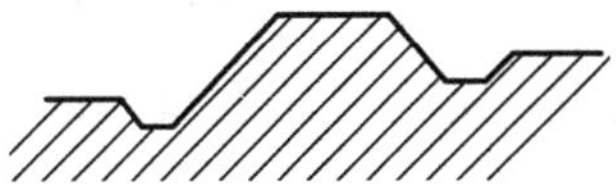		3个凸台表面在同一平面上,可在一次进给中加工完成
4	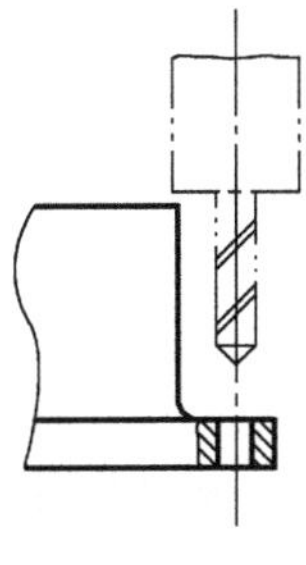	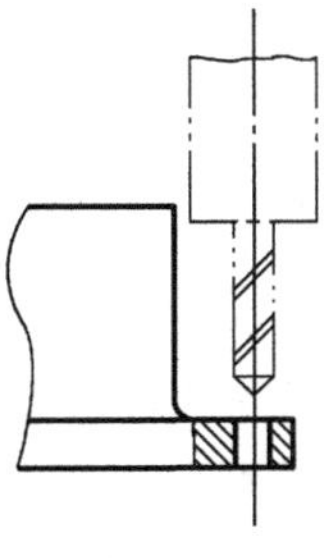	小孔与壁距离适当,便于引进刀具

23

续表

序号	结构的工艺性不好	结构的工艺性好	说　明
5	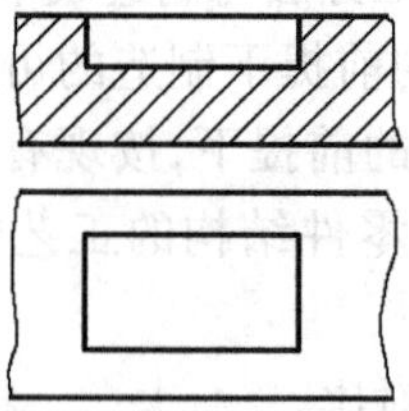	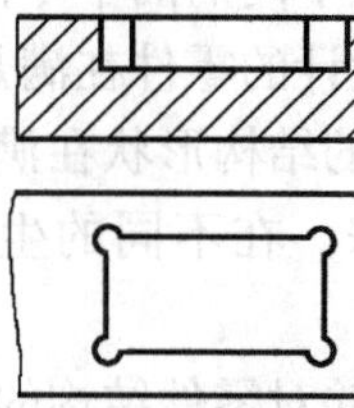	方形凹坑的四角加工时无法清角,影响配合
6	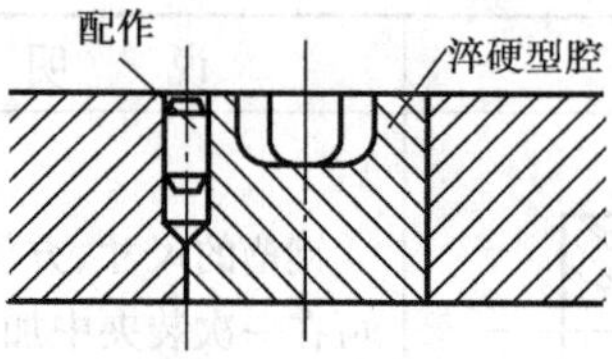 配作　淬硬型腔	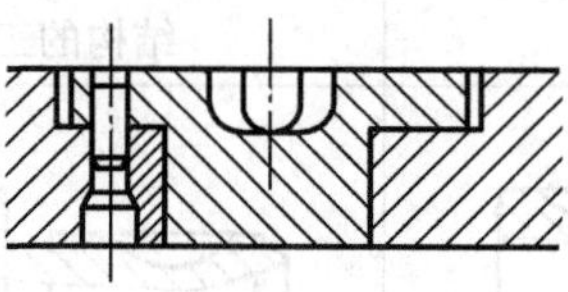	型腔淬硬后,骑缝销孔无法用钻铰方法配作
7	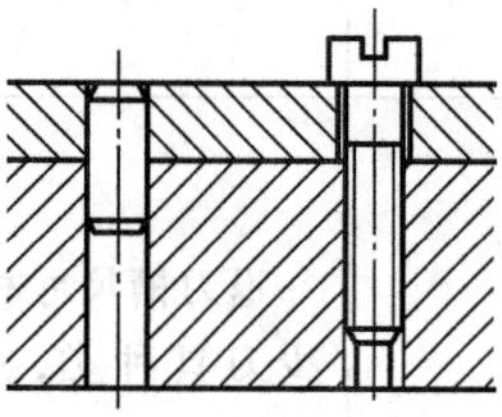	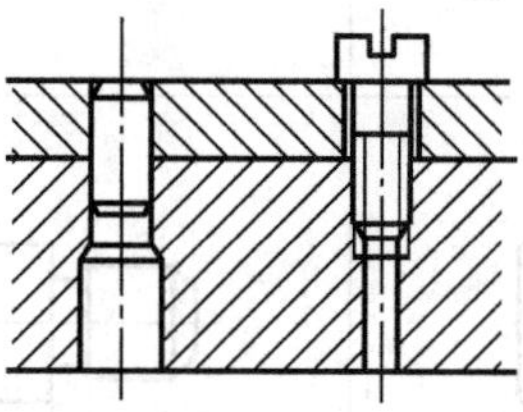	销孔太深,增加铰孔工作量,螺钉太长,没有必要

（2）零件的技术要求分析

零件的技术要求,包括被加工表面的尺寸精度、几何形状精度、各表面之间的相互位置精度、表面质量、零件材料、热处理及其他要求,这些要求对制订工艺方案往往有重要影响。例如,对尺寸相同的两个外圆柱面 $\phi32h10$ 及 $\phi32h7$ 的加工,前者只需经过车削加工即可达到精度要求,后者在车削后再进行外圆磨削加工则较为合理。

通过分析,应明确有关技术要求的作用,判断其可行性和合理性。

综合上述分析结果,才能合理地选择零件的各种加工方法和工艺路线。

1.5　毛坯的选择

毛坯是根据零件(或产品)所需要的形状、工艺尺寸等而制成的供进一步加工用的生产对象。正确选择毛坯有重要的技术经济意义。因为它不仅影响毛坯制造的工艺、设备及费用,而且对零件材料的利用率、劳动量消耗、加工成本等都有重大影响。

1.5.1　毛坯的种类和选择

模具零件常用的毛坯主要有锻件、铸件、各种型材及半成品件(标准件)等。选择毛坯要根据下列各影响因素综合考虑:

（1）零件材料的工艺性及组织和力学性能要求

零件材料的工艺性是指材料的铸造和锻造等性能,因此,零件的材料确定后其毛坯已大体确定。例如,当材料具有良好的铸造性能时,应采用铸件作毛坯。如模座、大型拉深模零件,其原材料常选用铸钢或铸铁,它们的毛坯制造方法也就相应地被确定了。对于采用高速工具钢、Cr12,Cr12MoV,6W6Mo5Cr4V 等高合金工具钢制造模具零件时,由于热轧原材料的碳化物分布不均匀,必须对这些钢材进行改锻。一般采用镦拔锻造,经过反复的镦粗与拔长,使钢中的共晶碳化物破碎,分布均匀,以提高钢的强度,特别是韧性,进而提高零件的使用寿命。

（2）零件的结构形状和尺寸

零件的形状尺寸对毛坯选择有重要影响。例如,对阶梯轴,如果各台阶直径相差不大,可直接采用棒料作毛坯,使毛坯准备工作简化。当阶梯轴各台阶直径相差较大,宜采用锻件作毛坯,以节省材料和减少机械加工的工作量。其锻造的目的在于获得一定形状和尺寸的毛坯。

（3）生产类型

选择毛坯应考虑零件的生产类型。大批、大量生产宜采用精度高的毛坯,并采用生产率比较高的毛坯制造工艺,如模锻、压铸等。用于毛坯制造的工装费用,可由毛坯材料消耗减少和机械加工费用降低来补偿。模具生产属于单件小批生产,可采用精度低的毛坯,如自由锻造和手工造型铸造的毛坯。

（4）工厂生产条件

选择毛坯应考虑毛坯制造车间的工艺水平和设备情况,同时应考虑采用先进工艺制造毛坯的可行性和经济性。注意提高毛坯的制造水平。

1.5.2　毛坯形状与尺寸的确定

由于毛坯制造技术的限制,零件被加工表面的技术要求还不能从毛坯制造直接得到,因此,毛坯上某些表面需要有一定的加工余量,通过加工达到零件的质量要求。毛坯尺寸与零件的设计尺寸之差称为毛坯余量或加工总余量,毛坯尺寸的制造公差称为毛坯公差。毛坯余量和公差的大小与零件材料、零件尺寸及毛坯制造方法有关,可根据有关手册或资料确定。一般情况下将毛坯余量叠加在加工表面上即可求得毛坯尺寸。

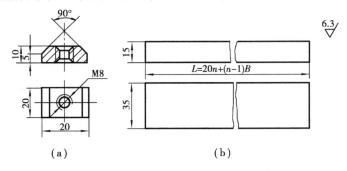

图 1.11　一坯多件的毛坯
（a）零件　（b）毛坯

毛坯的形状尺寸不仅和毛坯余量大小有关,在某些情况下还要受工艺需要的影响。为了便于毛坯制造和便于机械加工,对某些形状比较特殊或小尺寸的零件,单独加工比较困难,可将两个或两个以上的零件制成一个毛坯,经加工后再切割成单个的零件。如图 1.11 所示,毛坏长度：

$$L = 20n + (n-1)B$$

式中 n——切割零件的个数；
     B——切口宽度。

1.6 定位基准的选择

1.6.1 基准及其分类

基准是用来确定生产对象上几何要素间的几何关系所依据的那些点、线、面。根据基准的作用不同,可分为设计基准和工艺基准。

(1)设计基准

在设计图样上所采用的基准称为设计基准。如图 1.12 所示零件,其轴心线 $O\text{-}O$ 是外圆和内孔的设计基准。端面 A 是端面 B,C 的设计基准,内孔 $\phi20H8$ 的轴心线是 $\phi28K6$ 外圆柱面径向圆跳动的设计基准。这些基准是从零件使用性能和工作条件要求出发,适当考虑零件结构工艺性而选定的。

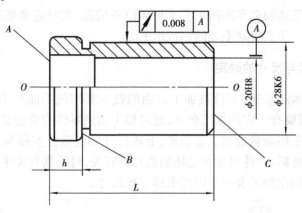

图 1.12 设计基准

(2)工艺基准

在工艺过程中采用的基准称为工艺基准。工艺基准按用途不同又分为工序基准、定位基准、测量基准和装配基准。

1)工序基准 在工序图上用来确定本工序被加工表面加工后的尺寸、形状、位置的基准称为工序基准。工序图是一种工艺附图,加工表面用粗实线表示,其余表面用细实线绘制,如图 1.13 所示。外圆柱面的最低母线 B 为工序基准。模具生产属单件小批生产,除特殊情况外一般不绘制工序图。

2)定位基准 在加工时,为了保证工件相对于机床和刀具之间的正确位置(即将工件定位)所使用的基准称为定位基准。关于定位基准将在后文中作详细的叙述。

3)测量基准 测量时所采用的基准称为测量基准,如图 1.14 所示。用游标深度尺测量槽深时,平面 A 为测量基准。

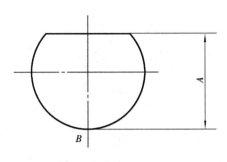

图 1.13　工序基准　　　　　　　　　　　　图 1.14　测量基准

4)装配基准　装配时用来确定零件或部件在产品中的相对位置所采用的基准称为装配基准。装配基准通常就是零件的主要设计基准。例如,如图 1.15 所示定位环孔 D(H7)的轴线是设计基准,在进行模具装配时又是模具的装配基准。

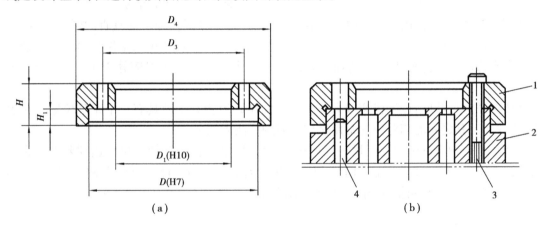

图 1.15　装配基准
(a)定位环　(b)装配好的定位环
1—定位环;2—凹模;3—螺钉;4—销钉

1.6.2　工件定位的基本原理

(1)工件定位

在机械加工中,工件被加工表面的尺寸、形状和位置精度,取决于工件相对于刀具和机床的正确位置和运动。确定工件在机床上或夹具中占有正确位置的过程称为定位。为防止在加工过程中因受切削力、重力、惯性力等的作用破坏定位,工件定位后应将其固定,使其在加工过程中保持定位位置不变的操作称为夹紧。将工件在机床上或夹具中定位、夹紧的过程称为装夹。制订零件的机械加工工艺规程时,必须选择工件上一组(或一个)几何要素(点、线、面)作为定位基准,将工件装夹在机床或夹具上以实现正确定位。

工件正确定位应满足以下要求:

①使工件相对于机床处于一个正确的位置。如图 1.16 所示零件,为了保证被加工表面(ϕ45r6)相对于内圆柱面的同轴度要求,工件定位时必须使设计基准内圆柱面的轴心线 $O\text{-}O$ 与机床主轴的回转轴线重合,加工后内、外圆柱面的同轴度方能达到要求。

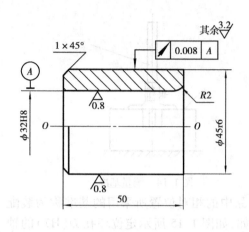

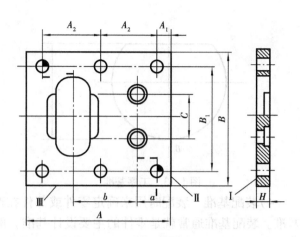

图 1.16 导套   图 1.17 凸模固定板

如图 1.17 所示凸模固定板,在加工凸模固定孔时为了保证孔和 1 面垂直,必须使 1 面与机床的工作台面平行。为了保证尺寸 a,b,c,应使 Ⅱ,Ⅲ 侧面分别和机床工作台的纵向和横向运动方向平行。当工件处于这样的理想状态时即认为工件相对于机床处于了正确位置(定位)。

②要保证加工精度,位于机床或夹具上的工件还必须相对于刀具有一个正确位置。在生产中,工件和刀具之间的相对位置常用试切法或调整法来保证。

试切法是一种通过试切—测量—调整—再试切,反复进行到被加工尺寸达到要求为止的加工方法。图 1.18(a)为试切法加工。要获得尺寸 l,加工之前工件和刀具的轴向位置并未确定,而是经过多次切削、测量、调整刀具位置来得到。

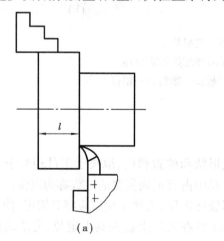

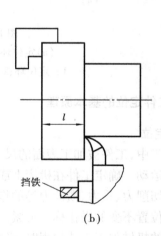

(a)   (b)

图 1.18 零件加工

(a)试切法加工   (b)调整法加工

调整法是先调整好刀具和工件在机床上的相对位置,并在一批零件的加工过程中保持这个位置不变,以保证工件被加工尺寸的方法。如图 1.18(b)所示是用调整法加工一批工件获得工序尺寸 l。通过反装的三爪确定工件轴向位置,用挡铁调整好刀具与工件的相对位置,并保持挡铁位置不变,加工每一个工件时都使其具有相同的轴向位置,以保证尺寸 l。

调整法多用于成批和大量生产。模具生产属于单件小批生产,一般用试切法来保证加工尺寸。

(2)工件定位的基本原理

任何一个工件在未定位前都可以看成空间直角坐标系中的自由物体。如图1.19所示的工件,可以沿3个垂直坐标轴方向平移到任何位置。通常称工件沿3个垂直坐标轴具有移动的自由度,分别以$\vec{X}$,$\vec{Y}$,$\vec{Z}$表示。此外,工件还可以绕三轴旋转,因此工件绕三轴的转角位置也是不确定的。称工件绕3个坐标轴具有转动的自由度,分别以$\hat{X}$,$\hat{Y}$,$\hat{X}$表示。

任何工件在空间都具有以上6个自由度。要使工件在机床或夹具中占据确定的位置,就必须限制这6个自由度。

为了限制工件的自由度,可使工件上一组选定的几何要素(定位基准)和夹具上的定位元件

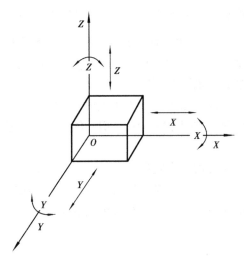

图1.19　工件的6个自由度

(或机床的工作台面)接触如图1.20所示。XOY面上的3个支承点限制了工件的$\hat{X}$,$\hat{Y}$,$\vec{Z}$ 3个自由度。YOZ面上的2个支承点限制了工件的$\hat{Z}$,$\vec{X}$两个自由度。XOZ面上的一个支承点限制了工件的$\vec{Y}$自由度。当定位基准和这些支承点同时保持接触时,工件的空间位置就惟一的确定了。用合理分布的6个支承点来限制的6个自由度,使工件在机床上或夹具中的位置完全确定下来,这就是六点定位原理,简称"六点定则"。

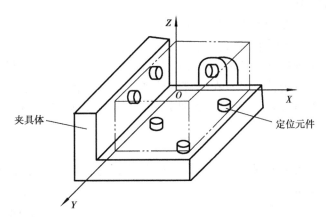

图1.20　工件定位

工件上布置3个支承点的XOY面称为主要定位基准(简称主基准)。3个支承点布置得越远,所组成的三角形就越大,工件定位就越稳定,有利于保证工件的定位精度。应该指出,主要定位基准上所布置的3个支承点不能在一条直线上,否则就不能限制$\hat{X}$(或$\hat{Y}$)自由度。

布置2个支承点的YOZ面称为导向定位基准(简称导向基准),由图1.21及公式$\tan\Delta\theta$ =

$\Delta h/L$ 可知:当两个支承点的高度误差 Δh 一定时,两支承点距离越远(即 L 越大),工件的转角误差 $\Delta \theta$ 就越小,定位精度就越高。故在选择导向定位基准时,应使两个支承点之间的距离尽可能远些。布置在导向定位基准上的两个支承点的连线不能与主定位基准垂直,否则它就不能限制 $\hat{Z}$ 自由度,而是重复限制了 $\hat{Y}$ 自由度造成过定位(夹具上的定位元件重复限制工件的同一个或几个自由度称过定位)过定位使工件不能正确定位,因此,当出现过定位时,应采取技术措施来消除其影响。

工件上布置一个支承点的 XOZ 面称为止推定位基准,它只和一个支承点接触。工件加工时要承受加工过程中的切削力,因此,可选工件上与切削力方向相对的表面作为止推定位基准。

在应用六点定则来分析工件定位是,应把工件看成不产生变形的刚体,同时把工件看成几何要素及几何关系是完全正确的(不存在任何误差)几何体,其实际存在的误差或可能产生的变形应放在工件定位精度分析及夹紧时予以考虑。

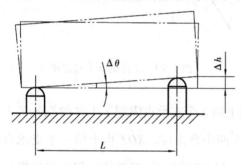

图 1.21　导向定位支承与转角误差的关系

在图 1.20 中,6 个支承点限制了工件的全部自由度,称为完全定位。有些工件根据加工要求,并不需要限制其全部自由度。如在普通车床上镗孔时,工件绕孔的轴线旋转的自由度就不需要限制,这种根据加工要求不需要限制工件全部自由度的定位,称为不完全定位。在满足加工要求的前提下,采用不完全定位是允许的。但对于应该限制的自由度,没有布置适当的支承点加以限制时称为欠定位。欠定位不能保证加工要求,是不允许的。

(3)定位基准的选择

定位基准的选择不仅要影响工件的加工精度,而且对同一个被加工表面所选用的定位基准不同,其工艺路线也可能不同。因此,选择工件的定位基准是十分重要的。机械加工的最初工序只能用工件毛坯上未经加工的表面作定位基准,这种定位基准称为粗基准。用已经加工过的表面作定位基准则称为精基准。在制订零件加工工艺规程时,总是先考虑选择怎样的精基准定位把工件加工到设计要求,然后考虑选择什么样的粗基准定位,把用作精基准的表面加工出来。

1)粗基准的选择

选择粗基准主要考虑如何保证各加工表面都有足够的加工余量,保证不加工表面与加工表面之间的位置尺寸要求,同时为后续工序提供精基准。一般应注意以下几个问题:

①为了保证加工表面与不加工表面的位置尺寸要求,应选不加工表面作粗基准。

如图 1.22 所示零件,外圆柱面 1 为不加工表面,选择柱面 1 为粗基准加工孔和端面,加工后能保证孔与外圆柱面间的壁厚均匀。

②若要保证某加工表面切除的余量均匀,应选该表面作粗基准。

如图 1.23 所示工件,当要求从表面 A 上切除的余量厚度均匀,可选 A 面自身作粗基准加工 B 面,再以 B 面作定位基准加工 A 面即可保证 A 面上的加工余量均匀。

③为保证各加工表面都有足够的加工余量,应选择毛坯余量小的表面作粗基准。

毛坯的尺寸、形状、位置误差较大,选择余量大的表面作粗基准加工余量小的表面,由于大的毛坯误差会引起大的定位误差,余量小的表面无足够加工余量时将使工件报废。以余量小的表面作粗基准尽管有较大的定位误差,被加工表面能有足够加工余量。

④选作粗基准的表面,尽可能平整,不能有飞边、浇注系统、冒口或其他缺陷。使工件定位稳定可靠,夹紧方便。

⑤一般情况下粗基准不重复使用。

一般毛坯,由于表面粗糙、精度低,如果两次装夹

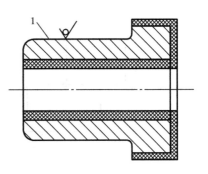

图 1.22 选不加工表面作粗基准

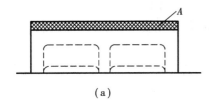 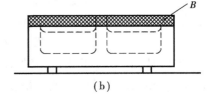

(a)　　　　　　　　　　　　(b)

图 1.23 粗基准的选择

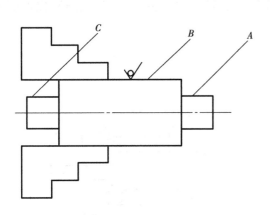

图 1.24 小轴的加工

中重复使用同一粗基准,会造成相当大的误差。例如,如图 1.24 所示的小轴,如重复使用毛坯表面 B 定位分别加工 A 和 C,必然使 A,C 之间产生较大的同轴度误差。但在某些加工中,当零件的主要定位要求已由精基准保证时,还需要限制某个自由度,且定位精度要求不高,在无精基准可以选用的情况下,也可以选用粗基准来限制这个自由度。

2)精基准的选择

选择精基准,主要应考虑如何减少定位误差,保证加工精度,使工件装夹方便、可靠、夹具结构简单。因此,选择精基准一般应遵循以下原则:

①基准重合原则:选择被加工表面的设计基准为定位基准,以避免因基准不重合引起基准不重合误差,容易保证加工精度。如图 1.25(a)所示零件,当加工平面 3 时,如果选平面 2 为定位基准则符合基准重合原则,采用调整法加工,直接保证的尺寸为设计尺寸 $h_2 \pm \dfrac{T_{h_2}}{2}$。当选平面 1 作定位基准时,则不符合基准重合原则,采用调整法加工,直接保证的尺寸为 $h_3 \pm \dfrac{T_{h_3}}{2}$,如图 1.25(b)所示。当定位基准与设计基准不重合时,设计尺寸 $h_2 \pm \dfrac{T_{h_2}}{2}$ 的尺寸公差不仅受 h_3 尺寸公差 T_{h_3} 的影响,而且还受 h_1 尺寸公差 T_{h_1} 的影响。T_{h_1} 对 h_2 产生影响是由于基准不重合

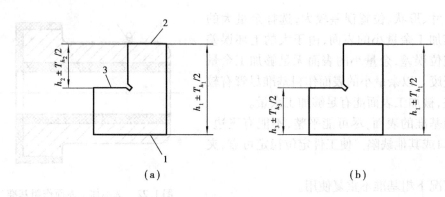

图 1.25 基准重合与不重合的示例
(a)以平面 2 定位 (b)以平面 1 定位

引起的,称 T_{h_1} 为基准不重合误差。为了保证尺寸 h_2 的精度要求,则必须满足以下关系:

$$T_{h_3} + T_{h_1} \leqslant T_{h_2}$$

在 T_{h_2} 为一定值时,由于 T_{h_1} 的出现,必然使 $T_{h_3} < T_{h_2}$。可见,当基准重合时,工序的加工精度要求比基准不重合时低,容易保证加工精度。

②基准统一原则:应选择几个被加工表面(或几道工序)都能使用的定位基准为精基准。例如,轴类零件大多数工序都可以采用两端中心孔定位(即以轴心线为定位基准),以保证各主要加工表面的尺寸精度和位置精度。

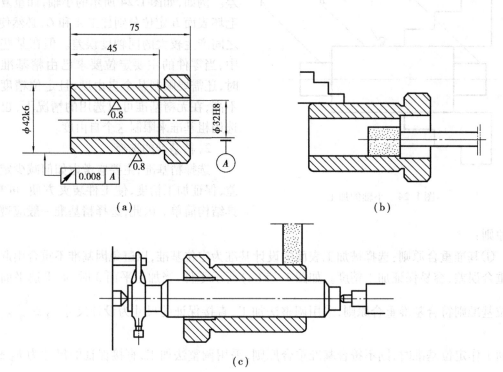

图 1.26 采用互为基准磨内孔和外圆
(a)工件简图 (b)用三爪卡盘磨内孔 (c)在心轴上磨内孔

基准统一,不仅可以避免因基准变换而引起的定位误差,而且在一次装夹中,能加工出较多的表面,既便于保证各个被加工表面间的位置精度,又有利于提高生产率。

③自为基准原则:有些精加工或光整加工工序要求加工余量小而均匀,这时应尽可能用加工表面自身为精基准。该表面与其他表面之间的位置精度应由先行工序予以保证。

例如,采用浮动铰刀铰孔、圆拉刀拉孔以及用无心磨床磨削外圆表面等,都是以加工表面本身作为定位基准。

④互为基准原则:当两个被加工表面之间位置精度较高,要求加工余量小而均匀时,多以两表面互为基准进行加工。如图 1.26(a)所示导套在磨削加工时,为保证 $\phi32H8$ 与 $\phi42k6$ 的内外圆柱面间的同轴度要求,可先以 $\phi42k6$ 的外圆柱面作定位基准,在内圆磨床上加工 $\phi32H8$ 的内孔,如图 1.26(b)所示。然后再以 $\phi32H8$ 的内孔作定位基准,在心轴上磨削 $\phi42k6$ 的外圆,则容易保证各加工表面都有足够的加工余量,达到较高的同轴度要求,如图 1.26(c)所示。

上述基准选择原则,每一条都只说明一个方面的问题,在实际应用时有可能出现相互矛盾的情况,因此,在实际应用时,一定要全面考虑,灵活应用。工件定位时,究竟应限制几个自由度,应根据工序的加工要求分析确定。如图 1.16、图 1.17 所示零件在加工孔时应限制的自由度如图 1.27 所示。导套孔加工需限制 $\vec{Y}$,$\vec{Z}$,$\hat{Y}$,$\hat{Z}$ 4 个自由度,属不完全定位。加工凸模固定板应限制 $\vec{X}$,$\vec{Y}$,$\vec{Z}$,$\hat{X}$,$\hat{Y}$,$\hat{Z}$ 6 个自由度,即需要完全定位。

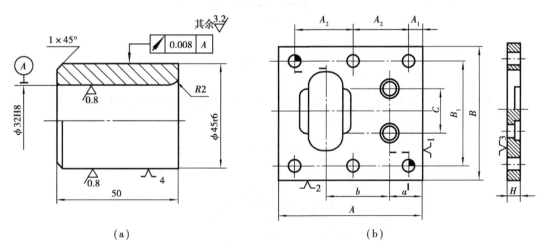

（a）　　　　　　　　　　　　　　（b）

图 1.27　用示意号指示基准

必须指出,定位基准选择不能仅考虑本工序定位、夹紧是否合适,而应结合整个工艺路线进行统一考虑,使先行工序为后续工序创造条件,使每个工序都有合适的定位基准和夹紧方式。

(4)工件的装夹方法

在加工时,必须按照工件的定位要求将其装夹在机床上,工件在机床上的装夹方法有以下两种:

1)找正法装夹工件

用工具(或仪表)根据工件上有关基准,找出工件在机床上的正确位置并夹紧。目前,生产中常用的找正法有:

①直接找正法:用百分表、划针或目测在机床上直接找正工件的有关基准,使工件占有正确的位置称为直接找正法。

例如,在内圆磨床上磨削一个与外圆柱表面有同轴度要求的内孔时,可将工件装夹在四爪单动卡盘上,缓慢回转磨床主轴,用百分表直接找正外圆表面,使工件获得正确位置,如图1.28(a)所示。

又如在牛头刨床上加工一个同工件底面与右侧面有平行度要求的槽,如图1.28(b)所示。可使工件的下平面和机床的工作台面贴合,用百分表沿箭头方向来回移动,找正工件的右侧面使其与主运动方向平行,即可使工件获得正确的位置。

直接找正所能达到的定位精度和装夹速度,取决于找正所使用的工具和工人的技术水平,此法的主要缺点是效率低,多用于单件和小批生产。

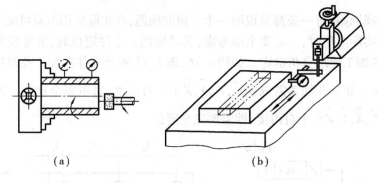

（a）　　　　　　　　　　　　　　（b）

图1.28　找正法装夹工件

（a）在内圆磨床上找正工件　（b）在刨床上找正工件

②划线找正法:在机床上用划线盘按毛坯或半成品上预先划好的线找正工件,使工件获得正确的位置称划线找正法,如图1.29所示。

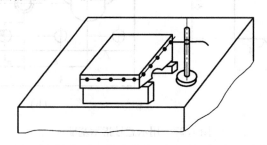

图1.29　划线找正法

用划线找正法要增加划线工序,划线又需要技术熟练的工人,而且不能保证高的加工精度（其误差在0.2~0.5 mm）,多用于单件小批生产。但对于尺寸大、形状复杂、毛坯误差较大的锻件、铸件,预先划线可以使各加工表面都有足够的加工余量,并使工件上加工表面与不加工表面能保持一定的相互位置要求。通过划线还可以检查毛坯尺寸及各表面间的相互位置。

2)用夹具装夹工件

用夹具装夹工件是按定位原理,利用夹具上的定位元件使工件获得正确位置。工件装夹迅速、方便、定位精度也比较高,常常需要设计专用夹具,一般用于成批和大量生产。

1.7 工艺路线的拟订

工艺路线是工艺设计的总体布局。其主要任务是选择零件表面的加工方法、确定加工顺序、划分工序。根据工艺路线,可以选择各工序的工艺基准,确定工序尺寸、设备、工装、切削用量和时间定额等。在拟定工艺路线时,应从工厂的实际情况出发充分考虑应用各种新工艺、新技术的可行性和经济性。先提几个方案,进行分析比较,以便确定一个符合工厂实际情况的最佳工艺路线。

1.7.1 表面加工方法的选择

一个有一定技术要求的零件表面,一般不是用一种工艺方法一次加工就能达到设计要求,因此,对于精度要求较高的表面,在选择加工方法时总是根据各种工艺方法所能达到的加工经济精度和表面粗糙度等因素来选定它的最后加工方法。然后再选定前面一系列准备工序的加工方法和顺序,经过逐次加工达到其设计要求。以上因素中的加工经济精度是指在正常的加工条件下(采用符合质量标准的设备、工艺装备和标准技术等级工人、不延长加工时间)所能保证的加工精度。每一种加工方法,加工的精度越高其加工成本也越高。反之,加工精度越低其加工成本也越低。但是,这种关系只在一定的范围内成立。一种加工方法的加工精度达到一定的程度后,即使再增加加工成本,加工精度也不易提高。反之,当加工精度降低到一定程度后,即使加工精度再低,加工成本也不随之下降。经济精度就是处在上述两种情况之间的加工精度。选择加工方法理所当然地应使其处于经济精度的加工范围内。常见的加工方法所能达到的经济精度及表面粗糙度可以查阅有关工艺手册。

选择零件表面加工方法应着重考虑以下问题:

(1) 被加工表面的精度和零件的结构形状

一般情况下所采用加工方法的经济精度,应能保证零件所要求的加工精度和表面质量。例如,材料为钢,尺寸精度为 IT 7,表面粗糙度 $Ra = 0.4\ \mu m$ 的外圆柱面,用车削、外圆磨削都能加工。但因为上述加工精度是外圆磨削的加工经济精度,而不是车削加工的经济精度,因此,应选用磨削加工方法作为达到工件加工精度的最终加工方法。

被加工表面的尺寸大小对选择加工方法也有一定影响。例如,孔径大时宜选用镗孔和磨孔,如果选用铰孔,将使铰刀直径过大,制造、使用都不方便。而加工直径小的孔,则采用铰孔较为适当,因为小孔进行镗削和磨削加工,将使刀杆直径过小,刚性差,不易保证孔的加工精度。

选择加工方法还取决于零件的结构形状。如多型孔(圆孔)冲孔凹模上的孔,不宜采用车削和内圆磨削加工。因为车削和内圆磨削工艺复杂,甚至无法实施,为保证孔的位置精度,宜采用坐标镗床或坐标磨床加工。又如箱体上的孔,不宜采用拉削加工,多采用镗削和铰削加工。

(2) 零件材料的性质及热处理要求

对于加工质量要求高的有色金属零件,一般采用精细车、精细铣或金刚镗进行加工,应避免采用磨削加工,因磨削有色金属易堵塞砂轮。经淬火后的钢质零件宜采用磨削加工和特种加工。

（3）生产率和经济性要求

所选择的零件加工方法，除保证产品的质量和精度要求外，应有尽可能高的生产率。尤其在大批量生产时，应尽量采用高效率的先进加工方法和设备，以达到大幅度提高生产效率的目的。例如，采用拉削方法加工内孔和平面；采用组合铣削、磨削，同时加工几个表面。甚至可以改变毛坯形状，提高毛坯质量，实现少切屑、无切屑加工。但在单件小批生产的情况下，如果盲目采用高效率的先进加工方法和专用设备，会因投资增大、设备利用率不高，使产品成本增高。

（3）现有生产条件

选择加工方法应充分利用现有设备，合理安排设备负荷，同时还应重视新工艺、新技术的应用。

1.7.2 工艺阶段的划分

从保证加工质量、合理使用设备及人力等因素考虑，工艺路线按工序性质一般分为粗加工阶段、半精加工阶段和精加工阶段。对那些加工精度和表面质量要求特别高的表面，在工艺过程中还应安排光整加工阶段。

（1）粗加工阶段

其主要任务是切除加工表面上的大部分余量，使毛坯的形状和尺寸尽量接近成品。粗加工阶段，加工精度要求不高，切削用量、切削力都比较大，因此，粗加工阶段主要考虑如何提高劳动生产率。

（2）半精加工阶段

为主要表面的精加工做好必要的精度和余量准备，并完成一些次要表面的加工（如钻孔、攻螺纹、切槽等）。对于加工精度要求不高的表面或零件，经半精加工后即可达到要求。

（3）精加工阶段

使精度要求高的表面达到规定的质量要求。要求的加工精度较高，各表面的加工余量和切削用量则较小。

（4）光整加工阶段

其主要任务是提高被加工表面的尺寸精度和减小表面粗糙度，一般不能纠正形状和位置误差。只有尺寸精度和表面粗糙度要求特别高的表面，才安排光整加工。

将工艺过程划分阶段有以下作用：

1）保证产品质量

在粗加工阶段切除的余量较多，产生的切削力和切削热较大，工件所需要的夹紧力也大，因而使工件产生的内应力和由此引起的变形也大，因此，粗加工阶段不可能达到高的加工精度和较小的表面粗糙度。完成零件的粗加工后，再进行半精加工、精加工，逐步减小切削用量、切削力和切削热。可以逐步减小或消除先行工序的加工误差，减小表面粗糙度，最后达到设计图样所规定的加工要求。

由于工艺过程分阶段进行，在各加工阶段之间有一定的时间间隔，相当于自然时效，使工件有一定的变形时间，有利于减小或消除工件的内应力。由变形引起的误差，可由后续工序加以消除。

2）合理使用设备

由于工艺过程分阶段进行,粗加工阶段可以采用功率大、刚度好、精度低、效率高的机床进行加工,以提高生产率。精加工阶段可采用高精度机床和工艺装备,严格控制有关的工艺因素,以保证加工零件的质量要求。因此,粗、精加工分开,可以充分发挥各类机床的性能、特点,做到合理使用,延长高精度机床的使用寿命。

3)便于热处理工序的安排,使热处理与切削加工工序配合更合理

机械加工工艺过程分阶段进行,便于在各加工阶段之间穿插安排必要的热处理工序,既可以充分发挥热处理的效果,也有利于切削加工和保证加工精度。例如,对一些精密零件,粗加工后安排去除内应力的时效处理,可以减小工件的内应力,从而减小内应力引起的变形对加工精度的影响。在半精加工后安排淬火处理,不仅能满足零件的性能要求,也使零件的粗加工和半精加工容易,零件因淬火产生的变形又可以通过精加工予以消除。对于精密度要求高的零件,在各加工阶段之间可穿插进行多次时效处理,以消除内应力,最后再进行光整加工。

4)便于及时发现毛坯缺陷和保护已加工表面

由于工艺过程分段进行,在粗加工各表面之后,可及时发现毛坯缺陷(气孔、砂眼和加工余量不足等),以便修补或发现废品,以免将本应报废的工件继续进行精加工,浪费工时和制造费用。

应当指出,拟订工艺路线一般应遵循工艺过程划分阶段的原则,但是在具体运用时又不能绝对化。当加工质量要求不高,工件的刚性足够,毛坯质量高,加工余量小时可以不划分加工阶段。在自动机床上加工的零件以及某些运输、装夹困难的重型零件,也不划分加工阶段,而在一次装夹下完成全部表面的粗、精加工。对重型零件可在粗加工之后将夹具松开以消除夹紧变形。然后再用较小的夹紧力重新夹紧,进行精加工,以利于保证重型零件的加工质量。但是对于精度要求高的重型零件,仍要划分加工阶段,并适时进行时效处理以消除内应力。上述情况在生产中需按具体条件来决定。

工艺路线划分加工阶段是对零件加工的整个工艺过程而言,不是以某一表面的加工或某一工序的加工而论。例如,有些定位基面,在半精加工阶段,甚至粗加工阶段就需要精确加工,而某些钻小孔的粗加工,又常常安排在精加工阶段。

1.7.3　工序的划分

根据所选定的表面加工方法和各加工阶段中表面的加工要求,可以将同一阶段中各表面的加工组合成不同的工序。在划分工序时可以采用工序集中或分散的原则。如果在每道工序中安排的加工内容多,则一个零件的加工可集中在少数几道工序内完成,工序少,称为工序集中。在每道工序中所安排的加工内容少,一个零件的加工分散在很多道工序内完成,工序多,称为工序分散。

(1)工序集中的特点

①工件在一次装夹后,可以加工多个表面,能较好地保证表面之间的相互位置精度;可以减少装夹工件的次数和辅助时间;减少工件在机床之间的搬运次数,有利于缩短生产周期。

②可减少机床数量、操作工人,节省车间生产面积,简化生产计划和生产组织工作。

③采用的设备和工装结构复杂、投资大,调整和维修的难度大,对工人的技术水平要求高。

(2)工序分散的特点

①机床设备及工装比较简单,调整方便,生产工人容易掌握。

②可以采用最合理的切削用量,减少机动时间。

③设备数量多,操作工人多,生产面积大。

在一般情况下,单件小批生产采用工序集中,大批、大量生产,则工序集中和分散二者兼有。需根据具体情况,通过技术经济分析来决定。

1.7.4 加工顺序的安排

(1)切削加工工序的安排

零件的被加工表面不仅有自身的精度要求,而且各表面之间还常有一定的位置要求,在零件的加工过程中要注意基准的选择与转换。安排加工顺序应遵循以下原则:

①零件分阶段进行加工时一般应遵守"先粗后精"的加工顺序,即先进行粗加工,再进行半精加工,最后进行精加工和光整加工。

②先加工基准表面,后加工其他表面。在零件加工的各阶段,应先把基准面加工出来,以便后继工序用它定位加工其他表面。

③先加工主要表面,后加工次要表面。零件的工作表面、装配基面等应先加工。而键槽、螺孔等往往和主要表面之间有相互位置要求,一般应安排在主要表面之后加工。

④先加工平面,后加工内孔。对于箱体、模板类零件平面轮廓尺寸较大,用它定位,稳定可靠,一般总是先加工出平面,以平面作为精基准,然后加工内孔。

(2)热处理工序的安排

热处理工序在工艺路线中的安排,主要取决于零件热处理的目的。

①为改善金属组织和加工性能的热处理工序,如退火、正火和调质等,一般安排在粗加工前后。

②为提高零件硬度和耐磨性的热处理工序,如淬火、渗碳淬火等,一般安排在半精加工之后,精加工、光整加工之前。渗氮处理温度低、变形小,且渗氮层较薄,渗氮工序应尽量靠后,如安排在工件粗磨之后,精磨、光整加工之前。

③时效处理工序,时效处理的目的在于减小或消除工件的内应力,一般在粗加工之后,精加工之前进行。对于高精度的零件,在加工过程中常进行多次时效处理。

(3)辅助工序安排

辅助工序主要包括检验、去毛刺、清洗、涂防锈油等。其中检验工序是主要的辅助工序。为了保证产品质量,及时去除废品,防止浪费工时,并使责任分明,检验工序应安排在:零件粗加工或半精加工结束之后;重要工序加工前后;零件送外车间(如热处理)加工之前;零件全部加工结束之后。

钳工去毛刺常安排在易产生毛刺的工序之后,检验及热处理工序之前。

1.8　加工余量的确定

1.8.1　加工余量的概念

(1)加工余量和加工总余量

工序余量是相邻两工序的工序尺寸之差。是被加工表面在一道工序中切除的金属层厚度。若以 Z_i 表示工序余量(i 表示工序号),对于如图 1.30 所示加工表面,则有

$$Z_2 = A_1 - A_2 \quad (图\ 1.30(a))$$
$$Z_2 = A_2 - A_1 \quad (图\ 1.30(b))$$

式中　A_1——前道工序的工序尺寸;

　　　A_2——本道工序的工序尺寸。

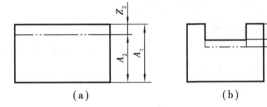

图 1.30　单边加工余量

如图 1.30 所示加工余量是单边余量。对于对称表面或回转体表面,其加工余量是对称分布的,是双边余量,如图 1.31 所示。

对于轴：　$2Z_2 = d_1 - d_2$(图 1.31(a))

对于孔：　$2Z_2 = D_2 - D_1$(图 1.31(b))

式中　$2Z_2$——直径上的加工余量;

　　　d_1, D_1——前道工序的工序尺寸(直径);

　　　d_2, D_2——本道工序的工序尺寸(直径)。

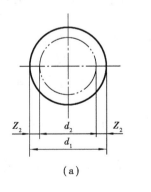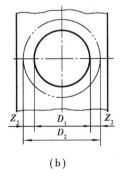

图 1.31　双边加工余量

(a)外圆柱面　(b)孔

加工总余量是毛坯尺寸与零件图的设计尺寸之差。也称毛坯余量。它等于同一加工表面

各道工序的余量之和。

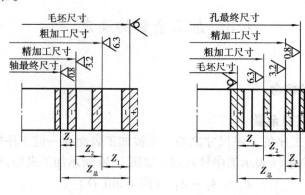

图 1.32 工序余量和毛坯余量

图 1.32 是轴和孔的毛坯余量及各工序余量的分布情况。图中还给出了各工序尺寸及毛坯尺寸的制造公差。对于被包容面(轴),基本尺寸为最大工序尺寸;对于包容面(孔),基本尺寸为最小工序尺寸。毛坯尺寸的公差一般采用双向标注。

(2)基本余量、最大余量、最小余量

由于毛坯尺寸和工序尺寸都有制造公差,总余量和工序余量都是变动的。因此,加工余量有基本余量、最大余量和最小余量 3 种情况。

如图 1.33 所示的外表面加工,则

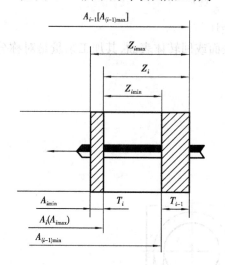

图 1.33 基本余量、最大余量、最小余量

基本余量(Z_i)为
$$Z_i = A_{i-1} - A_i$$
最大余量(Z_{imax})为
$$Z_{imax} = A_{(i-1)max} - A_{imin} = Z_i + T_i$$
最小余量(Z_{imin})为
$$Z_{imin} = A_{(i-1)min} - A_{imax} = Z_i - T_{(i-1)}$$

式中 A_{i-1}, A_i——分别为前道和本道工序的基本工序尺寸;

$A_{(i-1)max}, A_{(i-1)min}$——前道工序的最大、最小工序尺寸;

A_{imax}, A_{imin}——本道工序的最大、最小工序尺寸;

$T_{(i-1)}, T_i$——前道和本道工序的工序尺寸公差。

加工余量的变化范围称为余量公差(T_{zi})。它等于前道工序和本道工序的工序尺寸公差之和。即

$$T_{zi} = Z_{imax} - Z_{imin} = (Z_i + T_i) - (Z_i - T_{i-1}) = T_i + T_{i-1}$$

1.8.2 影响加工余量的因素

加工余量的大小直接影响零件的加工质量和成本。余量过大会使加工的劳动量增加,生产率下降。同时也会增加材料、工具、动力的消耗,使生产成本提高。余量过小不易保证产品

质量,甚至出现废品。确定工序余量的基本要求是:各工序所留的最小加工余量能保证被加工表面在前道工序所产生的各种误差和表面缺陷被相邻的后续工序去除,使加工质量提高。影响加工余量的因素如下:

①被加工表面上由前道工序产生的微观不平度和表面缺陷层深度;

②被加工表面上由前道工序产生的尺寸误差和几何形状误差;

③前道工序引起的被加工表面的位置误差;

④本道工序的装夹误差。这项误差会影响切削刀具与被加工表面的相对位置,因此,应计入加工余量。

1.8.3　确定加工余量的方法

(1)经验估计法

根据工艺人员和工人的长期生产实际经验,采用类比法来估计确定加工余量的大小。此法简单易行,但有时为经验所限,为防止余量不够产生废品,估计的余量一般偏大。多用于单件小批生产。

(2)分析计算法

以一定的试验资料和计算公式为依据,对影响加工余量的诸因素进行逐项的分析计算以确定加工余量的大小。所确定的加工余量经济合理。但要有可靠的实验数据和资料。计算较复杂,仅在贵重材料及某些大批生产和大量生产中采用。

(3)查表修正法

以有关工艺手册和资料所推荐的加工余量为基础,结合实际加工情况进行修正以确定加工余量的大小。此法应用较广。查表时应注意表中数值是单边余量还是双边余量。

1.8.4　工序尺寸及其公差的确定

某工序加工应达到的尺寸称为工序尺寸。正确确定工序尺寸及其公差是制订零件工艺规程的重要工作之一。工序尺寸及其公差的大小不仅受到加工余量大小的影响,而且与工序基准的选择有密切关系。下面分两种情况进行讨论。

(1)工艺基准与设计基准重合时工序尺寸及其公差的确定

这是指工艺基准与设计基准重合时,同一表面经过多次加工才能达到精度要求,应如何确定各道工序的工序尺寸及其公差。一般外圆柱面和内孔加工多属这种情况。

要确定工序尺寸,首先必须确定零件各工序的基本余量。生产中常采用查表法确定工序的基本余量。工序尺寸公差也可从有关手册中查得(或按所采用加工方法的经济精度确定)。按基本余量计算各工序尺寸,是由最后一道工序开始向前推算。对于轴,前道工序的工序尺寸等于相邻后续工序的工序尺寸与其基本余量之和;对于孔,前道工序的工序尺寸等于相邻后续工序的工序尺寸与其基本余量之差。计算时应注意:对于某些毛坯(如热轧棒料)应按计算结果从材料的尺寸规格中选择一个相等或相近尺寸为毛坯尺寸。对于后一种情况,在毛坯尺寸确定后应重新修正粗加工(第一道工序)的工序余量;精加工工序余量应进行验算,以确保精加工余量不至于过大或过小。

例 1.1　加工外圆柱面,设计尺寸为 $\phi 40_{+0.034}^{+0.050}$ mm,表面粗糙度 $Ra < 0.4$ μm。加工的工艺路线为:粗车→半精车→磨外圆。用查表法确定毛坯尺寸、各工序尺寸及其公差。

先从有关资料或手册查取各工序的基本余量及各工序的工序尺寸公差(见表1.9)。最后一道工序的加工精度应达到外圆柱面的设计要求,其工序尺寸为设计尺寸 $\phi 40^{+0.050}_{+0.034}$ mm。其余各工序的工序基本尺寸为相邻后续工序的基本尺寸,加上该后续工序的基本余量。经过计算得各工序的工序尺寸如表1.9所示。

表1.9 加工 $\phi 40^{+0.050}_{+0.034}$ mm 外圆柱面的工序尺寸计算/mm

工序	工序余量	工序尺寸公差	工序尺寸
磨外圆	0.6	0.016(IT6)	$\phi 40^{+0.050}_{+0.034}$
半精车	1.4	0.062(IT9)	$\phi 40.6^{0}_{-0.062}$
粗车	3	0.25(IT12)	$\phi 42^{0}_{-0.25}$
毛坯	5		$\phi 45$

验算磨削余量:

直径上最大余量:(40.6 – 40.034) mm = 0.566 mm

直径上最小余量:(40.538 – 40.050) mm = 0.488 mm

验算结果表明,磨削余量是合适的。

(2)工艺基准与设计基准不重合时工序尺寸及其公差的确定

1)工艺尺寸链及其极值解法

根据加工的需要,在工艺附图或工艺规程中所给出的尺寸称为工艺尺寸。它可以是零件的设计尺寸,也可以是设计图上没有而检验时需要的测量尺寸或工艺过程中的工序尺寸等。当工艺基准和设计基准不重合时,要将设计尺寸换算成工艺尺寸就需要用工艺尺寸链进行计算。

①工艺尺寸链的概念:在零件的加工过程中,被加工表面以及各表面之间的尺寸都在不断的变化,这种变化无论是在一道工序内,还是在各工序之间都有一定的内在联系。运用工艺尺寸链理论去揭示这些尺寸间的相互关系,是合理确定工序尺寸及其公差的基础,已成为编制工艺规程时确定工艺尺寸的重要手段。

如图1.34(a)所示零件,平面1,2已加工,要加工平面3,平面3的位置尺寸 A_2 其设计基准为平面2。当选择平面1为定位基准,这就出现了设计基准与定位基准不重合的情况。在采用调整法加工时,工艺人员需要在工序图1.34(b)上标注工序尺寸 A_3,供对刀和检验时使用,以便直接控制工序尺寸 A_3,间接保证零件的设计尺寸 A_2。尺寸 A_1,A_2,A_3 首尾相连构成一封闭的尺寸组合。在机械制造中称这种相互联系且按一定顺序排列的封闭尺寸组合为尺寸链。如图1.34(c)所示。由工艺尺寸所组成的尺寸链称为工艺尺寸链。尺寸链的主要特征是封闭性,即组成尺寸链的有关尺寸按一定顺序首尾相连构成封闭图形,没有开口。

②工艺尺寸链的组成:组成工艺尺寸链的每一个尺寸称为工艺尺寸链的环。如图1.34(c)所示尺寸链有3个环。

在加工过程中直接保证的尺寸称为组成环。用 A_i 表示,如图1.34中的 A_1,A_3。

在加工过程中间接得到的尺寸称为封闭环,用 $A_{\sum}$ 表示。图1.34(c)$A_{\sum}$ 中为尺寸 A_2。

由于工艺尺寸链是由一个封闭环和若干个组成环所组成的封闭图形,故尺寸链中组成环的尺寸变化必然引起封闭环的尺寸变化。当某组成环增大(其他组成环保持不变),封闭环也

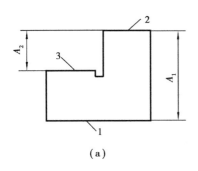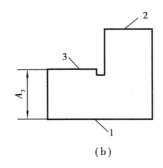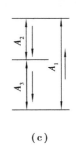

图 1.34　零件加工中的工艺尺寸链

(a)零件图　(b)工序图　(c)工艺尺寸链

随之增大时,则该组成环称为增环,以 $\vec{A}_i$ 表示,如图 1.34(c)中的 A_1。当某组成环增大(其他组成环保持不变),封闭环反而减小,则该组成环称为减环,以 $\overleftarrow{A}_i$ 表示,如图 1.34(c)中的 A_3。

为了迅速确定工艺尺寸链中各组成环的性质,可先在尺寸链图上平行于封闭环,沿任意方向画一箭头,然后沿此箭头方向环绕工艺尺寸链,平行于每一个组成环依次画出箭头,箭头指向与环绕方向相同,如图 1.34(c)所示。箭头指向与封闭环箭头指向相反的组成环为增环(如图中 A_1),相同为减环(如图中 A_3)。

应着重指出:正确判断出尺寸链的封闭环是解工艺尺寸链最关键的一步。如果封闭环判断错了,整个工艺尺寸链的解算也就错了。因此,在确定封闭环时,要根据零件的工艺方案紧紧抓住间接得到的尺寸这一要点。

③工艺尺寸链的计算:计算工艺尺寸链的目的是要求出工艺尺寸链中某些环的基本尺寸及其上、下偏差。计算方法有极值法(或称极大、极小法)和概率法两种。这里主要讲极值法。

用极值法解工艺尺寸链,是以尺寸链中各环的最大极限尺寸和最小极限尺寸为基础进行计算的。

图 1.35 给出了有关工艺尺寸及其偏差之间的关系。

表 1.10 列出了计算工艺尺寸链用到的尺寸及偏差(或公差)符号。

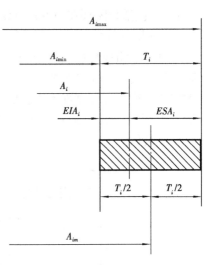

图 1.35　尺寸和偏差关系图

表 1.10　工艺尺寸链的尺寸及偏差符号

环　名	符　号　名　称						
	基本尺寸	最大尺寸	最小尺寸	上偏差	下偏差	公　差	平均尺寸
封闭环	$A_{\sum}$	$A_{\sum max}$	$A_{\sum min}$	$ESA_{\sum}$	$EIA_{\sum}$	$T_{\sum}$	$A_{\sum m}$
增　环	$\vec{A}_i$	$\vec{A}_{imax}$	$\vec{A}_{imin}$	$ES\vec{A}_i$	$EI\vec{A}_i$	$\vec{T}_i$	$\vec{A}_{im}$
减　环	$\overleftarrow{A}_i$	$\overleftarrow{A}_{imax}$	$\overleftarrow{A}_{imin}$	$ES\overleftarrow{A}_i$	$EI\overleftarrow{A}_i$	$\overleftarrow{T}_i$	$\overleftarrow{A}_{im}$

工艺尺寸链计算的基本公式如下：

$$A_{\sum} = \sum_{i=1}^{m} \overrightarrow{A}_i - \sum_{i=m+1}^{n-1} \overleftarrow{A}_i \tag{1.1}$$

$$A_{\sum \max} = \sum_{i=1}^{m} \overrightarrow{A}_{i\max} - \sum_{i=m+1}^{n-1} \overleftarrow{A}_{i\min} \tag{1.2}$$

$$A_{\sum \min} = \sum_{i=1}^{m} \overrightarrow{A}_{i\min} - \sum_{i=m+1}^{n-1} \overleftarrow{A}_{i\max} \tag{1.3}$$

$$ESA_{\sum} = \sum_{i=1}^{m} ES\overrightarrow{A}_i - \sum_{i=m+1}^{n-1} EI\overleftarrow{A}_i \tag{1.4}$$

$$EIA_{\sum} = \sum_{i=1}^{m} EI\overrightarrow{A}_i - \sum_{i=m+1}^{n-1} ES\overleftarrow{A}_i \tag{1.5}$$

$$T_{\sum} = \sum_{i=1}^{n-1} T_i \tag{1.6}$$

$$A_{\sum m} = \sum_{i=1}^{m} \overrightarrow{A}_{im} - \sum_{i=m+1}^{n-1} \overleftarrow{A}_{im} \tag{1.7}$$

式中 A_{im}——各组成环平均尺寸，$A_{im} = \dfrac{1}{2}(A_{i\max} + A_{i\min})$；

$\quad\quad$ n——包括封闭环在内的尺寸链总环数；

$\quad\quad$ m——增环数目；

$\quad\quad$ $n-1$——组成环(包括增环和减环)的数目。

2)用尺寸链计算工艺尺寸

①定位基准与设计基准不重合的尺寸换算

例 1.2 如图 1.36(a)所示零件，各平面及槽均已加工，求以侧面 K 定位钻 $\phi 10$ mm 孔的工序尺寸及其偏差。

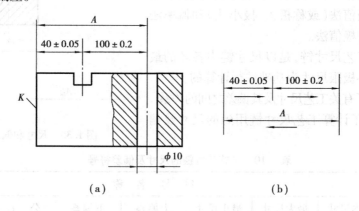

图 1.36 定位基准与设计基准不重合的尺寸换算

(a)零件图 (b)工艺尺寸链简图

由于孔的设计基准为槽的中心线，钻孔的定位基准 K 与设计基准不重合，工序尺寸及其偏差应按工艺尺寸链进行计算。解算步骤如下：

确定封闭环：在零件加工过程中直接控制的是工序尺寸(40 ± 0.05) mm 和 A,孔的位置尺寸(100 ± 0.2) mm 是间接得到的,故尺寸(100 ± 0.2) mm 为封闭环。

绘出工艺尺寸链图:自封闭环两端出发把图中相互联系的尺寸首尾相连即得工艺尺寸链,如图1.36(b)所示。

判断组成环的性质:从封闭环开始,按顺时针环绕尺寸链图,平行于各尺寸画出箭头,如图1.36(b)所示,尺寸 A 的箭头方向与封闭环相反为增环,尺寸 40 mm 为减环。

计算工序尺寸 A 及其上、下偏差:

A 的基本尺寸:

根据式(1.1)可得100 mm = A – 40 mm　A = 140 mm。

根据式(1.4)、式(1.5)计算 A 的上、下偏差:

$$0.2 \text{ mm} = ESA - (-0.05) \text{ mm}$$
$$ESA = 0.15 \text{ mm}$$
$$-0.2 \text{ mm} = EIA - 0.05 \text{ mm}$$
$$EIA = -0.15 \text{ mm}$$

验算:用极值法解尺寸链时,各组成环的尺寸公差与封闭环尺寸公差间应满足式(1.6)。因此,可以用该式来验算结果是否正确。

根据式(1.6)得

$$[0.2 - (-0.2)] \text{ mm} = [0.05 - (-0.05)] \text{ mm} + [0.15 - (-0.15)] \text{ mm}$$
$$0.4 \text{ mm} = 0.4 \text{ mm}$$

各组成环公差之和等于封闭环的公差,计算无误。故以侧面(K)定位钻孔 $\phi10$ mm 的工序尺寸为(140 ± 0.15) mm。可以看出本工序尺寸公差 0.3 mm 比设计尺寸(100 ± 0.2) mm 的公差小 0.1 mm,工序尺寸精度提高了。本工序尺寸公差减小的数值等于定位基准与设计基准之间距离尺寸的公差(± 0.05) mm,它就是本工序的基准不重合误差。

②测量基准与设计基准不重合的尺寸换算

例1.3　加工零件的轴向尺寸(设计尺寸)如图1.37(a)所示。

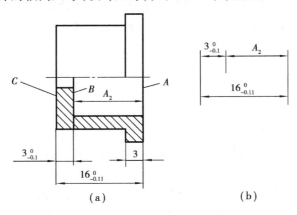

图 1.37　测量基准与设计基准不重合的尺寸换算
(a)零件图　(b)工艺尺寸链简图

在加工内孔端面 B 时,设计尺寸 $3_{-0.1}^{0}$ 不便测量,因此,在加工时以 A 面为测量基准,直接控制尺寸 A_2 及 $16_{-0.11}^{0}$ 。而端面 B 的设计基准为 C ,使得测量基准和设计基准不重合。在这种情况下,必须利用尺寸链,根据相关的工艺尺寸换算出测量尺寸 A_2 。

3 $_{-0.1}^{0}$ 是间接保证的尺寸,为尺寸链的封闭环。自封闭环两端出发依次绘出相关尺寸,得尺寸链如图1.37(b)所示。由图1.37(b)可知,尺寸16 $_{-0.11}^{0}$ 为增环,A_2 为减环。

由于该尺寸链中封闭环的公差(0.1 mm),小于组成环(16 $_{-0.11}^{0}$)的公差,不满足 $T_{\sum} = \sum\limits_{i=1}^{n-1} T_i$,用极值法解尺寸链,不能正确求得 A_2 的尺寸偏差。在这种情况下,应根据工艺实施的可行性,考虑压缩组成环的公差,使关系式 $T_{\sum} = \sum\limits_{i=1}^{n-1} T_i$ 得到满足,以便应用极值法求解尺寸链,或者采用改变工艺方案的办法来解决这种问题。

现采用压缩组成环公差的办法来处理。由于尺寸16 $_{-0.11}^{0}$ 是外形尺寸,比内端面(B)尺寸(A_2)易于控制,故将它的公差值缩小,取 $T_1 = 0.043$(IT9)。经压缩公差后,尺寸16 mm 的尺寸偏差为16 $_{-0.043}^{0}$ mm。

按工艺尺寸链计算加工内端面 B 的测量尺寸 A_2 及偏差:

由式(1.1)得 $\qquad$ 3 mm = 16 mm − A_2 $\qquad$ A_2 = 13 mm

由式(1.4)得 $\qquad\qquad$ 0 = 0 − $EI\overleftarrow{A}_2$ $\qquad$ $EI\overleftarrow{A}_2$ = 0

由式(1.5)得 $\qquad\qquad$ −0.1 mm = −0.043 mm − $ES\overleftarrow{A}_2$

$$ES\overleftarrow{A}_2 = 0.057 \text{ mm}$$

校核计算结果:

$$T_2 = ES\overleftarrow{A}_2 - EI\overleftarrow{A}_2 = 0.057 \text{ mm}$$

$$T_1 + T_2 = (0.043 + 0.057) \text{ mm} = 0.1 \text{ mm}$$

计算无误。

内孔端面 B 的测量尺寸及偏差为13 $_{0}^{+0.057}$ mm。

③工序基准是尚待继续加工的表面 $\quad$ 在某些加工中,会出现要用尚待继续加工的表面为基准标注工序尺寸。该工序尺寸及其偏差也要通过工艺尺寸计算来确定。

例1.4 $\quad$ 加工图1.38(a)所示外圆及键槽,其加工顺序为:

a. 车外圆至 $\phi26.4_{-0.083}^{0}$;

b. 铣键槽至尺寸 A;

c. 淬火;

d. 磨外圆至 $\phi26_{-0.021}^{0}$。

磨外圆后应保证键槽位置尺寸21 $_{-0.16}^{0}$。

从上述工艺过程可知,工序尺寸 A 的基准是一个尚待继续加工的表面,该尺寸应按尺寸链进行计算来获得。

尺寸21 $_{-0.16}^{0}$ 是间接保证的尺寸,是尺寸链的封闭环。尺寸 $\phi26.4_{-0.083}^{0}$,$\phi26_{-0.021}^{0}$ 是尺寸链的组成环。该组尺寸构成的尺寸链如图1.39(b)所示。尺寸 A、13.2 $_{-0.0105}^{0}$ 为增环;13.2 $_{-0.0415}^{0}$ 为减环。

键槽的工序尺寸及偏差计算如下:

由式(1.1)得 $\qquad$ 21 mm = A + 13 mm − 13.2 mm $\qquad$ A = 21.2 mm

由式(1.4)得 $\qquad\qquad$ 0 = $ES\overrightarrow{A}$ + 0 − (−0.041 5) mm $\qquad$ $ES\overrightarrow{A}$ ≈ −0.042 mm

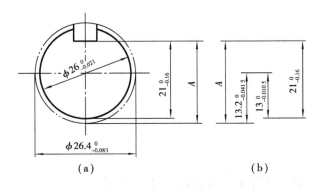

图 1.38 加工键槽的尺寸换算

(a)带键槽的轴 (b)键槽的尺寸链

由式(1.5)得 $\qquad -0.16 \text{ mm} = EI\vec{A} + (-0.0105) \text{ mm} - 0$

$$EI\vec{A} \approx -0.150 \text{ mm}$$

加工键槽的工序尺寸 A 为 $21.2^{-0.042}_{-0.150}$。

练习与思考题

1.1 试分析模具的制造工艺过程和特点。

1.2 模具工艺工作的主要内容有哪些?

1.3 模具制造技术经济指标有哪些?它们之间有无联系和影响?

1.4 模具加工表面可分为哪几类?试分析其加工特点和技术要求。

1.5 如何区分工序、安装、工位和工步?

1.6 工艺规程卡有哪几种形式?其主要内容各是什么?

1.7 模具零件的毛坯形式有哪些?如何选择?

1.8 何为基准?加工中应该如何选择定位基准?

1.9 生产中应如何选择模具零件加工工艺路线?

第**2**章
模具基本表面的机械加工方法

2.1 切削加工方法及其选择

模具是由许多零件组成的。通过对零件的外形表面、成形表面和其他工作表面的加工得到模具的各种零件,然后通过装配和调试获得所需要的模具。

2.1.1 模具零件的常用机械加工方法

模具零件的外形表面通常采用切削效率较高的铣床、车床、刨床、磨床及较先进的加工中心等进行加工。模具成形表面的加工主要包括各类金属切削机床的切削加工和利用电、超声波、化学能等技术的特种加工方法。近20多年来,特种加工在模具型面的加工中所占的比重明显增大,但用金属切削机床加工型面仍是主要的加工方法。

(1) 车削加工

车削用于加工内、外回转表面,螺旋面,端面,钻孔,镗孔,铰孔及滚花等。工件的加工通常经过粗车、半精车和精车等工序来达到设计要求。根据模具零件的精度要求,车削一般是外旋转表面加工的中间工序,或作为最终工序。精车的尺寸精度可达 IT6 ~ IT8,表面粗糙度为 $Ra = 1.6 \sim 0.8 \ \mu m$。

(2) 铣削加工

在模具零件的铣削加工中,应用最广的是立式铣床和万能工具铣床的立铣加工,其主要加工对象是各种模具的型腔和型面,加工精度可达 IT10。表面粗糙度为 $Ra = 1.6 \ \mu m$。若选用高速、小切削用量的铣削方法,则工件精度可达 IT8,表面粗糙度为 $Ra = 0.8 \ \mu m$。对模具成形零件,采用铣削时应留 0.05 mm 的修光余量,用于钳工的修光加工。当型面的精度要求较高时,铣削仅作为中间工序,铣削后需用成形磨削或电火花加工等方法进行精加工。

(3) 刨削加工

刨削主要用于模具零件外形的加工。中小型零件广泛采用牛头刨床加工,而大型零件则需用龙门刨床加工。一般刨削加工的精度可达 IT10,表面粗糙度为 $Ra = 1.6 \ \mu m$。

（4）钻削加工

钻削是模具零件中圆孔的主要加工方法。所用的设备主要是钻床,所用的刀具是麻花钻、扩孔钻、铰刀等,分别用于钻孔、扩孔、铰孔等钻削工作。在模具制造中常采用钻孔对孔进行粗加工,去除大部分余量,然后经扩孔、铰孔。对未淬硬孔进行半精加工和精加工,以达到设计要求。

（5）磨削加工

为了达到模具的尺寸精度和表面粗糙度等要求,有许多模具零件必须经过磨削加工。例如,模具的型腔、型面,导柱的外圆表面,导套的内、外圆表面以及模具零件之间的接触面等都必须经过磨削加工。在模具制造中,形状简单（如平面、内圆和外圆表面）的零件可用一般磨削加工,而形状复杂的零件则需使用各种精密磨床进行成形磨削。一般磨削加工是在平面磨床、内外圆磨床、工具磨床上进行的。

（6）仿形加工

仿形加工以事先制成的靠模为依据,加工时触头对靠模表面施加一定的压力,并沿其表面上移动,通过仿形机构使刀具作同步仿形动作,从而在模具零件上加工出与靠模相同的型面。仿形加工是对各种模具型腔或型面进行机械加工的重要方法之一,常用的仿形加工有仿形车削、仿形刨削、仿形铣削和仿形磨削等。

（7）坐标镗床加工

坐标镗床是一种高精度孔加工的精密机床,主要用于加工零件各面上有精确位置精度要求的孔。所加工的孔不仅具有很高的尺寸精度和几何精度,而且具有极高的孔距精度。孔的尺寸精度可达 IT6 ~ IT7,表面粗糙度则取决于加工方法,一般可达到 $Ra = 0.8$ μm,孔距精度可达 $0.005 ~ 0.01$ mm。

（8）坐标磨床加工

坐标磨床与坐标镗床相似,也是利用准确的坐标定位实现孔的精密加工,但它不是用钻头或镗刀,而是用高速旋转的砂轮对已淬火工件的内孔进行磨削加工。因此,其加工精度极高,可达 5 μm 左右,表面粗糙度在 $Ra = 0.2$ μm 以上,可磨削的孔径为 $0.8 ~ 200$ mm。对于精密模具,常把坐标镗床的加工作为孔加工的预备工序,最后用坐标磨床进行精加工。

（9）成形磨削

成形磨削是成形表面精加工的一种方法,具有高精度、高效率的优点。在模具制造中,成形磨削主要用于精加工凸模、拼块凹模及电火花加工用的电极等零件。成形磨削通常在成形磨床上进行。

2.1.2　选择模具表面加工方法的原则

选择合适的表面加工方法,是模具制造工艺中首先要解决的问题。在实际生产中,需综合考虑多种因素来确定最终工艺路线,选择原则主要有以下几个方面:

①在保证加工表面的加工精度和表面粗糙度的前提下,要结合零件的结构形状、尺寸大小以及材料和热处理等要求进行全面考虑。例如,对于 IT7 级精度的孔,采用镗削、铰削、拉削和磨削均可达到要求,但型腔体上的孔一般不宜选择拉削和磨孔,而常选择镗孔或铰孔。孔径大时选择镗孔,孔径小时选择铰孔。

②工件材料的性质对加工方法的选择也有影响。例如,淬火钢应采用磨削加工,而对于有

色金属零件,为避免磨削时堵塞砂轮,一般都采用高速镗或高速精密车削进行精加工。

③表面加工方法的选择,除了首先要保证质量要求外,还应考虑生产效率和经济性的要求。

④选择正确的加工方法,还要考虑本厂、本车间的现有设备及技术条件,应充分利用现有的设备。

2.2　外圆柱面的加工

在模具零件中有许多都是圆柱面,如凸模、型芯、导柱、导套、顶杆等的外形表面都是圆柱面。在加工圆柱面的过程中,除了要保证各加工表面的尺寸精度外,还必须保证各相关表面的同轴度、垂直度要求。一般可采用车削进行粗加工和半精加工,经热处理后,在外圆磨床上进行精加工,再经研磨达到设计要求。表2.1为常见圆柱面的加工方案、经济精度、表面粗糙度和适用范围,实际加工时可根据具体要求和条件来选择恰当的加工方法。

表2.1　圆柱面的加工方案

序号	加 工 方 案	经济精度级	表面粗糙度 $Ra/\mu m$	适用范围
1	粗车	IT11	50～12.5	适用于淬火钢以外的各种金属
2	粗车—半精车	IT8～IT10	6.3～3.2	
3	粗车—半精车—精车	IT8	1.6～0.8	
4	粗车—半精车—精车—滚压(或抛光)	IT8	0.2～0.025	
5	粗车—半精车—磨削	IT7～IT8	0.8～0.4	主要用于淬火钢,也可用于未淬火钢。但不宜加工有色金属
6	粗车—半精车—粗磨—精磨	IT6～IT7	0.4～0.1	
7	粗车—半精车—粗磨—精磨—超精加工	IT5	0.1	
8	粗车—半精车—精车—金刚石车	IT6～IT7	0.4～0.025	主要用于有色金属加工
9	粗车—半精车—粗磨—精磨—研磨	IT5～IT6	0.16～0.08	极高精度的外圆加工
10	粗车—半精车—粗磨—精磨—超精磨或镜面磨	IT5	<0.025	

车削是在车床上用车刀对工件进行的一种切削加工方法。车床的种类很多,常用的有卧式车床、六角车床、立式车床、多刀自动和半自动车床、数控车床等。其中以卧式车床应用最为广泛。对于形状比较复杂的小零件的成批生产,也可以采用六角车床加工。数控车床由于具备了卧式车床、转塔车床、仿形车床、自动和半自动车床的功能,特别适合于复杂零件的高精度加工。车刀按车削对象的不同,分为偏刀、弯头刀、切断刀、镗刀、圆弧刀和螺纹车刀,其中偏刀和弯头刀可用来车削外圆和端面等,如图2.1所示。

在普通车床上车削圆柱面时,工件一般安装在三爪卡盘中。三爪卡盘的特点是可以自动

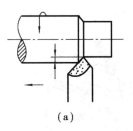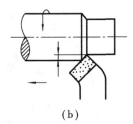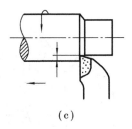

$$(a) \qquad\qquad (b) \qquad\qquad (c)$$

图 2.1　车外圆车刀的选择

(a)普通外圆车刀　(b)45°弯头刀　(c)90°偏刀

定心,装夹方便而迅速。但对于较长的轴类零件,常采用前后顶尖来支撑工件,此时工件两端必须预先钻好顶尖孔,加工时以顶尖孔来确定工件的位置,通过拨盘和鸡心夹头带动工件旋转并承受切削扭矩,如图 2.2 所示。

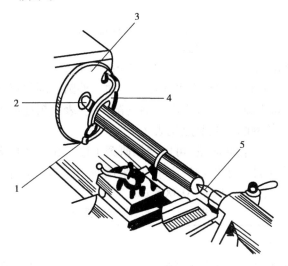

图 2.2　顶尖、拨盘及鸡心夹头

1—螺钉;2—前顶尖;3—拨盘;4—鸡心夹头;5—后顶尖

当工件尺寸较大或形状比较复杂时,常采用四爪卡盘或花盘来安装工件,其结构如图 2.3 所示。此时安装工件必须反复校正,对于不对称零件还需要注意平衡,因此,此法生产率较低,但经过努力可以获得较高精度。

对于同轴度要求较高的模具零件(如导套等),可采用芯轴进行安装加工。用芯轴安装工件时,应先将工件的孔进行精加工(IT7 ~ IT9),然后以孔定位将工件安装在芯轴上,再把芯轴安装在前后顶尖之间。

①当工件的厚度尺寸小于孔径尺寸时,一般采用圆柱体芯轴安装工件,工件安装在带台阶的芯轴上并用螺母压紧,工件与芯轴的配合采用 H7/h6。

②当工件的厚度尺寸大于孔径尺寸时,可采用带有锥度为 1/1 000 ~ 1/5 000 的小锥度的芯轴安装工件。工件孔与芯轴配合时,靠接触面间过盈产生的弹性变形来夹紧工件,故切削力不能太大,以防工件在芯轴上滑动而影响正常切削。小锥度芯轴的定心精度较高,可达 0.01 ~ 0.005 mm,多用于精车。

圆柱面的精加工是在外圆磨床上磨削完成的。其加工方式是以高速旋转的砂轮对低速旋

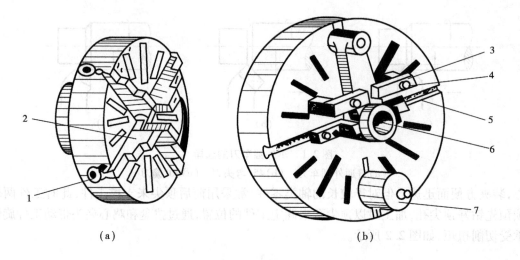

图 2.3　四爪卡盘和花盘

（a）四爪卡盘　（b）花盘

1—调整螺钉;2—卡爪;3—压板;4—螺栓;5—T 形槽;6—工件;7—平衡铁

转的工件进行磨削,工件相对于砂轮作纵向往复运动。外圆磨削的尺寸精度可达 IT5～IT6,表面粗糙度为 $Ra=0.8～0.2~\mu m$。若采用高光洁磨削工艺,表面粗糙度可达 $Ra=0.025~\mu m$。在外圆磨床上加工圆柱面的磨削工艺要点见表 2.2。

为了进一步提高工件的表面质量,可以增加研磨工序。在生产量大的情况下,研磨加工在专用研磨机上进行。在单件或小批量生产中,可采用研磨工具进行手工研磨。研磨精度可达 IT5～IT3,表面粗糙度可达 $Ra=0.1～0.008~\mu m$。

表 2.2　外圆磨削工艺要点

	工　艺　内　容	工　艺　要　点
外圆磨削工艺参数	1. 砂轮圆周速度:陶瓷结合剂砂轮的磨削速度≤35 m/s;树脂结合剂砂轮的磨削速度≤50 m/s; 2. 工件圆周速度:一般取 13～20 m/min,磨淬硬钢时为 26 m/min; 3. 磨削深度:粗磨时取 0.02～0.05 mm,精磨时取 0.005～0.015 mm; 4. 纵向进给量:粗磨时取 0.5～0.8 砂轮宽度;精磨时取 0.2～0.3 砂轮宽度	1. 被磨工件刚性差时,应将工件转速降低,以免产生振动,影响磨削质量; 2. 当要求工件表面粗糙度小和精度高时,精磨后在不进刀情况下再光磨几次

续表

工　艺　内　容	工　艺　要　点
工件的装夹方法 1. 前后顶尖装夹具有装夹方便、加工精度高的特点,适用于装夹长径比大的工件; 2. 用卡盘装夹的工件,一般采用工艺夹头装夹长径比小的工件,如凸模、顶块、型芯等; 3. 用卡盘和顶尖装夹较长的工件; 4. 用双顶尖装夹,磨削加工细长小尺寸轴类工件,如小型芯、小凸模等; 5. 配用芯轴装夹,磨削加工有内外圆同轴度要求的配用芯轴装夹,磨削加工有内外圆同轴度要求的薄壁套类工件,如凹模镶件、凸凹模等	1. 淬硬件的中心孔必须准确研磨,并使用硬质合金顶尖和适当的顶紧力; 2. 用卡盘装夹的工件,一般采用工艺夹头装夹,能在一次装夹中磨出各段台阶外圆,保证同轴度; 3. 由于模具制造的单件性,通常采用带工艺夹头的芯轴,并按工件孔径配磨,供一次性使用。芯轴定位面的锥度一般取 1∶5 000～1∶7 000
一般外圆的磨削 1. 纵向磨削法:工件与砂轮同向转动,工件相对砂轮作纵向运动;一次纵行程后砂轮横向进给一个磨削深度。磨削深度小,切削力小,容易保证加工精度,适用于磨削长而细的工件; 2. 横向磨削法(切入法):工件与砂轮同向转动,并横向进给连续切除余量;磨削效率高,但磨削热大;适用于磨削较短的外圆面和短台阶轴,如凸模、圆型芯等	1. 磨削台阶轴(如凸模)时,在精磨时要减小磨削深度,并多进行光磨行程,有利于提高各段外圆面的同轴度; 2. 磨台阶轴时,可先用横磨法沿台阶切入,留0.03～0.4 mm 的余量,然后用纵磨法精磨; 3. 为消除磨削重复痕迹,减小磨削表面粗糙度和提高精度,应在纵磨前使工件作短距离手动纵向往复磨削

2.3　平面的加工

　　平面是模具外形表面中最多的一种表面形式。就几何结构来说平面很简单,但是这些平面要作为模具使用时的安装基面,或者要作为型腔表面加工的基准,有时又要作为模具零件之间的接合面。因此,除了要保证各平面自身的尺寸精度和平面度外,还要保证各相对平面的平行度以及相邻表面的垂直度要求。平面一般采用牛头刨床、龙门刨床和立铣床进行刨削和铣削加工,去除毛坯上的大部分加工余量,然后再通过平面磨削达到设计要求。表2.3列出了常见模具平面的加工方案,可供制订模具加工工艺时参考。

表2.3 平面的加工方案

序号	加 工 方 案	经济精度级	表面粗糙度 $Ra/\mu m$	适 用 范 围
1	粗车—半精车	IT9	6.3 ~ 3.2	主要用于端面加工
2	粗车—半精车—精车	IT7 ~ IT8	1.6 ~ 0.8	
3	粗车—半精车—磨削	IT8 ~ IT9	0.8 ~ 0.2	
4	粗刨(或粗铣)—精刨(或精铣)	IT12 ~ IT9	20 ~ 0.63	用于一般不淬硬表面
5	粗刨(或粗铣)—精刨(或精铣)—刮研	IT6 ~ IT7	0.8 ~ 0.1	精度要求较高的不淬硬平面,批量较大时宜采用宽刃精刨
6	以宽刃刨削代替上述方案中的刮研	IT7	0.8 ~ 0.2	
7	粗刨(或粗铣)—精刨(或精铣)—磨削	IT7	0.8 ~ 0.2	精度要求高的淬硬表面或未淬硬表面
8	粗刨(或粗铣)—精刨(或精铣)粗磨—精磨	IT6 ~ IT7	0.4 ~ 0.02	
9	粗铣—拉削	IT7 ~ IT9	0.8 ~ 0.2	进行大量生产的较小平面(精度由拉刀精度而定)
10	粗铣—精铣—磨削—研磨	IT6	0.1 以下	高精度的平面

从生产效率方面考虑,大型平面多采用龙门刨床刨削加工;中型平面多采用牛头刨床刨削加工;中、小型平面多采用立铣床铣削加工。

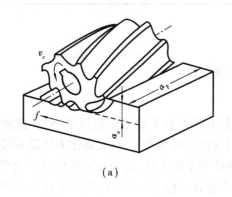 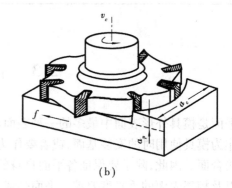

(a) (b)

图2.4 铣削的应用

(a)用圆柱铣刀铣削 (b)用端铣刀铣削

铣削是在铣床上用铣刀进行加工的方法。铣床的种类主要有卧式铣床、立式铣床、龙门铣床、工具铣床等。工件在铣床上的装夹可以采用平口钳、回转工作台及万能分度头等来实现。铣刀是一种多齿刀具,根据铣削对象的不同,需要不同种类的铣刀。平面的铣削可采用圆柱形铣刀对工件进行周铣或用端铣刀对工件进行端铣(图2.4(a)、(b))。与周铣相比,端铣同时参加工作的刀齿数目较多,切削厚度变化较小,刀具与工件加工部位的接触面较大,切削过程较平稳,且端铣刀上有修光刀齿,可对已加工表面起修光作用,因而其加工质量较好。另外,端铣刀刀杆的刚性大,切削部分大都采用硬质合金刀片,可采用较大的切削用量,常可在一次走刀中加工出整个工件表面,因此,生产效率较高。

大、中型平面的加工可采用刨削来完成。对于较小的工件,通常用平口钳装夹;对于较大的工件,可直接安装在牛头刨床的工作台上(图2.5)。如果工件的相对两平面要求平行,相邻两平面要求互成直角,应采用平行垫块和垫上圆棒的方法在平口钳上装夹,较大的工件也可用角铁装夹,如图2.6所示。

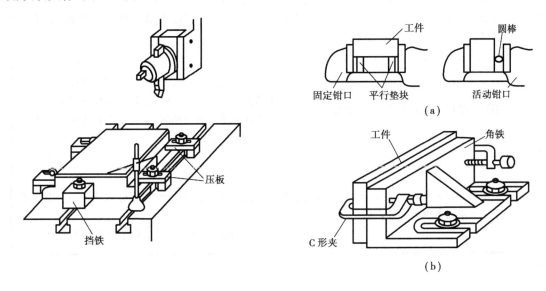

图2.5　工件直接安装在工作台上　　　图2.6　矩形工件的装夹

(a)在平口钳上装夹　(b)用角铁装夹

平面磨削是在平面磨床上进行的。加工时工件通常装夹在电磁吸盘上,用砂轮的周面对工件进行磨削。平面磨削可分为卧轴周磨和立轴周磨两种方法。周磨是用砂轮的圆周面磨削平面,周磨平面时砂轮与工件的接触面积很小,排屑和冷却条件均较好,因此工件不易产生热变形。由于砂轮圆周表面的磨粒磨损均匀,故加工质量较高,适用于精磨。端磨是用砂轮的端面磨削工件平面,端磨平面时砂轮与工件的接触面积大,冷却液不易注入磨削区内,工件热变形大。另外,因砂轮端面各点的圆周速度不同,端面磨损不均匀,故加工精度较低,但其磨削效率高,适用于粗磨。

平面磨削的加工精度可达 IT5～1T6,表面粗糙度为 $Ra = 0.4～0.2\ \mu m$。平面磨削的工艺要点见表2.4。

表 2.4　平面磨削的工艺要点

工艺内容		工艺要点
平行平面磨削	1. 一般工件的磨削顺序：粗磨去除 2/3 余量→修整砂轮→精磨→光磨 1 或 2 次→翻转工件，粗精磨第 2 面； 2. 薄工件磨削：在工件与磁力台间垫一层约 0.5 mm 厚的橡皮或海绵，工件吸紧后磨削，并使工件两平面反复交替磨削，最后直接吸在磁力台上磨平	1. 若工件左右方向平行度有误差，则工件翻转磨第 2 面时应左右翻；若工件前后方向有误差时，则在磨第 2 面时应前后翻。 2. 带孔工件端平面的磨削要注意选准定位基准，以保证孔与平面的垂直度。 3. 要提高两平面的平行度，需反复交替磨削两平面
垂直平面磨削	用精密平口钳装夹工件，磨削垂直面	1. 用磨削平行面的方法磨好上下两大平面； 2. 用精密平口钳装夹工件，磨好相邻两垂直面； 3. 以相邻两垂直面为基面，用磨削平行面的方法磨出其余两相邻垂直面
	用精密角铁和平行夹头装夹工件，磨削尺寸较大平面工件的侧垂直面	1. 磨好两平行大平面； 2. 工件装夹在精密角铁上，用百分表找正后磨削出垂直面； 3. 以磨出的面为基面，在磁力台上磨对称平行面

2.4　孔的加工

　　模具制造中孔的加工占有很大比重。由于这些孔的用途不同，其几何结构、精度要求也各不相同。模具的孔中有圆孔，有方形、矩形、多边形及不规则形状的异形孔。异形孔的加工大都采用电火花、线切割等特种加工方法来加工，本节仅讨论圆形孔的加工方法。

2.4.1　一般孔的加工方法

（1）钻孔

　　钻孔主要用于孔的粗加工。普通孔的钻削有两种方法：一种是在车床上钻孔，工件旋转而钻头不转；另一种是在钻床或镗床上钻孔，钻头旋转而零件不转。当加工孔与外圆有同轴度要求时，可在车床上钻孔，更多的模具零件孔是在钻床或镗床上加工的。模具零件上的螺钉过孔、螺纹底孔、定位销孔等的粗加工都采用钻削加工，其加工精度较低，表面粗糙度也大。

　　麻花钻是钻孔的常用刀具，一般由高速钢制成。麻花钻主要由柄部、颈部和工作部分组成，工作部分包括切削部分和导向部分。导向部分有两条对称的棱边和螺旋槽，其中，较窄的棱边起导向和修光孔壁的作用，较深的螺旋槽用来进行排屑和输送切削液。切削部分担任主要的切削工作。钻头直径由工件尺寸决定，应尽可能一次钻出所需要的孔径。当孔径超过 35 mm 时，常采用"先钻后扩"工艺，第一次钻孔直径取工件孔径的 0.5 ~ 0.7 倍。

在钻床上进行孔加工时,工件的装夹方法及其所用的附件较多。小型工件通常可用平口钳装夹;大型工件可用压板螺栓直接安装在工作台上;在圆轴或套筒上钻孔时,一般把工件安装在 V 型架上,再用压板螺栓压紧;在成批和大量生产中,尤其在加工孔系时,为了保证孔及孔系的精度,提高生产率,广泛采用钻模来装夹工件,如图 2.7 所示。

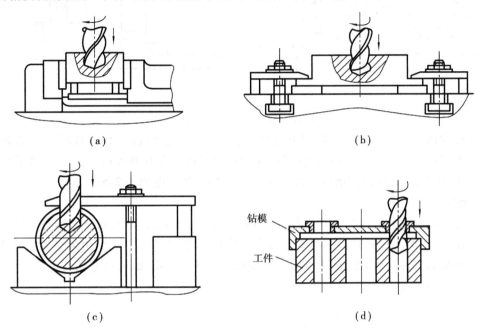

图 2.7　钻孔时工件的装夹
(a)用虎钳装夹　(b)用压板螺栓装夹　(c)用 V 型架装夹　(d)用钻模装夹

(2)扩孔

扩孔是用扩孔钻对已经钻出的孔进一步加工,以提高孔加工精度的加工方法。扩孔可采用较大的走刀量,生产率较高。被加工孔的精度和光洁度都比钻孔好,而且还能纠正被加工孔轴线的歪斜。因此,扩孔常作为铰孔、镗孔、磨孔前的预加工,也可作为精度要求不高孔的最终加工。扩孔精度一般为 IT10 ~ IT11,表面粗糙度为 $Ra = 6.3 ~ 3.2$ μm。

(3)铰孔

铰孔是对中小直径的未淬硬孔进行半精加工和精加工的一种孔加工方法,所用工具为铰刀。由于铰削的加工余量小,切削厚度薄(精铰时仅为 0.01 ~ 0.03 mm),因此,铰削后的孔精度高,一般为 IT6 ~ IT10,细铰甚至可达 IT5,表面粗糙度 $Ra = 1.6 ~ 0.4$ μm。模具制造中常需要铰孔的有:销钉孔,安装圆形凸模、型芯或顶杆等的孔,以及冲裁模刃口锥孔等。

(4)镗孔

模具制造中,镗孔是最重要的孔加工方法之一。根据工件的尺寸形状和技术要求的不同,镗孔可以在车床、铣床、镗床或数控机床上进行,图 2.8 为镗床上镗孔的示意图。镗孔的应用范围很广,可以进行粗加工,也可以进行精加工,特别是对于直径大于 100 mm 以上的孔,镗孔几乎是惟一的精加工方法。镗孔精度可达 IT7 ~ IT10,表面粗糙度为 $Ra = 1.6 ~ 0.4$ μm。

(5)内圆磨削

模具零件中精度要求高的孔(如型孔、导向孔等),一般采用内圆磨削来进行精加工。内

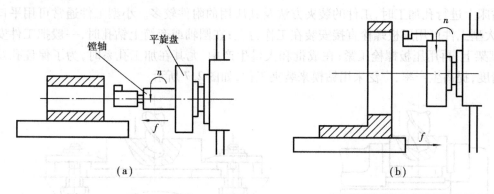

图 2.8 镗床上镗孔的示意图

圆磨削可在内圆磨床或万能外圆磨床上进行,磨孔的尺寸精度可达 IT6 ~ IT7 级,表面粗糙度为 $Ra = 0.8 \sim 0.2\ \mu m$。若采用高精度磨削,尺寸精度可控制在 0.005 mm 之内,表面粗糙度为 $Ra = 0.1 \sim 0.025\ \mu m$。在内圆磨床上加工内孔的磨削工艺要点如表 2.5 所示。

(6)珩磨

为了进一步提高孔的表面质量,可以增加珩磨工序。珩磨是利用珩磨工具对工件表面施加一定的压力,珩磨工具同时作相对旋转和直线往复运动,切除工件上极小余量的一种光整加工方法。珩磨后工件圆度和圆柱度一般可控制在 0.003 ~ 0.005 mm;尺寸精度可达 IT6 ~ IT5;表面粗糙度 $Ra = 0.2 \sim 0.025\ \mu m$。

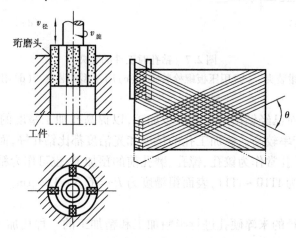

图 2.9 珩磨原理及磨粒运动轨迹

珩磨的工作原理如图 2.9 所示,它是利用安装在珩磨头圆周上的若干条细粒度油石,由涨开机构将油石沿径向涨开,使其压向工件孔壁,以便产生一定的面接触,同时珩磨头作回转和轴向往复运动,由此实现对孔的低速磨削。油石上的磨粒在已加工表面上留下的切削痕迹呈交叉而不相重复的网纹,如图 2.9 所示,有利于润滑油的储存和油膜的保持。

表 2.5　内圆磨削的工艺要点

	工 艺 内 容	工 艺 要 点
内圆磨削工艺参数	1. 砂轮圆周速度：一般为 20～25 m/s； 2. 工件圆周速度：一般为 15～25 m/min，要求表面粗糙度小时取较低值，粗磨时取较高值； 3. 磨削深度：粗磨时取 0.005～0.02 mm，精磨时取 0.002～0.01 mm； 4. 纵向进给速度：粗磨时取 1.5～2.5 m/min，精磨时取 0.5～1.5 m/min	内孔精磨时的光磨行程次数应多一些，以使因刚性差的砂轮接长轴加工时所引起的弹性变形逐渐消除，提高孔的加工精度，降低表面粗糙度
工件装夹方法	1. 三爪自定心卡盘适用于装夹较短的套筒类工件，如凹模套、凹模等； 2. 四爪单动卡盘适用于装夹矩形凹模孔和动、定模板型孔； 3. 用卡盘和中心架装夹工件，适用于较长轴孔的磨削加工； 4. 以工件端面定位，在法兰盘上用压板装夹工件，适用于磨削大型模板上的型孔，导柱、导套孔等	1. 找正方法按先端面后内孔的原则； 2. 对于薄壁工件夹紧力不宜过大，必要时可采用弹性圈在卡盘上装夹工件
磨通孔	采用纵向磨削法，砂轮超越工件孔口的长度一般为 1/3～1/2 砂轮宽度	若砂轮超越工件的长度太小，孔容易产生中凹，若超越长度太大，孔口形成喇叭形
磨台阶孔	磨削时通常先用纵磨法粗磨内孔表面，留余量 0.01～0.02 mm，当磨好台阶端面后再精磨内孔	1. 磨削台阶孔的砂轮应修成凹形，并要求清角，这对磨削不设退刀槽的台阶孔极为重要； 2. 对浅台阶孔或平底孔的磨削，在采用纵磨法时应选用宽度较小的砂轮，防止造成喇叭口； 3. 对浅台阶孔、平底面和孔口端面的磨削，也可采用横向切入磨削法，要求接长轴有良好的刚性
磨小深孔	对长径比为 8～10 的小直径深孔磨削，一般采用 CrWMn 或 W18Cr4V 材料制成接长轴，并经淬硬，以提高接长轴的刚性；磨削时选用金刚石砂轮和较小的纵向进给量，并在磨削前用标准样棒将头架轴线与工作台纵行程方向的平行度校正好	1. 严格控制深孔的磨削余量； 2. 在磨削过程中，砂轮应在孔中间部位多几次纵磨行程，以消除砂轮让刀而产生的孔中凸缺陷

由于珩磨头和机床主轴是浮动联接，因此，机床主轴回转运动误差对工件的加工精度没有影响。而珩磨头的轴向往复运动是以孔壁作导向，按孔的轴线运动的，故不能修正孔的位置偏差。孔的轴线的直线性和孔的位置精度必须由前道工序（精镗或精磨）来保证。

珩磨时,虽然珩磨头的转速较低,但往复速度较高,参加切削的磨粒又多,因此,能很快地切除金属,生产率较高,应用范围广。珩磨可以加工铸铁、淬硬或不淬硬的钢件,但不宜加工易堵塞油石的韧性金属零件。珩磨可加工孔径为 $\phi 5 \sim \phi 500$ mm 的孔,也可以加工 $L/D > 10$ 以上的深孔。

表 2.6 为常见孔的加工方案。

表 2.6 常见孔的加工方案

序号	加 工 方 案	经济精度级	表面粗糙度 $Ra/\mu m$	适用范围
1	钻	IT11 ~ IT12	12.5	加工未淬火钢及铸铁,也可用于加工有色金属
2	钻—铰	IT9	3.2 ~ 1.6	
3	钻—铰—精铰	IT7 ~ IT8	1.6 ~ 0.8	
4	钻—扩	IT10 ~ IT11	12.5 ~ 6.3	同上,孔径可大于 20 mm
5	钻—扩—铰	IT8 ~ IT9	3.2 ~ 1.6	
6	钻—扩—粗铰—精铰	IT7	1.6 ~ 0.8	
7	钻—扩—机铰—手铰	IT6 ~ IT7	0.4 ~ 0.1	
8	钻—扩—拉	IT7 ~ IT9	1.6 ~ 0.1	大批量生产
9	粗镗(或扩孔)	IT11 ~ IT12	12.5 ~ 6.3	除淬火钢以外的各种材料,毛坯有铸孔或锻孔
10	粗镗(粗扩)—半精镗(精扩)	IT8 ~ IT9	3.2 ~ 1.6	
11	粗镗(扩)—半精镗—精镗(铰)	IT7 ~ IT8	1.6 ~ 0.8	
12	粗镗(扩)—半精镗(精扩)—精镗—浮动镗刀精镗	IT6 ~ IT7	0.8 ~ 0.4	
13	粗镗—半精镗磨孔	IT7 ~ IT8	0.8 ~ 0.2	主要用于淬火钢和未淬火钢,但不宜用于有色金属
14	粗镗—半精镗—精镗—金刚镗	IT6 ~ IT7	0.2 ~ 0.1	
15	粗镗—半精镗—精镗—金刚镗	IT6 ~ IT7	0.4 ~ 0.05	
16	钻—(扩)—粗铰—精铰—珩磨 钻—(扩)—拉—珩磨 粗镗—半精镗—精镗—珩磨	IT6 ~ IT7	0.2 ~ 0.025	主要用于精度高的有色金属;用于精度要求很高的孔
17	以研磨代替上述方案中的珩磨	IT6 以下	0.2 ~ 0.025	

2.4.2 深孔加工

塑料模中的冷却水道孔、加热器孔及一部分顶杆孔等都属于深孔。一般冷却水道孔的精度要求不高,但要防止偏斜;加热器孔为保证热传导效率,孔径及粗糙度有一定要求,表面粗糙度为 $Ra = 1.25 \sim 6.3 \mu m$;而顶杆孔则要求较高,孔径一般为 IT8 级精度。这些孔常用的加工方法如下:

1)中小型模具的孔,常用普通钻头或加长钻头在立钻、摇臂钻床上加工,加工时应注意及

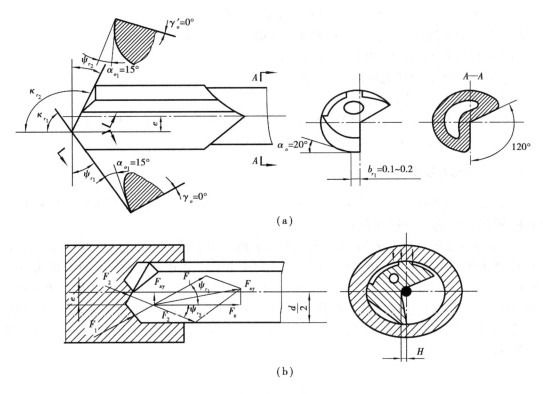

图 2.10　枪钻结构

时排屑并进行冷却,进刀量要小,防止孔偏斜。

2)中、大型模具的孔一般在摇臂钻床、镗床及深孔钻床上加工,较先进的方法是在加工中心上与其他孔一起加工。

3)过长的低精度孔也可采用画线后从两面对钻的方法加工。

4)对于直径小于 20 mm 且长径比达 100∶1(甚至更大)的孔,多采用枪钻加工。它可以一次加工全部孔深,大大简化了加工工艺,且加工精度较高。枪钻的结构如图 2.10(a)所示。枪钻的工作部分由高速钢或硬质合金与无缝钢管压制成形的钻杆对焊而成。工作时工件旋转,钻头进给同时高压切削液由钻杆尾部注入,冷却切削后沿钻杆凹槽将切屑冲刷出来。

枪钻切削部分的主要特点是仅在轴线一侧有切削刃,没有横刃。内外刃偏角为 κ_{r_1}, κ_{r_2},余偏角为 ψ_{r_1}, ψ_{r_2}。钻头偏离轴心线的距离为 e,因此,内刃切出的孔有锥形凸台,有助于钻头的定心导向。若合理配置内外刃偏角与钻头偏距,可使两刃产生的径向力相互抵消一部分。通常枪钻取 $e = d/4$, $\psi_{r_1} = 25° \sim 30°$, $\psi_{r_2} = 20° \sim 25°$, ψ_{r_1} 略大于 ψ_{r_2}。可控制外、内刃切削时产生恰当的径向合力 F,与孔壁支撑反力平衡,维持枪钻钻头的平稳性,并使枪钻沿轴线方向前进,这是枪钻特有的性能。钻头刃磨时,内刃前刀面应低于钻头轴心 H 的距离。这样既可使钻心切削刃的工作后角大于零,改善加工状况,同时又能使枪钻切削时形成一个直径为 $2H$ 的芯柱,此芯柱也附加起定心导向的作用,如图 2.10(b)所示。H 值可由内刃工作后角数值及进给量大小计算得出,常取 $H = (0.01 \sim 0.015)d$,因为 H 值很小,因此它能自行折断,并随切削排出。

枪钻加工孔的特点如下:

1)孔的长径比可达 100∶1 或更大;

2) 生产率高。只需一道工序就可以获得高质量的孔;

3) 在较长的时间内连续加工,孔的尺寸变化很小(0.02~0.05 mm 以内);

4) 工件材料硬度高达 45 HRC,仍可进行加工;

5) 孔的质量很好,通常无须再进行加工;

6) 不需要熟练的操作技术;

7) 刀具耐用度比麻花钻高出 10~15 倍,每磨一次可加工数百至数千件工件;

8) 孔的位置精度与调整时精度相同。

2.4.3 精密孔加工

当孔精度为微米级时,对较大孔可采用坐标镗床加工,较小孔则需要采用坐标磨床加工。没有精密设备时可采用研磨方法加工。

在坐标镗床上可以利用铰刀或镗刀进行精密孔的精加工,但当没有合适的铰刀或镗孔较困难时,可采用如图 2.11 所示的精孔钻进行精加工。精孔钻是由麻花钻修磨而成的,加工时先用普通钻头钻孔,并留扩孔量 0.1~0.3 mm。精钻时切削速度不能高,一般为 2~8 mm/s,进给量 0.1~0.2 mm/r。以菜籽油做润滑剂,钻头尺寸要选择在孔径尺寸公差范围内。只要钻头装夹正确,刃口角度对称,钻出的孔径与钻头尺寸基本相同,精度可达到 IT4~IT6,表面粗糙度为 $Ra = 3.2~0.4\ \mu m$。

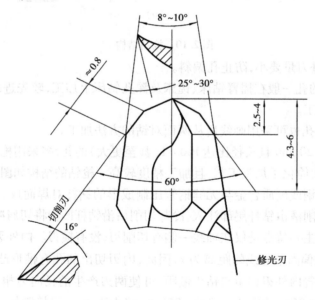

图 2.11　精孔钻结构

2.5　孔系的加工

一些模具零件中通常带有一系列圆孔,如凸模、凹模固定板,上下模座等,这些孔称为孔系。加工孔系时,除了要保证孔本身的尺寸精度外,还要保证孔与基准平面、孔与孔的距离尺寸精度,有的还要求保证各平行孔的轴线平行度,各同轴孔的轴线同轴度,孔的轴线与基准平面的平行度和垂直度等。加工这种孔系时,一般是先加工好基准平面,然后再加工所有的孔。

2.5.1　单件孔系的加工

对于同一零件的孔系加工,常用方法有如下几种:

(1)画线法加工

在加工过的工件表面上画出各孔的位置,并用中心冲在各孔的中心处冲出中心孔,然后在车床、钻床或镗床上按照画线逐个找正并进行孔加工。由于画线和找正都具有较大的误差,因此孔的位置精度较低,一般在 0.25～0.5 mm 范围内,适用于相对精度要求不高的孔系加工。

(2)找正法加工

找正法是在通用机床(镗床、铣床)上利用辅助工具来找正所要加工孔的正确位置的加工方法。找正时除根据划线用试镗方法外,有时借用心轴量块或用样板找正,以提高找正精度。

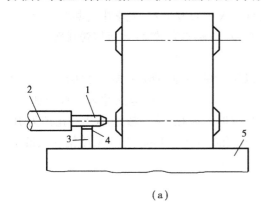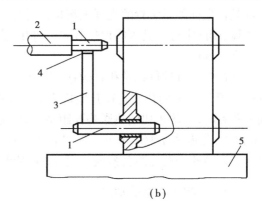

（a）　　　　　　　　　　　（b）

图 2.12　用心轴和块规找正
（a）第一工位　（b）第二工位
1—心轴;2—镗床主轴;3—块规;4—塞尺;5—镗床工作台

如图 2.12 所示为心轴和块规找正法。

镗第一排孔时将心轴插入主轴孔内(或直接利用镗床主轴),然后根据孔和定位基准的距离组合一定尺寸的块规来校正主轴位置,校正时用塞尺测定块与心轴之间的间隙,以避免块规与心轴直接接触而损伤块规(图2.12(a))。镗第二排孔时,分别在机床主轴和已加工孔中插入心轴,采用同样的方法来校正主轴轴线的位置,以保证孔的中心距精度(图2.12(b))。找正法加工的设备简单,但生产效率低,这种找正法其孔心距精度可达 ±0.03 mm。

(3)通用机床坐标加工法

坐标法是将被加工各孔之间的距离尺寸换算成互相垂直的坐标尺寸,然后通过机床纵、横进给机构的移动确定孔的加工位置来进行加工的方法。在立铣床或镗床上利用坐标法加工,孔的位置精度一般不超过

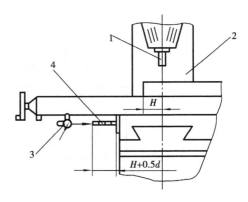

图 2.13　附加百分表在铣床上镗孔
1—检验棒;2—立铣床;3—百分表;4—量块组

0.06～0.08 mm。

如果用百分表装置来控制机床工作台的纵、横移动,则可以将孔的位置精度提高到 0.02 mm 以内。附加百分表在铣床上镗孔的方法如图 2.13 所示。在立铣床的工作台上安装一个百分表(图中表示的是控制纵向位移的百分表),当要求工作台纵向移动 H 距离时,在机床主轴上安装一根直径为 d 的检验棒,在图标位置用量块组装垫出检验棒的半径加上要移动的 H 距离的尺寸,用百分表控制工作台在纵向准确移动 H 距离。横向移动也可同样控制。

(4)坐标镗床加工

坐标镗床是利用坐标法原理工作的高精度机床,按照布置形式的不同分为立式单柱、立式双柱和卧式等主要类型。坐标镗床靠精密的坐标测量来确定工作台、主轴的位移距离,以实现工件和刀具的精确定位。工作台和主轴箱的位移方向上有粗读数标尺,通过带校正尺的精密丝杠坐标测量装置来控制位移,表示整毫米位移尺寸。毫米以下的读数通过精密刻度尺,在光屏读数器坐标测量装置的光屏上读出。另外还设有百分表中心校准器、光学中心测定器、校准校正棒、端面定位工具等附件供找正工件用;弹簧中心冲、精密夹头、镗杆及万能镗排等工具可供装夹刀具用。

坐标镗床可进行孔及孔系的钻、锪、铰、镗加工,以及精铣平面和精密画线、检验等。一般直径大于 20 mm 的孔应先在其他机床上钻预孔,小于 20 mm 的孔可在坐标镗床上直接加工。加工孔系时,为防止切削热影响孔距精度,应先钻孔距较近的大孔,然后铰钻小孔。孔径为 10 mm 以下,孔距精度为 0.03 mm 时可直接进行钻铰加工;孔径大于 10 mm 时应采用钻、扩、铰工序加工。当孔径及孔距公差较小时,应采用钻、镗加工方法。

2.5.2 相关孔系的加工

模具零件中有些零件本身的孔距精度要求并不高,但相互之间的孔位要求必须高度一致;有些相关零件不仅孔距精度要求高,而且要求孔位一致。这些孔常用的加工方法有:

(1)同镗(合镗)加工法

对于上、下模座的导柱孔和导套孔,动、定模模座的导柱孔和导套孔以及模座与固定板的销钉孔等,可以采用同镗加工法。同镗加工法就是将孔位要求一致的 2 个或 3 个零件用夹钳装夹固定在一起,对同一孔位的孔同时进行加工,如图 2.14 所示。

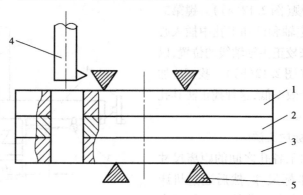

图 2.14 模具零件的同镗(合镗)加工
1,2,3—零件;4—钻头;5—夹钳

（2）配镗加工法

为了保证模具零件的使用性能,许多模具零件都要进行热处理。热处理后零件会发生变形,使热处理前的孔位精度受到破坏,如上模与下模中各对应孔的中心会发生偏斜等。在这种情况下,可以采用配镗加工法,即加工某一零件时,不按图样的尺寸和公差进行加工,而是按与之有对应孔位要求的热处理后的零件实际孔位来配做。例如,将热处理后的凹模放到坐标镗床上实测出各孔的中心距,然后以此来加工未经热处理的凸模固定板上的各对应孔。通过这种方法可保证凹模和凸模固定板上各对应孔的同心度。

（3）坐标磨削法

配镗不能消除热处理对零件的影响,加工出的孔位绝对精度不高。为了保证各相关件孔距的一致性和孔径精度,可以采用高精度坐标磨削的方法来消除淬火件的变形,保证孔距精度和孔径精度。

孔系还可采用数控机床、线切割机床加工,加工精度可达 0.01 mm;也可采用加工中心进行加工,工件一次装夹后可自动更换刀具,一次加工出各孔。

2.6　数控加工技术介绍

数控是数字元控制的简称。即用数字信息表示机床或刀具的运动参数,将这些数字信息送入计算机,通过计算机控制机床,使被加工零件和刀具之间产生符合要求的相对运动,从而实现对零件的加工。

数控机床是用计算机控制的高效自动化机床,它综合应用了自动控制、计算机技术、精密测量和机床结构等方面的最新成就。

数控机床一般由数控系统(计算机和接口电路)、驱动装置(伺服电路和伺服电动机)、主机（床身、立柱、主轴、进给机构等）和辅助装置(液压装置、气压装置、交换工作台、刀具及检测装置等)组成。

2.6.1　数控加工的优点

（1）自动化程度高

在数控机床上加工零件时,整个加工过程都是由数控系统按照加工程控机床的运动部件自动完成的,操作者只需要按操作按钮和观察加工过程是否正常。

（2）适应性强

数控机床实现加工的过程是由程控的。当要加工某一零件时,先要按零件图上的尺寸、形状和技术要求编写出加工程序,然后送入数控系统的计算机中。当被加工对象发生变化时,除了更换刀具和夹具外,只需按照新对象的要求编写新的加工程序即能实现加工。因此,数控机床的加工范围广,能节省很多的专用夹具,特别适用于单件小批量加工。

（3）加工质量稳、精度高

数控机床大多采用高性能的主轴、伺服传动系统,高效、高精度的传动部件（如滚珠丝杠副、直线滚动导轨等）和具有较高动态刚度的机床结构,采取了提高机床耐磨性和减小热变形的措施,能保持较高的几何精度和定位精度。又由于数控机床采用自动加工,减少了人为的操作误差,因此,具有较高的加工精度和尺寸一致性。

(4) 生产效率高

由于数控机床的自动化程度高,在加工过程中省去了画线、夹具设计制造、多次装夹定位、检测等工作,因此,数控加工的生产效率较高。

(5) 易形成网络控制

可以用一台主计算机通过网络控制多台数控机床,也可以在多台数控机床之间建立通信网路,因而有利于形成计算机辅助设计、生产管理和制造一体化的集成制造系统。

当然,应用数控加工方法也存在着数控机床价格高,技术复杂,对机床的维护与编程技术要求高等缺点。为了充分利用数控机床的高性能,发挥其高效率的优点,必须切实解决好零件加工程序的编制、刀具的供应和调整、维护维修人员的培训等一系列问题。此外,数控机床不适宜加工形状简单、技术要求低、毛坯余量过大和余量不均匀的零件。

2.6.2　加工程序编制的内容和步骤

数控加工程序的编制是指从零件图纸到制成控制介质(如穿孔纸带、磁盘或磁带等)的过程。该过程可分为以下 3 个阶段:

(1) 工艺处理阶段

工艺处理阶段中的主要工作内容是:

①分析被加工零件的图纸,明确加工内容及技术要求,在此基础上确定加工方式、走刀路线和切削用量等。

②在对零件图纸进行分析及确定出工艺参数的基础上,以实现零件图纸上的尺寸精度、位置精度、表面粗糙度等技术要求为目标,制订出零件的定位、夹紧方案,确定对刀点的位置,编制零件的加工工艺过程。

③根据数控加工的特点和零件的具体要求,对刀具、夹具进行选用和设计。

(2) 数学处理阶段

数学处理阶段的主要工作,是把零件图中给出的资料或给定的表达式转换成相应数控机床加工时所用的资料,为编制零件的加工程序做准备。编程人员可结合所使用的数控机床控制系统要求的资料格式,计算出所需的资料。数学处理计算的工作量大小,随着被加工零件的形状、加工内容、控制系统的功能及计算工具的不同有很大的差别。

对于直线、圆弧轮廓零件,若按零件轮廓进行编程时,则可借助于简单的计算工具计算出零件上相邻几何元素的交点和切点的坐标。若需要按刀具的中心轨迹编程时,要按照刀具半径或某一给定值计算出刀具中心轨迹上的切点和交点坐标,这种计算比较复杂。但是,大多数数控机床都具有刀具半径补偿功能或 C 刀具半径补偿功能。因此,一般情况下不需计算刀具中心的轨迹。

对于用数学方程式描述的非圆曲线(如指数曲线、椭圆、抛物线等)轮廓零件,由于其形状复杂,并且通常与控制系统的插补功能不一致,用数控机床进行加工时需进行复杂的数值计算。此时轮廓曲线只能用一段段直线或圆弧来逼近。当用直线逼近时,要根据逼近误差 $t \leqslant \delta$(δ 为给定的允许误差值,t 为逼近误差)的原则,计算出各个直线段或圆弧段长度。非圆曲线轮廓的数值计算通常要用计算机来完成。

列表曲线(曲线由一系列坐标点给出)和曲面零件进行编程时,数学处理十分困难。一般要用自动编程或计算机辅助编程系统来完成。

(3) 制作控制介质阶段

这个阶段主要完成的工作内容如下:

① 根据工艺处理和数学处理的结果,按所选数控机床要求的资料格式,编制出包含启动主轴、开停冷却液、换刀等辅助功能的程序单。

② 程序单经检查确认没有错误后,制备控制介质(穿孔纸带或磁盘控制文件),并输入数控系统。简单程序也可直接通过键盘输入,新型数控机床还可以通过 RS232 接口或网络输入加工程序。

③ 对制作控制介质及数据传输的过程中可能出现的错误进行严格的检查,检查要逐条进行或进行空走刀检验。检验中,对平面零件可用以笔代刀,用坐标纸代零件进行空运转画图,通过检查机床动作和运动轨迹的正确性检验加工程序。在具有图形显示功能的数控机床上,可通过显示走刀轨迹或模拟刀具对零件的切削过程检查程序。

④ 对于结构、形状复杂,原材料价格昂贵的零件和精加工的零件,可用铝、塑料或石蜡等易切削材料进行首件试切。通过检查试件,不仅可确认程序是否正确,还可检查加工精度是否符合要求,以便及时修改程序或采取尺寸补偿等措施。

2.6.3 程序编制的方法及其选择

在数控技术发展的过程中,每个国家和地区都有自己的编程软件和设备,已研制出了许多编程方法。其编程的方法有手工编程和自动编程。

(1) 手工编程

编制零件加工程序的各个步骤中,从零件图纸分析、工艺处理、数学处理、书写程序单、制备介质到程序检验,均由人工完成,即完全用手工编制程序的过程,称为"手工编程"。

对于点位加工或几何形状不太复杂的零件,程序编制计算较简单,程序段不多,用手工编程即可实现。但对轮廓形状不是由简单的直线、圆弧组成的复杂零件,如由非圆曲线、列表曲线等组成的零件,特别是对于具有空间曲面的零件,以及几何元素虽并不复杂,但程序量很大的零件由于编制程序时计算烦琐,工作量大,容易出错,难校对,采用手工编程难以完成。据统计采用手工编程时,一个复杂零件的编程时间与机床加工时间的比例,平均约为 30 : 1。因此,为了缩短生产周期,提高数控机床的利用率,有效地解决各种模具及复杂零件的加工问题,应采取自动编程的方法。

(2) 自动编程

使用计算机进行数控机床程序的编制工作,由计算机自动地进行数值计算,编写零件加工程序单,自动输出打印并将加工程序制成控制介质,即数控机床编程工作的大部分或全部由计算机完成的过程,称为"自动编程"。

在自动编程过程中,编程人员只需根据零件图纸上的资料和工艺要求,使用规定的数控语言编写出一个较简短的零件加工源程序,并将其输入到计算机或编程机中,由计算机或编程机自动处理,计算出刀具的运动轨迹,编出零件加工程序并自动地按照所用控制系统的程序格式制作控制介质。同时计算机可自动绘出零件图形和走刀轨迹,供编程人员及时检查和修改程序,并最终获得正确的零件加工程序。计算机自动编程代替程序编制人员完成了大量烦琐的数值计算工作,省去了书写程序单和制备控制介质的工作,可将编程效率提高几十倍甚至上百倍,同时解决了手工编程难以解决的复杂零件的编程问题。

自动编程的输入方式有语言输入、图形输入和语音输入 3 种:

1)语言输入方式是指加工零件的几何尺寸、工艺要求、切削参数及辅助信息等用数控语言编写成源程序后,输入到计算机中,再由计算机进一步处理得到零件加工程序。现在全世界实际应用的数控语言系统有 100 多种,其中,最主要的是美国的 APT(automatical programmed tools)语言系统和德国的 EXAPT(extended APT)语言系统。后者是德国在 APT 功能上扩充了工艺处理能力,可由计算机自动确定加工程序、刀具、进给速度、切削速度等工艺资料。我国也发展了几种数控语言系统,如 SKC,ZCX,ZBC 等系统,在推动我国自动编程系统的开发和应用方面发挥了良好的作用。

2)图形输入方式是指用图形输入设备(如数字化仪)或 CAD 系统将图形信息直接输入计算机并显示在显示器上,之后进行人与计算机的交互处理,最终得到加工程序及控制介质。图形输入方式是自动程序编制的发展方向,其输入的图形与零件图相符,不需要再用其他语言进行描述,且显示的图形直观,避免了用语言描述等中间环节出现的错误。另一方面用图形输入方式编制程序时,主要是输入零件图中的加工图形,此方法便于和计算机辅助设计结合形成设计、制造一体化,这种集成制造系统是现代机械制造的发展趋势。

当用图形方式进行编程时,编程人员可用光笔和键盘在显示器上给出零件轮廓,发现错误后能及时修改。当绘制好零件的轮廓后,计算机按预储程序进行计算,并将处理结果显示在显示器上,然后再用光笔沿着零件轮廓移动,标出刀具的加工轨迹。

当用数字化技术编制程序时,可以将有原始模型而无尺寸的零件,利用一台测量机将实际图形或模型尺寸测量出来,并由计算机(或数据处理装置)将所测得的资料进行处理,控制输出设备输出零件的加工程序和控制介质。此方法可用来编制 2 坐标、2.5 坐标和 3 坐标零件的加工程序。数字化程序编制的缺点是加工程序长,被加工零件的精度依赖于模型精度和探棒、刀具形状尺寸的一致性。

3)语音输入方式又称语音编程。此方法是利用人的声音输入,采用语音识别器,将操作员发出的加工指令声音输入计算机,并将结果显示在显示器上,然后由计算机进一步处理生成零件的加工程序和制作控制介质。

2.6.4 数控机床的坐标系统及运动方向

为了便于编程时描述机床的运动,简化程序的编制方法及保证资料的互换性和加工程序的通用性,数控机床的坐标和运动方向均已标准化。国际标准化组织以及一些工业发达国家都先后制订了数控机床坐标和运动命名的标准。我国机械工业部也于 1982 年颁布了 JB 3051—82 标准,其命名原则如下:

(1)刀具相对于零件运动的原则

这一原则认为零件不运动,使编程人员能在不知道是刀具移动还是零件移动的情况下,就可以依据零件图纸,确定机床的加工过程。

(2)标准坐标(机床坐标)系的规定

为了确定机床上的成形运动和辅助运动,必须先确定机床上运动的方向和运动的距离,这就需要一个坐标系,这个坐标系称为机床坐标系。

1)机床坐标系

标准的机床坐标系是一个右手笛卡儿直角坐标系,如图 2.15 所示。图中规定了 X,Y,Z 3 个直角坐标轴的方向与机床的主要导轨相平行,A,B,C 3 个旋转坐标的方向由右手螺旋方法确定。

2)运动方向

机床某一部件的运动正方向规定为增大零件与刀具之间距离的方向。

①Z 坐标:Z 坐标与主轴轴线平行,其正方向是增加刀具和零件之间距离的方向。如数控车床的主轴轴线为 Z 轴,床尾方向为 $+Z$ 向;在钻镗加工中,钻入或镗入零件的方向是 Z 的负方向。

②X 坐标:X 坐标是水平的(平行于零件装夹面),是刀具或零件定位平面内运动的主要坐标。在零件回转的车床、磨床上,X 方向为径

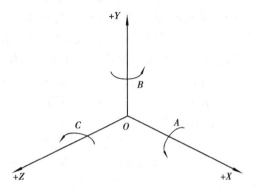

图 2.15　右手笛卡儿直角坐标系

向且平行于横向滑座,X 的正方向是横向滑座主要刀架上刀具离开零件回转中心的方向;在刀具回转的铣床上,X 运动的正方向是从主要刀具轴向零件看时的右方;对于桥式龙门机床,当由主轴向左侧立柱看时,X 运动的正方向指向右方。车床与卧式铣床的 X 坐标如图 2.16、图 2.17 所示。

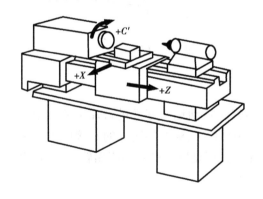

图 2.16　普通车床

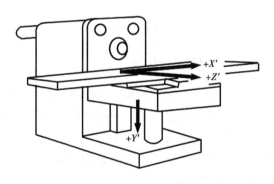

图 2.17　卧式铣床

③Y 坐标:根据 X 和 Z 的运动按照右手笛卡儿坐标系来确定。

④旋转坐标:在图 2.15 中,A,B,C 相应地表示其轴线平行于 X,Y,Z 的旋转坐标。A,B,C 正向为在 X,Y,Z 方向上,右旋螺纹前进的方向。

⑤机床坐标系的原点:标准坐标系原点($X=0,Y=0,Z=0$)的位置是任意选择的,A,B,C 的运动原点($A=0,B=0,C=0$)也是任意的。机床坐标系是机床上固有的坐标系,其原点在说明书中均有规定,一般利用机床机械结构的基准线来确定。例如,有的机床设有零位,这个零位就是机床坐标系的原点。这个机床零位在机床制造出来时就已确定,不能随意改变。

⑥附加坐标:如果在 X,Y,Z 主要直线运动之外另有第 2 组平行于它们的运动,就称为附加坐标运动,它们分别被指定为 U,V,W。如还有第 3 组运动,则分别指定为 P,Q,R。若有平行或可以不平行于 X,Y,Z 的直线运动,则可以相应地规定为 U,Y,W,P,Q,R。

如果除第 1 组回转运动 A,B,C 外,还有平行或不平行于 A,B,C 的第 2 组回转运动,可指定为 D,E,F。

⑦零件的运动:对于移动部分是零件而不是刀具的机床,必须将前面所介绍的移动部分是刀具的各项规定,在理论上作相反的安排。此时用带"′"的字母表示零件正向运动,如用 $+X'$, $+Y'$, $+Z'$ 表示零件相对于刀具正向运动的指令。

数控机床的坐标数是指有几个运动采用了数字元控制。如一台铣床,其 X,Y,Z 3 个方向的运动都能进行数字元控制,则它就是一个 3 坐标数控铣床。有些机床的运动部件较多,在同一个坐标轴方向上会有 2 个或更多的运动是数控的,因此还有 4 坐标、5 坐标数控机床。不要把数控机床的坐标数与"2 坐标加工"、"3 坐标加工"相混淆。一台 3 坐标数控铣床,若控制系统只能控制任意 2 坐标联动,则只能实现 2 坐标加工,如图 2.18 所示。有时对于一些简单立体型面,也可采用这种机床加工,即某 2 个坐标联动,另一坐标进行周期进给,将立体型面转化为平面轮廓加工,这也叫"2.5 坐标加工"。若控制系统能控制 3 个坐标联动,则能实现 3 坐标加工,如图 2.19 所示。

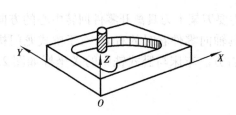

图 2.18　2 坐标加工

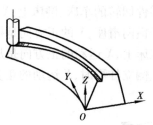

图 2.19　3 坐标加工

2.6.5　常用数控标准

无论何种数控机床的加工,都是按照从外部输入的程序自动地对零件进行加工的。为了与数控机床的内部程序及自动编程使用的零件源程序相区别,把从外部输入的直接用于加工某个零件的程序称为数控加工程序,简称加工程序。加工程序是数控系统的应用软件,它是由一系列指令代码组成的。这里介绍有关加工程序的基础。

(1)字符与代码

字符是一个关于信息交换的术语,它是用来表示资料的一些符号。在加工程序中使用的字符有字母、数字元及小数点、符号(正负号)和功能字符(程序开始、结束等)。数控系统只接收二进制信息,人们把字符进行编码,使每个字符对应一个 8 位二进制数,这个编码常称为代码。目前,国际上广泛使用的代码有两种标准,即国际标准化组织(ISO)标准和美国电子工业协会(EIA)标准,分别称为 ISO 代码和 EIA 代码。

1) EIA 代码　EIA 编码是美国电子工业协会(electronic industries association)标准,共有 50 个字符(其中,功能字 11 个),专门用于数控机床及其辅助设备(打印机和穿孔机)。这种代码的特点是每个代码的二进制数中 1 的个数都是奇数,它的第 5 位专门作补奇用。当代码中 1 的个数为偶数时,第 5 位为 1;当代码中 1 的个数为奇数时,第 5 位为 0。以此保证每个代码中 1 的个数为奇数,目的是为了读入时进行校验。

2) ISO 代码　ISO 编码表的特点是每个代码中 1 的个数都是偶数,它的第 8 位专门作补偶用,以此保证每个代码中 1 的个数为偶数。

(2)程序段与程序格式

1)程序段　程序段是数控加工程序的一个语句,用来指定机床完成某一个动作或功能。在书写、显示和打印时,一般每个程序段占一行,加工程序主体由若干个程序段组成。

2)程序段格式　程序段格式是指程序段中的字、字符和资料的安排形式。目前,加工程序使用字地址可变的程序段格式,也称为字地址格式。程序段由若干个字组成,前缀是一个英文字母,称为字的地址,字的功能类别由地址决定;上一程序段中已确定,本程序段又不必变化的那些字仍然有效,可以不再给出;每个字的长度不固定,各个程序段的长度和字的个数是可变的;在程序段中,字的排列顺序无严格要求。下面是某程序中的两个程序段:

N11G01X40. 125Z50. 458F0. 4S250T0303

N12X35. 5

第一段中 N11 是程序段号;G01 是准备功能,表示本段加工要走一条直线;X40. 125 和 Z50. 458 是本段加工的终点坐标值;F0. 4 是进给量;S250 是主轴转速;T0303 是使用刀具的刀号和刀补号。N12 是程序段号,X35. 5 为终点坐标。第二段中 N12 表示除了坐标 X 发生变化外,其他均不变,两个程序段的字数和字符个数相差很大。尽管各个字的排列顺序无要求,实际编程时习惯上一般按 N,C,X,Y,Z,F,S,T,M 的顺序编写。

3)常规加工程序的格式　常规加工程序由开始符、程序名、程序主体和程序指令组成,程序的最后还有一个结束符。程序的开始符和结束符相同,在 ISO 代码中是 % ,在 EIA 代码中是 ER。程序结束指令可用 M02(程序结束)或 M30(纸带结束),M02 与 M30 的共同点是停止主轴冷却液和进给,并使系统复位。有的系统 M02 和 M30 指令没有区别,有的则有区别,区别是 M02 程序结束后游标停在程序结束处,M30 程序结束后游标自动返回程序开始处,按启动键可再次运行程序。

程序名位于程序主体之前、程序开始符后,它一般独占一行。程序名有两种形式:一种是以规定的英文字母(常用 O)打头,后边紧跟若干位数字组成,不同的系统数字位数不同,常见的是 2 位和 4 位。另一种是可以用英文字母、数字元和"—"混用,如 FL20—I20—1。

(3)字与字的 7 种功能

字是程序字的简称,它是机床数字元控制的专用数语。它的定义是一套有规定次序的字符(字符串)。一个字所含的字符数称为字长。加工程序中的字都是由一个字母后跟若干位元 10 进制数组成的,这个字母称为位址符;地址符后边可加正负号。程序字按其功能不同可分 7 种类型。

1)顺序号字　也叫程序段号,位于程序段之首,其地址符为 N,后续标明顺序的数字(2 ~ 4 位)。

2)准备功能字　准备功能字的地址符是 G,后续标明功能的数字(通常为 00 ~ 99)。随着数控机床功能的增加,2 位数字已不够用,有些数控系统后跟 3 位数字,还有的系统使用几套 G 功能字,可用参数设定的方法确定一种 G 功能字。各公司的系统准备功能不尽相同。

3)尺寸字　尺寸字用来确定机床运动部件运动到达的坐标位置,表示暂停时间的指令也列入其中。地址符有 3 组:第一组是 X,Y,Z,U,V,W,P,Q,R,用来指定到达的直线坐标尺寸,有些地址(如 X)还可用在 G04 后边指定暂停时间;第 2 组是 A,B,C,D,E,用来指定到达的角度坐标;第三组是 I,J,K,用来指定圆弧轮廓的圆心坐标。有的系统坐标尺寸既可使用公制,也可使用英制,此时也要用 G 功能指定,尺寸字中的数字一般支持小数点,数值直接表示坐标尺寸。有些旧的系统不支持小数点,数字表示脉冲当量数。

4)进给功能字 进给功能字用来指定运动部件的进给速度。进给一般分为每分钟进给或每转进给量,可用 G94 或 G95 功能选定。进给功能地址符为 F,后跟数字直接给出进给速度。在螺纹程序段中 F 也用来指定导程。

5)主轴转速功能字 主轴转速功能字用来规定主轴转速,单位为转每分钟。地址符为 S,后跟数字直接给出主轴每分钟的转速(r/min),如 S300 为主轴每分钟转 300 转。有的以代码形式间接给定转速,这时后跟数字元不是速度实际值,而是一个速度等级值。

6)刀具功能字 刀具功能字用来指定刀具号和刀补号。地址符为 T,后跟数字有 2,4,6 位 3 种格式。2 位比较常用,其前一位表示刀具号,后一位表示刀具长度补偿号,如 T12 表示用 1 号刀具 2 号刀补;4 位数的前 2 位表示刀具号,后 2 位表示刀具长度或半径补偿号,例如,T0203 表示用 2 号刀具 3 号刀补;6 位数字的前 2 位表示刀具号,中间 2 位表示刀具半径补偿号,后 2 位表示刀具长度补偿号,例如,T030507 表示用 3 号刀具 5 号半径补偿 7 号长度刀补。

7)辅助功能字 辅助功能字用来指定数控机床辅助装置的接通或断开。其地址符为 M,后跟 1~3 位数字,与 G 功能一样,各公司系统中的 M 功能不尽相同。

练习与思考题

2.1 车削为什么易于保证各加工面间的位置精度?

2.2 试确定下列零件圆柱面的加工方案:

(1)型芯(CrWMn,热处理 54~58 HRC),ϕ12h6,$Ra = 0.2\ \mu m$;

(2)导柱(T8A,热处理 50~55 HRC),ϕ20f7,$Ra = 1.6\ \mu m$,

2.3 试举例说明标准冲压模座的加工方案。

2.4 孔系的加工方法有几种?试举例说明各种加工方法的特点及应用范围。

2.5 塑料模分型面的加工有何特点?采用仿形铣削的优缺点各是什么?

第**3**章
精密机械加工

3.1 成形磨削

3.1.1 概述

在模具制造中,利用成形磨削的方法加工凸模、凹模拼块、凸凹模及电火花加工用的电极是目前最常用的一种工艺方法。经成形磨削后的零件精度高,质量好,加工速度快,生产效率高,减少了热处理变形对精度的影响。

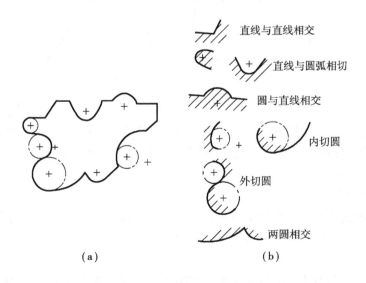

（a）　　　　　　　　　　（b）

图 3.1　复杂型面的分解磨削示意

形状复杂的模具零件,一般都是由若干平面、斜面和圆弧面所组成。成形磨削是指将复杂的成形表面分解成若干个平面、圆柱面等简单形状后将其分段磨削,并使其连接光滑、圆整,达到图样的要求的一种精加工成形表面的加工方法。复杂成形表面的分解磨削如图 3.1 所示。

常见的模具型芯形状(图3.2)均可以用成形磨削方法进行精加工。

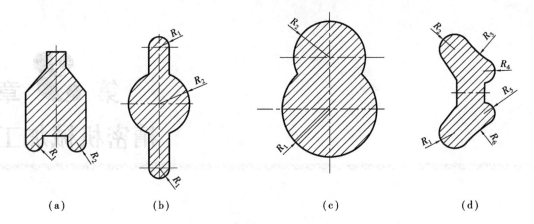

(a)   (b)   (c)   (d)

图 3.2 模具型芯的常见形状

3.1.2 成形磨削方法

成形磨削可以在平面磨床、成形磨床上进行。主要有以下两种成形磨削方法:成形砂轮磨削法(图 3.3(a))和夹具磨削法(图 3.3(b))。

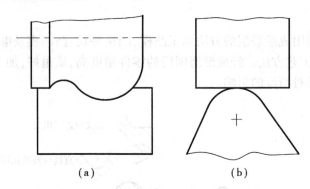

(a)   (b)

图3.3 成形磨削方法

模具制造中,一般以夹具磨削法为主,以成形砂轮磨削为辅。为保证零件质量,提高生产效率,降低成本,通常将以上两种方法综合使用。并且,将专用夹具与成形砂轮配合使用时,可以磨削更复杂的工件。

(1)成形砂轮磨削法

成形砂轮磨削法是先将砂轮修整成所需形状即与要加工工件型面完全吻合的相反型面的形状,然后利用该修整后的砂轮对工件进行磨削加工来获得所需形状的工件。如图 3.4 所示为各种成形砂轮。

成形砂轮修整有车削法和滚压法两种。车削法是采用大颗粒天然金刚石作为修整工具,用于单件或小批量工件的磨削;滚压法是用滚压轮修整成形砂轮。砂轮的修整主要包括以下3 个方面:砂轮角度的修整、砂轮圆弧的修整以及砂轮非圆弧曲面的修整。

1)砂轮角度 α 的修整

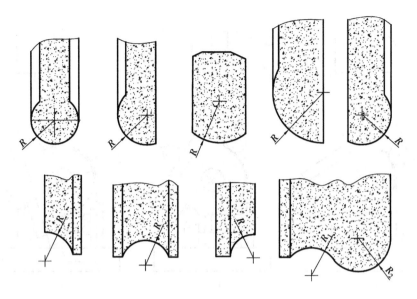

图 3.4　各类成形砂轮

按正弦原理设计来修整砂轮角度的夹具,如图 3.5 所示。旋转手轮,通过齿轮和滑块上的齿条的传动,可使装有金刚刀的滑块沿正弦尺座的导轨往复移动。正弦尺座可以绕芯轴转动。转动的角度用正弦圆柱与平板之间垫量块的方法控制,当转动到需要的角度后,用螺母将正弦尺座压紧在支架上。然后旋转手轮,使金刚刀往复运动就可以修整出一定角度(0°～100°)的砂轮。

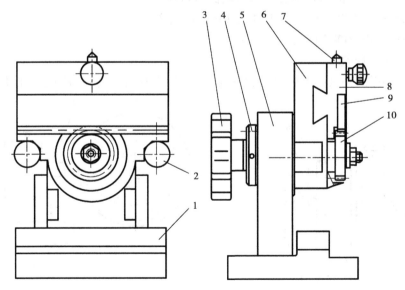

图 3.5　修整砂轮角度

1—平板;2—正弦圆柱;3—手轮;4—螺母;5—支架;
6—正弦尺座;7—金刚刀;8—滑块;9—齿条;10—齿轮

为获得相应的砂轮角度 α,在正弦圆柱与平板之间根据如图 3.6 所示应垫量块值计算如下:

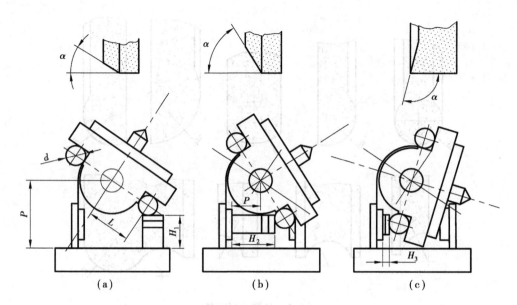

图 3.6　量块的计算

① 当 $0° \leqslant \alpha \leqslant 45°$ 时，$H_1 = P - L\sin\alpha - d/2$　　　　　　　　　　　　(3.1)

② 当 $45° \leqslant \alpha \leqslant 90°$ 时，$H_2 = P + L\cos\alpha - d/2$　　　　　　　　　　(3.2)

③ 当 $90° \leqslant \alpha \leqslant 100°$ 时，$H_3 = P - L\sin(\alpha - 90°) - d/2$　　　　　(3.3)

式中　H_1, H_2, H_3——应垫量块值；

　　　P——夹具的回转中心至垫量块面的高度；

　　　L——正弦圆柱中心至工具回转中心的距离；

　　　d——正弦圆柱直径。

2)砂轮圆弧的修整

修整砂轮圆弧的夹具种类较多,其中一种如图 3.7 所示。金刚刀固定在摆杆上。转动手

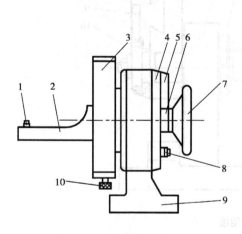

图 3.7　修整圆弧砂轮夹具

1—金刚刀;2—摆杆;3—滑座;4—刻度盘;

5—角度标;6—主轴;7—手轮;8—挡块;

9—支架;10—螺杆

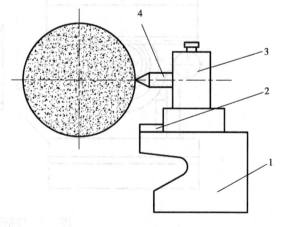

图 3.8　靠模工具修整砂轮

1—支架;2—样板;3—靠模工具;4—金刚刀

轮,滑座、摆杆、金刚刀绕主轴中心回转,回转角度由固定在支架上的刻度盘、挡块和角度标来控制,金刚刀尖至回转中心的距离可由通过螺杆使摆杆在滑座上移动来调节,根据金刚刀尖的位置不同,可以修整凸圆弧(刀尖低于回转中心时)或凹圆弧(刀尖高于回转中心时)的砂轮。

　　3)砂轮非圆弧曲面的修整

　　当被磨削工件成形表面的形状复杂,且其轮廓线不是圆弧的曲面时,可用专门的靠模工具修整砂轮,如图 3.8 所示。金刚石固定在靠模工具上,在支架上装有靠模样板,靠模工具的下部有平面触头。使用时,手持靠模工具,使触头紧靠样板并沿样板曲线移动。这样便能修整出所需曲面形状的砂轮。修整时,为保证修出的砂轮形状准确,必须使金刚刀尖在通过砂轮主轴中心的水平面内运动。

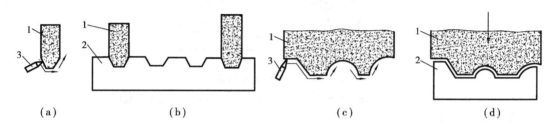

(a)　　　(b)　　　(c)　　　(d)

图 3.9　成形砂轮的磨削加工
(a),(c)修整砂轮　(b),(d)用成形砂轮磨削
1—砂轮;2—工件;3—金刚刀

　　如图 3.9、图 3.10 所示为修整后的成形砂轮的磨削加工示意图。

　　(2)夹具磨削法

　　工件装夹在专用夹具上,加工时,利用夹具调整工件,移动或转动夹具进行磨削,从而获得所需形状的工件。常用夹具有精密平口钳、正弦磁力台、正弦分中夹具和万能夹具。利用夹具磨削法对工件进行磨削加工精度很高,甚至可以使零件具有互换性。

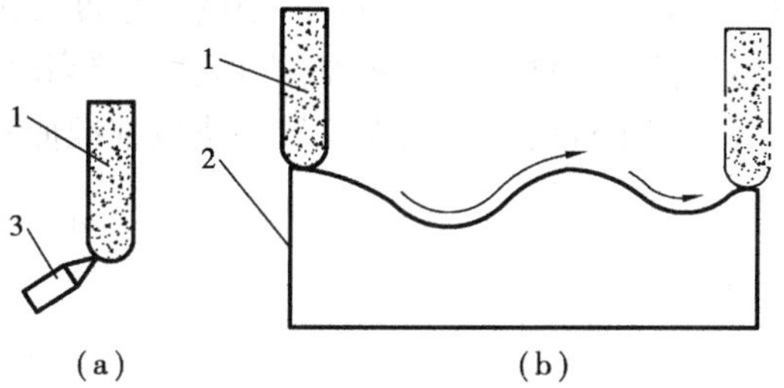

图 3.10　成形砂轮的磨削加工
(a)修整砂轮　(b)用成形砂轮磨削
1—砂轮;2—工件;3—金刚刀

　　1)正弦精密平口钳

　　正弦精密平口钳由正弦尺和底座组成,如图 3.11 所示。

　　工件 4 装夹在精密平口钳 5 中,在正弦圆柱 2 和底座 6 的定位面之间垫入量块值 H 可以使工件倾斜一定角度 α,则

$$H = L\sin\alpha \tag{3.4}$$

式中　L——正弦圆柱间的中心距。

　　正弦精密平口钳用于磨削零件上的斜面,最大倾斜角度为 45°,若与成形砂轮配合使用可以磨削平面与圆柱面组成的复杂型面。

　　2)正弦磁力台

　　正弦磁力台设计原理与精密平口钳相同,只是用电磁吸盘代替平口钳装夹工件,方便迅速。同样用于磨削零件上的斜面,最大倾斜角度为 45°,适用于磨削扁平工件。

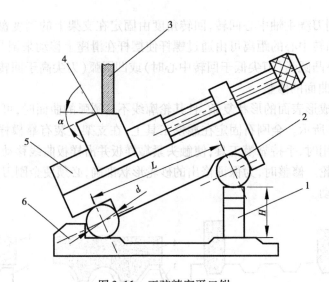

图 3.11　正弦精密平口钳

1—量块;2—正弦圆柱;3—砂轮; 4—工件;5—精密平口钳;6—底座

3)正弦分中夹具

如图 3.12 所示,正弦分中夹具可用于磨削具有同一回转中心的圆柱面和斜面。工件装夹在两顶尖之间,后顶尖根据工件的长短通过支架在底座的 T 型槽中移动来调节并用螺钉锁紧。旋转手轮可以调节后顶尖与工件的松紧。通过后顶尖手轮带动蜗杆、蜗轮使主轴回转并通过鸡心夹头带动工件回转。当磨削精度要求不高时,可由主轴后端的分度盘的刻度和零位指标来控制工件的回转角度;当精度要求高时,可以利用分度盘上的正弦圆柱通过垫量块的方法来控制工件的回转角度。量块垫板基准面和夹具中心高具有一定的关系。

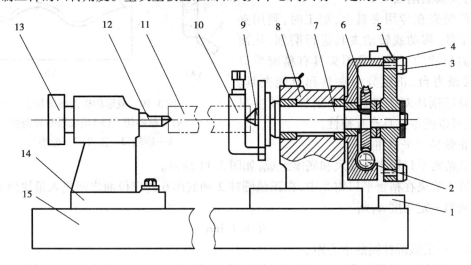

图 3.12　正弦分中夹具

1—量块垫板;2—蜗杆;3—正弦圆柱;4—分度盘;5—零位指标;6—蜗轮;7—主轴;8—前顶座;
9—前顶尖;10—鸡心夹头;11—工件;12—后顶尖;13—手轮;14—支架;15—底座

利用分度盘上的正弦圆柱通过垫量块的方法来控制工件的回转角度时,垫板和正弦圆柱之间应垫入的量块值(图 3.13)的计算公式为

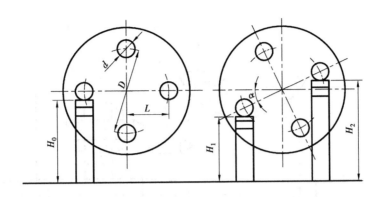

图 3.13　量块的计算

$$H_1 = p - \frac{D}{2}\sin\alpha - d/2 = H_0 - \frac{D}{2}\sin\alpha \qquad (3.5)$$

$$H_2 = P + \frac{D}{2}\sin\alpha - d/2 = H_0 + \frac{D}{2}\sin\alpha \qquad (3.6)$$

式中　H_1, H_2——所需垫入的量块尺寸;

H_0——一对正弦圆柱处于水平位置时所垫量块尺寸;

P——夹具主轴中心至垫板之间的距离;

d——正弦圆柱的直径;

D——正弦圆柱中心所在圆的直径;

α——工件所需转动的角度。

在正弦分中夹具上,工件通常有以下两种安装方法:

①芯轴装夹法:如图 3.14 所示,工件内孔中心为成形面的回转中心时,用芯轴在内孔上定位;若工件无内孔时,可制作一工艺孔来安装芯轴。利用芯轴两端的中心孔安装在分中夹具的两顶尖之间,并用鸡心夹头带动工件与主轴一起回转。

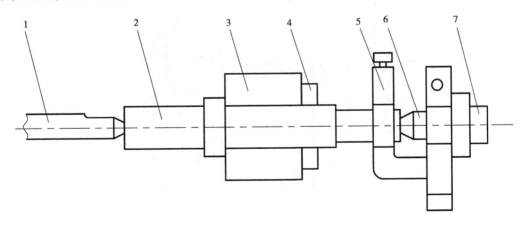

图 3.14　心轴装夹

1—后顶尖;2—芯轴;3—工件;4—螺母;5—鸡心夹头;6—前顶尖;7—夹具主轴

②双顶尖装夹法:如图 3.15 所示,工件无内孔又不允许制作工艺孔时,采用双顶尖装夹法。副中心孔用于拨动工件,主副顶尖与中心孔配合良好且顶紧。

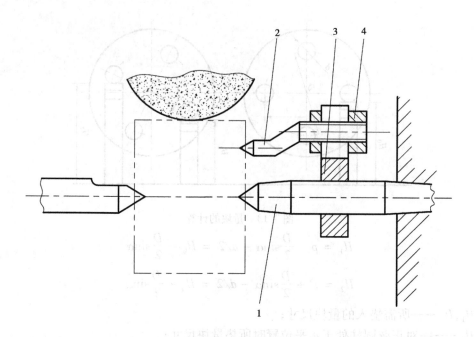

图 3.15 双顶尖装夹
1—主顶尖;2—副顶尖;3—叉形滑板;4—螺母

利用正弦分中夹具进行成形磨削之前,先对工件外形进行粗加工,每个加工表面留磨削余量 0.2 mm 左右,经过热处理淬硬,磨两端面和工艺孔,再利用正弦分中夹具在平面磨床上进行成形磨削。正弦分中夹具适用于磨削同一圆心的凸圆弧和多边形,与成形砂轮配合使用可以磨削更复杂的成形表面。

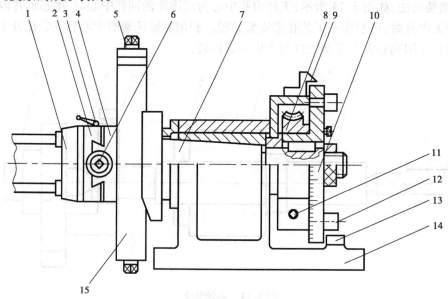

图 3.16 万能夹具
1—转盘;2—小滑板;3—手柄;4—中滑板;5—丝杆;6—丝杆;7—主轴;8—蜗轮;
9—游标;10—正弦分度盘;11—蜗杆;12—正弦圆柱;13—量块垫板;14—夹具体;15—滑板座

4)万能夹具

如图 3.16 所示,万能夹具主要由工件装夹部分、回转部分、十字滑板和分度部分组成,是成形磨床的部件以及平面磨床用的成形磨削夹具。

①工件装夹部分:工件装夹在小滑板前端的转盘上,通过中、小滑板的移动可以使得工件各圆柱面的中心与万能夹具的中心一致来磨削工件的各种凸、凹圆柱面。

②十字滑板部分:由固定在主轴上的滑板座、中滑板和小滑板组成。小滑板在中滑板上的移动和中滑板在滑板座上的移动相互垂直。

③回转部分:由手轮转动蜗杆,蜗杆带动蜗轮、分度部分、十字滑板部分以及工件一起旋转。

④分度部分:由分度盘及其上的 4 个精密圆柱组成。两个相对的精密圆柱的连心线分别与中、小滑板的移动方向平行。工件转动角度要求不高时,利用分度盘上刻度控制回转角度;工件转动角度要求较高时,利用精密正弦圆柱和垫板之间垫量块的方法控制工件的回转角度,精度可达 $10'' \sim 30''$。

万能夹具中,工件的回转中心可以调整到与夹具主轴中心重合。因此,它比正弦分中夹具更完善,可以进行不同轴线的凸、凹圆柱面的磨削加工。

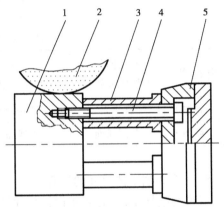

图 3.17　螺钉装夹法

1—工件;2—砂轮;3—垫柱;4—螺钉;5—转盘

工件在转盘上的装夹方法有以下 3 种:

①螺钉装夹法:如图 3.17 所示。螺钉直径为 M8 ~ M10 mm,数目 1 ~ 4 个。垫柱的高度一致,且数目与螺钉数目相同。一次装夹可以磨削工件的整个轮廓,适用于加工封闭轮廓的成形工件。

②精密平口钳装夹法:如图 3.18 所示,精密平口钳用螺钉和垫柱安装在转盘上,然后利用平口钳来夹持工件。工件装夹方便,但在一次装夹中只能磨削工件的一部分表面。

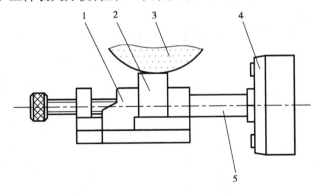

图 3.18　精密平口钳装夹法

1—精密平口钳;2—工件;3—砂轮;4—转盘;5—垫柱

③电磁吸盘装夹法:如图 3.19 所示,电磁盘装在转盘上,利用电磁盘吸住工件,装夹迅捷,适用于扁平工件,同样一次装夹也只能磨削工件的部分表面。

万能夹具成形磨削顺序如表 3.1 所示。

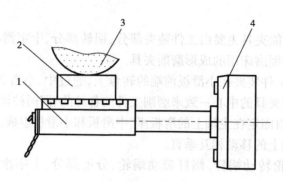

图 3.19　电磁吸盘装夹法
1—电磁吸盘;2—工件;3—砂轮;4—转盘

表 3.1　万能夹具成形磨削顺序

型面形状		直线面与 凸圆弧面相接	直线面与 凹圆弧面相接	两凸圆弧相接	两凹圆弧相接	形状简单 与形状复杂
次序	先加工	直线面	凹圆弧面	大半径圆弧面	小半径圆弧面	简单
	后加工	凸圆弧面	直线面	小半径圆弧面	大半径圆弧面	复杂

5)成形磨削工艺尺寸的换算

成形磨削加工前,必须将设计尺寸换算成工艺尺寸,并绘制工序简图。进行工艺尺寸换算时先确定工艺中心。通常,有几个圆弧就有几个工艺中心,工艺中心与十字滑板调整次数有关,故应尽量少。其次应确定计算工艺尺寸的坐标系。一般以设计尺寸坐标系为工艺尺寸坐标系,选择主要工艺中心为坐标轴原点。工艺尺寸计算涉及以下几点:

①各圆弧中心的坐标尺寸;

②各平面至相应工艺中心的垂直距离;

③各圆弧的包角(工件可自由回转且不碰伤其他表面,可不必计算);

④各平面与坐标轴倾斜的角度。

工艺尺寸换算应将设计时的名义尺寸全部换算成中间尺寸,以保证计算精度。中间计算

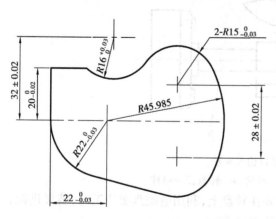

图 3.20　凸模设计图

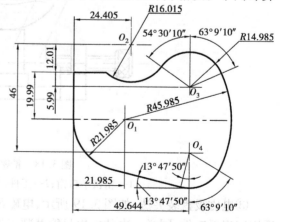

图 3.21　凸模成形磨削工艺尺寸图

数值保留小数点后六位,最终值取小数点后二到三位。角度值应精确到 10″。

如图 3.20 所示凸模的设计尺寸经换算后的工艺尺寸如图 3.21 所示。

3.1.3 成形磨削常用机床

(1)平面磨床

在平面磨床上利用成形磨削专用夹具进行成形磨削时,模具零件及夹具安装在模具的磁性吸盘上,夹具的基面或轴心线必须校正与磨床纵向导轨平行。磨削平面时,工件及夹具随工作台做纵向直线移动,磨头高速旋转的同时做间歇的横向直线运动,从而磨削出光洁的平面;磨削圆弧时,工件及夹具相对于磨头只做纵向运动,磨头高速旋转同时,通过夹具的旋转部分带动工件转动,从而磨削出光滑的圆弧面;采用成形砂轮磨削工件的成形表面时,先调整工件及夹具相对于磨头的轴向位置,再通过工件及夹具随工作台的纵向直线运动、磨头的高速旋转,并用切入法对工件进行成形切削。上述磨削中,砂轮沿立柱上的导轨垂直进给。

(2)成形磨床

如图 3.22 所示为模具专用成形磨床。砂轮由磨头架上的电动机驱动做高速旋转,磨头架安装在精密的纵向导轨上,由手把通过液压传动实现纵向往复运动;转动手轮或通过机动使磨头架沿垂直导轨上下移动,即砂轮做垂直进给运动;万能夹具固定在工作台上的滑板上,且可沿床身右端精密导轨做机动调整运动;测量平台用来放置测量工具以及校正工件位置等。

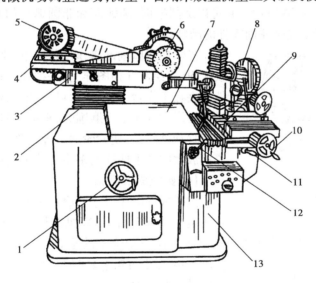

图 3.22 成形磨床

1,10—手轮;2—垂直导轨;3—纵向导轨;4—磨头架;
5—电动机;6—砂轮;7—测量平台;8—万能夹具;
9—夹具工作台;11,12—手把;13—床身

在成形磨床上进行成形磨削时,工件装夹在万能夹具上,夹具可以调节不同位置。通过夹具的使用可以磨削出平面、斜面和圆弧面。若与成形砂轮配合使用,则可加工出更为复杂的曲面。

(3)光学曲线磨床

光学曲线磨削表面粗糙度可达 $Ra0.4\ \mu m$ 以下,加工误差在 $3\sim5\ \mu m$ 以内。

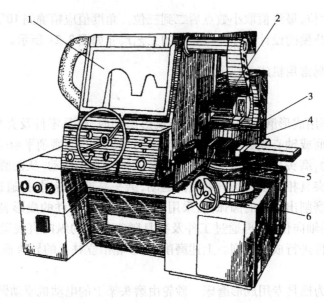

图 3.23　M9017A 型光学曲线磨床
1—投影屏幕;2—砂轮架;3,5,6 手柄;4—工作台

如图 3.23 所示为 M9017A 型光学曲线磨床,它由光学投影仪与曲线磨床组成。光学曲线磨床的工作原理如图 3.24 所示。它可以磨削平面、圆弧面和非圆弧形的复杂曲面,特别适用于单件或小批量生产中复杂曲面零件的磨削。

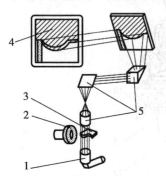

图 3.24　光学曲线磨床的基本原理
1—光源;2—砂轮;3—工件;
4—光屏;5—棱镜

光学曲线磨削的操作过程如下:把需磨削零件的曲面放大 50 倍绘制在描图样上,并把描图样夹在投影屏上,工件装夹在工作台上,工作台可以调节,使得工件放大 50 倍后被投影在屏幕上。磨削时,根据屏幕上放大图样的曲线相应移动砂轮架,使砂轮磨削掉工件投影在屏幕上的影像覆盖放大图样上曲线的多余部分来获得较理想的曲线。

(4)数控成形磨床

数控成形磨床以平面磨床为基础,工作台做纵向往复直线运动的同时,由计算机数控(Computer Numerical control,CNC)控制砂轮架的垂直进给和工作台的横向进给,使砂轮沿工件的轮廓轨迹自动对工件进行磨削加工。

用数控成形磨床磨削模具零件,可使模具制造朝着高精度、高质量、高效率、低成本和自动化的方向发展,并便于采用 CAD/CAM 技术设计与制造模具。

3.1.4　成形磨削对模具结构的要求

(1)凸模结构

凸模应设计为直通形式,如图 3.25 所示。因为带有台阶的凸模,其台阶部分会阻碍砂轮进刀,使得磨削型面困难。因此,采用成形磨

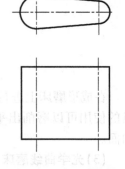

图 3.25　直通式凸模

削时,凸模应设计为直通形式。

当凸模形状复杂或砂轮无法进入被加工区进行加工时,可将凸模设计为镶拼式凸模,如图3.26所示。

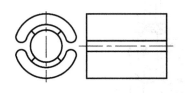

图3.26　镶拼式凸模

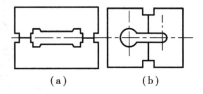

图3.27　镶拼凹模

(2)凹模结构

凹模必须设计为镶拼结构,以便使内型表面成为外型表面从而能进行成形磨削。在采用镶拼结构时,应考虑尽可能按对称线分开,如图3.27(a)所示,以便一次磨出两个对称零件。圆形部分应整体磨削,如图3.27(b)所示不宜分开。

(3)设计尺寸

模具成形零件的设计尺寸,应考虑成形磨削工艺,要尽量避免造成工艺尺寸的换算困难。

3.2　坐标镗削加工

3.2.1　坐标镗床

坐标镗床是一种精密机床,它使用直角坐标或极坐标准确定位,靠精密的坐标测量装置来确定工作台、主轴的位移距离,以实现工件和刀具的精确定位来进行高精度的镗孔加工。孔径加工精度可达 IT5 或 IT6,孔距精度可达 $0.005 \sim 0.01$ mm,表面粗糙度可达 $Ra1.25 \sim 0.63$ μm,甚至可达 $Ra0.4$ μm。

在坐标镗床上加工的冷冲模零件有导柱及导套安装孔、多孔凹模上的圆形孔、型孔的定型基准孔、各种定位孔和各种工艺孔。此外,还可以进行锥面加工、整体工件上圆形凸起的外形精铣和精密测量等工作,也可作为坐标磨削的预备工序完成半精加工。

坐标镗床按照布置形式不同,分为立式单柱、立式双柱和卧式等主要类型。图3.28为立式双柱坐标镗床外形图。立式双柱坐标镗床由两个立柱、顶梁和床身组成龙门框架,主轴箱位于可沿立柱导轨上下移动调整位置的横梁上,工作台直接支承在床身的导轨上。镗孔坐标位置由主轴箱沿横梁导轨移动和工作台沿床身导轨移动来确定。

立式双柱坐标镗床的主轴箱悬伸距离小,而且装在龙门框架上,较易保证机床刚度,另外床身和工作台之间层次少,承载能力强,多为大、中型机床。由于主轴垂直于工作台台面,因此,适用于加工水平尺寸大于高度尺寸的工件,以及被加工孔的轴线垂直于安装基准面的扁平工件,如凹模、钻模板、样板等零件。

坐标镗床有以下辅助工具:

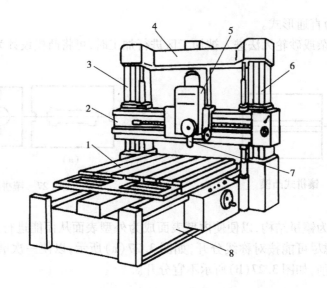

图 3.28 立式双柱坐标镗床
1—工作台;2—横梁;3,6—立柱;4—顶梁;
5—主轴箱;7—主轴;8—床身

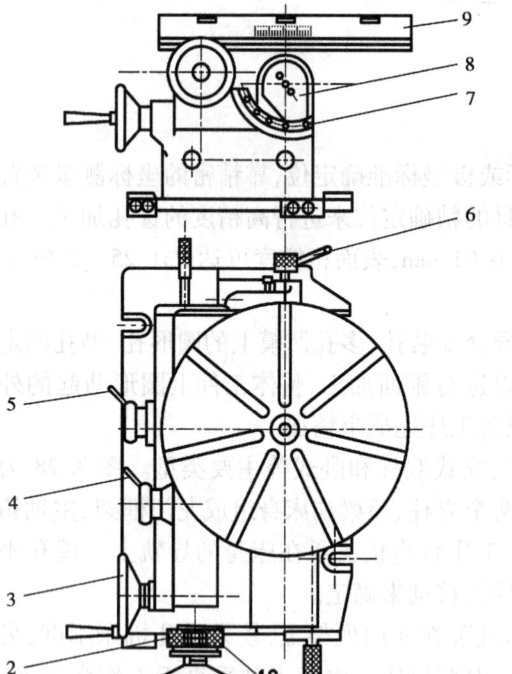

图 3.29 万能回转工作台
1,3—手轮;2,7—游标盘;4,5,6—手柄;
8—刻度盘;9—转台;10—偏心套

1)万能回转工作台

如图 3.29 所示。在坐标镗床上使用万能回转工作台可以加工和检验互相垂直的孔、径向分布的孔、斜孔以及倾斜面上的孔。万能回转工作台的转台除能绕主分度回转轴作任意角的转动外,还能绕辅助回转轴作 0°~90°的倾斜转动,以组成任意空间角度。主回转运动由手轮通过蜗轮副带动转台绕垂直轴回转 360°,以加工分布在圆周上的各孔。辅助回转运动由手轮通过蜗轮副带动转台作倾斜回转运动。手柄用以固定主分度回转轴,手柄用以固定辅助回转轴。

2)圆形回转工作台

3)光学显微镜式和千分表式中心测定器

用以找正基准孔中心和确定基准面的位置。

4)各种镗杆和镗孔工具

在坐标镗床上钻孔或铰孔时,使用钻头或铰刀,通过钻夹头固定钻头或绞刀,再将钻头固定在坐标镗床的主轴锥孔内。镗孔时,使用镗孔夹头(也称镗头)和镗刀。

常用的坐标镗床的技术规格见表 3.2。

表 3.2 常用坐标镗床的主要技术规程

技术规格 \ 型号	T4132A(单柱)	T4145(单柱)	T4163(单柱)	TA4280(双柱)
工作台尺寸(长×宽)/mm	500×320	700×450	1 100×630	1 100×840
工作台行程(纵向/横向)/mm	400/250	600/400	1 000/600	950/800
坐标精度 读数/mm	0.001	0.001		0.001
坐标精度 定位/mm	0.002	0.004	0.004	0.003
主轴行程/mm	120	200	250	
主轴转速/(r·min^{-1})	80～800 200～2 000	40～2 000	20～1 500	36～2 000
主轴进给量/(mm·r^{-1})	0.03,0.06	0.02,0.04, 0.08,0.16	0.03,0.06, 0.12,0.24	0.03～0.3
主轴锥孔	莫氏 2 号	3∶20	3∶20	莫氏 4 号

3.2.2 坐标镗削加工

坐标镗削加工是在坐标镗床上,利用坐标镗床的精密坐标测量装置进行高精度孔及孔系加工。坐标镗床加工精度主要取决于机床本身的精度和测量装置的定位精度,并与加工的环境温度、加工方法和工具量具的正确选用、工件的重量及切削力所产生的机床和工件的热变形以及弹性变形、操作工人的技术熟练程度等有关。

为保证机床精度,室温应保持在(20±1)℃范围内、相对湿度在 55% 以下。并对工件的重量和工艺基准面作严格要求。被加工工件的硬度 HRC≤40,基准面和加工面的平行度和垂直度一般在 0.01/100 mm 内,表面粗糙度 $Ra≤1.6\ \mu m$。

对于在坐标镗床上加工的冲模零件,应先磨好安装面和工艺基准面。用千分表找正基准面后用压板将工件压紧,并用光学显微镜式或千分表式中心测定器确定原点。按图纸计算所镗各孔中心坐标,并记录坐标值。

对于 $\phi20\ mm$ 以上的孔,应预先由钳工预钻孔并留 2.5～3 mm 的加工余量。

如图 3.30 所示为冲孔模凹模的一个型孔。加工时,先由坐标镗床加工该型孔上的 3 个定型基准孔,再做出其他直线面,就可以获得较为准确的型孔。其方法如下:

①按极坐标计算出 3 处 R 中心的坐标位置;

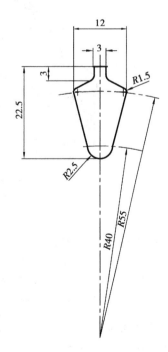

图 3.30 凹模型孔

②利用圆形回转工作台分别在该 3 个中心做出 1 个 $\phi5$ 和 2 个 $\phi3$ 的孔,从而获得 R2.5 和 R1.5 准确位置和尺寸。

3.3 坐标磨削加工

3.3.1 坐标磨床

坐标磨床同样是一种精密加工机床,它和坐标镗床相似,都是按准确的坐标位置对工件进行加工,从而保证加工尺寸精度,只是前者的切削工具是砂轮而后者是用镗刀等作为切削工具。坐标磨床主要适用于模具精加工,如高精度坐标孔距要求的孔,经淬火的直孔、锥孔、平面磨削以及凹模、凸模等的磨削加工。利用各种附件(分度圆台、槽磨头等),可以磨削直线与圆弧或圆弧与圆弧相切的内、外轮廓、键槽、异形孔等。坐标磨床可以加工孔径为 $\phi0.4 \sim 90$ mm 的高精度孔,加工精度可达 5 μm 左右,表面粗糙度 Ra0.8 ~ 0.4 μm,最高可达 Ra0.2 μm。

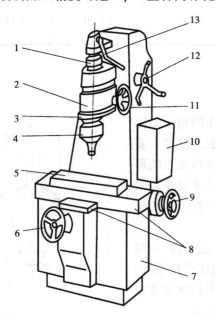

坐标磨床有立式坐标磨床和卧式坐标磨床两种,有美国 Moore 公司的 G18 基本型坐标磨床,以及在此基础上发展的 G18CNC1000 型点位数控坐标磨床和 G18CP 计算机数控连续轨迹坐标磨床。G18 是由手动操作的,而 G18CNC1000 是由微机控制点位移动的。模具加工常用立式坐标磨床。图 3.31 为立式坐标磨床,纵横工作台上装有数控装置的精密坐标机构。立柱支承着主轴箱和磨头等构成的磨削机构。

磨削直线段时,主轴被锁住,并垂直于 X 或 Y 坐标轴,通过精密丝杠来移动工作台使磨头沿加工表面在两切点之间移动。磨削圆弧面时,磨头主轴在被磨削圆弧面的中心定位,磨头通过外进刻度盘移动预定尺寸,使磨头作圆周旋转运动的同时又作行星运动和轴向上下运动,它既可磨削内圆柱面,又可磨削内圆锥面和外圆柱面。

图 3.31 单立柱坐标磨床
1—砂轮外进刻度盘;2—主轴箱;3—磨削轮廓刻度盘;
4—磨头;5—工作台;6—横向进给手轮;7—床身;
8—纵、横工作台;9—纵向进给手轮;10—控制箱;
11—主轴定位手轮;12—主轴箱定位手轮;13—离合器拉杆

磨头的高速自转由高频电动机驱动,转速一般为 4 000 ~ 80 000 r/min。更高的转速可由压缩气机驱动可达 175 000 r/min,可以用立方氮化棚砂轮磨头磨削 0.5 mm 的小孔。主轴回转运动由油马达(或电动机)通过变速机构直接驱动主轴旋转(一般主轴转速为 10 ~ 300 r/min),并使高速磨头随之作行星运动。主轴随主轴套筒做上下往复运动,这一运动由液压传动或液压—气动传动完成。主轴行程分别由微动开关控制,主轴上下往返运动可达 120 ~ 190 次/min。

常用单立柱式坐标磨床的主要技术规格见表3.3。

表3.3 常用单立柱式坐标磨床的主要技术规格

技术规格 型号	MG2920B	MG2932B	MG2945B
工作台尺寸(长×宽)/mm	400×200	600×320	700×450
最大磨孔直径/mm	15	100	250
主轴转速/(r·min⁻¹)	20~300	20~300	20~300
主轴中心至工作台面距离/mm	230	230	650
主轴端面至工作台面距离/mm	30~400	50~520	8~60
工作台行程(纵向×横向)/mm	250×160	400×250	600×400
坐标精度/mm	0.002	0.002	0.003
加工表面粗糙度 Ra/μm	0.2	0.2	0.2

3.3.2 坐标磨削的种类

坐标磨削有手动和连续轨迹数控两种磨削方法。

(1)手动磨削为手动点位

无论加工内轮廓或者外轮廓,都把工作台或回转工作台移动(或转动)到坐标位置,由主轴和高速磨头的旋转来磨削成形表面。

(2)连续轨迹数控坐标磨床(亦称数控坐标磨床)

可以连续进行高精度的轮廓形状的自动化加工。能把复杂的轮廓表面作为单一形状磨削,只需把圆弧尺寸坐标点位置尺寸编制程序,通过计算机控制 X、Y 方向坐标移动,实现范成法加工。除 X、Y 坐标轴受控制外,增加了新的坐标轴。它的加工效率是手动坐标磨削的 $2\sim10$ 倍,而且轮廓曲面接点处精度高,凸、凹模之间的配合间隙可达 $2~\mu m$ 左右且间隙均匀。在磨削前,利用千分表绕轮廓外形走一圈,测定磨削余量,以及该走多少圈,通过计算机实现自动加工。Moore 公司 G18CNC 连续轨迹数控坐标磨床的主要技术规格见表3.4。

表3.4 G18CNC 连续轨迹数控坐标磨床的主要技术规格

项 目	技术规格	项 目	技术规格
工作台尺寸(长×宽)/mm	600×280	砂轮转速/(r·min⁻¹)	6 000~175 000
工作台行程(纵向×横向)/mm	450×280	纵向坐标最小读数/mm	0.001
磨头端面至工作台面距离/mm	50~462	全行程定位精度/μm	2.3
行星主轴转速/(r·min⁻¹)(无级)	25~225	在任意30 mm之内/μm	0.8
主轴垂直进给速度/(次·min⁻¹)	2~120		

坐标磨床的磨削原理是:砂轮在高速旋转下,绕主轴中心偏移一定的距离回转,在磨削过程中可通过进给机构或数控进给机构来控制偏移量以达到磨削所需尺寸,同时,磨削时主轴一般做上下往复运动。简单地说,坐标磨床的磨削加工是由砂轮的高速自转、主轴的行星回转和主轴上下往复运动 3 个运动同时配合的动作,如图3.32所示。

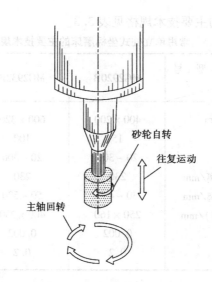

图 3.32　坐标磨床 3 个运动

3.3.3　坐标磨床典型磨削方法

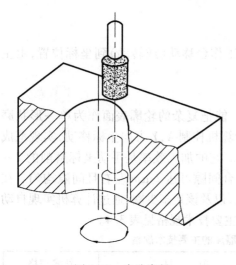

图 3.33　内孔磨削

（1）内孔磨削

利用砂轮的高速自转、主轴行星运动和直线往复运动,利用行星运动直径的扩大,实现砂轮的径向进给。可进行内孔磨削,如图 3.33 所示。磨小孔时,受孔径的限制,砂轮直径为孔径的 3/4。

当孔径大于 $\phi20$ mm 时砂轮直径应当适当减小,孔径小于 $\phi8$ mm 时砂轮直径应当适当增大。砂轮直径约为芯轴直径的 1.5 倍。当芯轴直径过小时,磨削表面会出现磨削波纹。

砂轮的磨削速度与砂轮的磨料、工件材料有关。

行星转速与砂轮和被磨削工件材质等因素有关。对于合金钢磨削的行星转速可按表 3.5 选择。

表 3.5　行星转速选择参数值

加工孔径/mm	4	6	8	10	20	50	80	100	150	300
行星转速/(r·min^{-1})	300	300	240	190	100	60	40	20	12	5

粗磨时行星转速应快些,行星运动每公转一周,砂轮垂直移动距离约为砂轮宽度的 1/2。精磨时行星转速应慢些,即行星运动每公转一周,砂轮垂直移动距离约为砂轮宽度的 1/2 ~ 1/3。

（2）外圆磨削

外圆磨削也是利用砂轮的自转、行星运动和主轴的直线往返运动实现的,如图 3.34 所示。

磨削外圆是利用行星运动直径缩小来实现径向进给的。

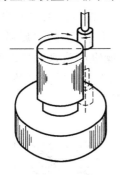

图 3.34　外圆磨削

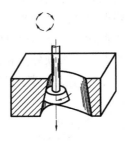

图 3.35　锥孔磨削

(3)锥孔磨削

磨削锥孔时,由磨床的专门机构使砂轮主轴在作轴向进给的同时,连续改变行星运动半径,如图 3.35 所示。锥孔的锥顶角大小取决于两者变化的比值,锥顶角的最大值 12°。磨削锥孔的砂轮应修成相应的锥顶角值。

(4)直线磨削(横向磨削)

直线磨削时砂轮反自转而不做行星运动,工作台带动工件作直线运动,如图 3.36 所示。直线磨削适用于平面轮廓的精密加工。

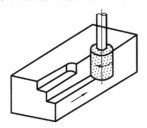

图 3.36　直线磨削

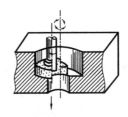

图 3.37　端面磨削

(5)端面磨削

端面磨削时,调整行星运动至所要求的外径或外形,砂轮作轴向进给运动,以砂轮的端面及尖角进行磨削,又如切入磨削,如图 3.37 所示。端面磨削时,由于热量和切屑不易排出,使磨削条件恶劣,为了提高磨削效率和便于排屑,须将砂轮底面修成 3°左右的凹面。磨削肩孔时,砂轮直径约为大孔半径与通孔半径之和。磨削盲孔时,砂轮直径约为孔径之半。

(6)插磨(侧面磨削)

插磨是利用专门的磨槽附件进行的,磨削前卸下高速磨头

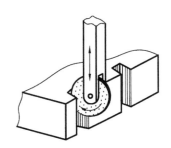

图 3.38　侧面磨削

换成磨槽机构,砂轮在磨槽机构上的装卡和运动情况如图 3.38 所示。安装磨槽机构作垂直运动这种方法可以对型槽及带清角的内外型腔等进行磨削。

(7)异型孔磨削

对于复杂型孔的磨削加工,可以采用点位控制方式进行,如图 3.39 所示。在普通坐标磨床上磨削复杂型孔时将各基本磨削方法综合运用,采取分段加工。先将平转台固定在磨床工

作台上,用平转台装卡工件,经找正使工件的对称中心与转台中心重合。调整机床使孔 O_1 的轴线与主轴重合,用孔磨削方法磨削 O_1 的圆弧段。再调整工作台使工件上的 O_2 与主轴中心重合,磨削该圆弧到要求尺寸。利用平转台将工件回转 $180°$,磨削 O_3 的圆弧到要求尺寸。

使 O_4 与磨床主轴轴线重合,磨削时使行星运动停止,操纵磨头来回摆动磨削 O_4 的凸圆弧段,砂轮的径向进给方向与磨削外圆相同。注意使凸、凹圆弧在连接处平整光滑。利用平转台换位逐次磨削 O_5,O_6,O_7 的圆弧,其磨削方法与磨削 O_4 相同。

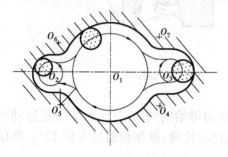

图 3.39　点位控制轮廓磨削

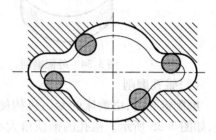

图 3.40　连续轨迹轮廓磨削图

在连续轨迹坐标磨床上,可以用范成法进行磨削,如图 3.40 所示。砂轮沿工件轮廓表面进行磨削,而轮廓曲面则由联动控制的 X,Y 轴向的移动合成完成连续磨削。

练习与思考题

3.1　简述成形磨削加工的几种基本方法及其特点。

3.2　简述成形磨削对模具结构的要求。

3.3　简述坐标镗削加工的特点及应用范围。

3.4　简述坐标磨削加工的基本磨削方法。

第4章
电火花成形加工

电火花加工也称为放电加工或电蚀加工（Electrical Discharge Machining，EDM），在20世纪40年代开始研究并逐步用于生产，属于特种加工（利用热能、电能、声能、光能、化学能、电化学能去除材料的新颖加工方法）方法中的一种。它能对具有高硬度、高韧性、高强度、高脆性等难加工材料，以及精密细小、形状复杂和机构特殊的模具零件进行加工，并且能获得用传统切削加工方法难以达到的精度、表面粗糙度以及生产率的要求。它包括电火花成形加工；电火花切削加工；电火花内孔、外圆和成形磨削；电火花同步回转加工；电火花表面强化和刻字等工艺方法。在模具制造中常用的有电火花成形加工和电火花线切割加工，目前它们是模具成形表面的重要加工工艺方法。

4.1 电火花成形加工基本原理及应具备的条件

4.1.1 电火花成形加工基本原理

电火花成形加工是建立在"电蚀现象"基础上。在一定介质中，通过工具电极和工件之间脉冲性火花放电的电腐蚀作用来蚀除多余的金属，从而获得所需零件的尺寸、形状及表面质量。

如图4.1所示为电火花成形加工的原理图。由脉冲电源2输出的电压加在液体介质中的工件1和工具电极（亦称电极）4上，自动进给调节装置3（图中仅为该装置的执行部分）使电极和工件间保持一定的放电间隙。当电压升高时，会在某一间隙最小处或绝缘强度最低处击穿介质，产生火花放电，瞬时高温使电极和工件表面都被蚀除（熔化或气化）掉一小块材料，各自形成一个小凹坑，如图4.2（a）所示为单个脉冲后电蚀坑。电火花成形加工实际是电极和工件间的连续不断的火花放电，电极和工件由于电腐蚀不同程度的损耗，电极不断地向工件进给，工件不断产生电腐蚀，就可将电极的形状复制在工件上，加工出所需要的成形表面，整个加工表面将由无数个小凹坑组成，如图4.2（b）所示。

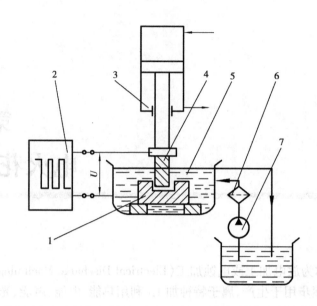

图 4.1　电火花成形加工原理图
1—工件;2—脉冲电源;3—自动进给调节装置;
4—工具电极;5—工作液;6—过滤器;7—泵

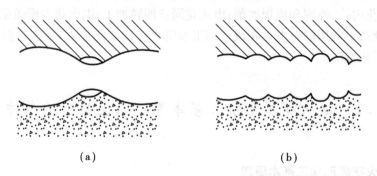

（a）　　　　　　　　　　　　（b）

图 4.2　电火花成形加工表面形状示意图

4.1.2　电火花成形加工的基本条件

（1）电火花成形加工必须采用脉冲电源、提供瞬时脉冲性放电

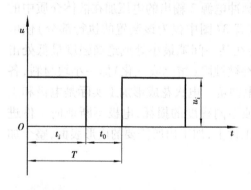

图 4.3　脉冲电源电压波形

电火花成形加工脉冲电源的电压波形如图4.3所示,加到工件和工具电极上放电间隙两端电压脉冲持续时间 t_i 称为脉冲宽度,为防止电弧烧伤,电火花加工只能用断断续续的脉冲放电波,相邻两个电压脉冲间隔时间 t_0 称为脉冲间隔,$T = t_i + t_0$ 称为脉冲周期。工件和工具电极间隙开路时电极间的最高电压 u_i 称为峰值电压,它等于电源的直流电压。工件和工具电极间隙火花放电时脉冲电流瞬间的最大值 i 称为峰值电流,它是影响加工速度和表面粗糙度的重要参数。为了保证电火花放电所产生的热量来不及从放电点传导扩散出去,必须形成极小范围内的瞬时高温,以使金属局部熔化,甚至汽化。脉冲宽度 t_i 应小于 0.001 s。脉冲放电之后,为使放电介质有足够时间恢复绝缘状态,以免引起持续电弧放电,烧伤加工表面,还要有一定的脉冲间隔时间。在电火花成形加工中,为保证工件表面的正常加工,须使工具电极表面的电蚀量减小,延长工具电极的形状和精度,以得到预定的加工表面形状和精度,还必须是直流脉冲电源。

（2）脉冲放电必须有足够的放电能量

脉冲放电的能量要足够大,电流密度应大于 $10^5 \sim 10^6$ A/cm^2,足以使金属局部熔化和汽化,否则只能使金属表面发热。

（3）工具电极和工具之间必须保持一定的放电间隙

这一间隙随加工条件而定,通常为几微米至几百微米。如果间隙过大,极间电压不能击穿极间介质,火花放电就不会产生;如果间隙过小,则很易形成短路,同样不能产生火花放电。因此,在电火花成形加工中必须具有专门的工具电极的自动进给和调节装置以维持正常的放电间隙。

（4）火花放电必须在一定绝缘性能的液体介质中进行

这种液体介质也称工作液,常用粘度较低、闪点较高、性能稳定的介质,如煤油、乳化液、去离子水等。液体介质不仅有利于产生脉冲性的火花放电,同时还具有排除放电间隙中的电蚀产物以及冷却电极表面的作用。

4.2　电火花成形加工的机理及特点

4.2.1　电火花成形加工的机理

脉冲性火花放电时,电极表面的金属材料被蚀除下来的微观的物理过程,就是电火花加工的物理本质,称为机理。这一过程大致可分为以下 4 个连续的阶段。并按此过程不断循环,从而获得所需工件表面的形状和尺寸。

（1）液体介质电离、击穿和通道形成

当脉冲电压施加在工具电极与工件之间时,两极之间立即形成一个电场。由于工件表面和工具电极表面存在着微观的凹凸不平,在两者相距最近的对应点上的电场强度最大,而且液体介质中的杂质在电场作用下形成沿着电力线集聚的特殊"桥",又缩短了两者之间的实际距离。当阴极表面逸出电子,在电场作用下电子向阳极高速运动,并撞击液体介质中的分子和中性原子,产生碰撞电离,又形成带负电的粒子（主要是电子）和带正电的粒子（正离子）,导致带电粒子雪崩式增多,当电子到达阳极表面时使液体介质被瞬间击穿,形成放电通道。

从雪崩电离开始到形成导电通道的过程非常短,一般为 $10^{-8} \sim 10^{-7}$ s,间隙电阻从绝缘状态迅速降低到几分之一欧姆,间隙电流迅速上升到最大值,电流密度可达 $10^5 \sim 10^6$ A/cm^2,间隙电压由击穿电压迅速下降到火花放电维持电压（一般为 20 ~ 25 V）。

由于放电通道截面很小,带电粒子在高速运动时产生剧烈碰撞,产生大量的热能,使通道温度相当高,其中心温度高达 10 000 ℃ 以上,通道温度从中心向边缘逐渐降低。同一时间内放电通道只为单通道。

(2)能量的转换和传递

两极间的介质一旦被击穿,电源就通过放电通道瞬时释放能量,把电能转换为热能、动能、磁能、光能、声能和电磁波辐射能等。其中,大部分电能转换为热能,使两极放电点和通道本身温度剧增,两极放电点金属局部熔化直至沸腾汽化,并使通道中介质汽化进而热裂分解,汽化后的工作液和金属蒸汽,瞬时间体积猛增,迅速热膨胀,就像火药、炮竹点燃后一样具有爆炸的特性;还有一些热能在传导和辐射过程中消耗掉。转换为动能的部分以电动力、电场力、电磁力、流体动力、热波压力和机械力综合作用形成放电压力,放电压力使电极放电点汽化或熔化的部分金属抛离电极表面、或转移到对面电极上去。转换成光、声、电磁波等形式的能量属于消耗性能量。

传递给电极上的能量是产生材料腐蚀的原因。能量传递的主要形式是在电场作用下,带电粒子(电子和正离子)对电极表面的轰击。当带电粒子越多、速度越大,即电流密度越大,能量传递速度越高,电极表面放电材料的腐蚀量就越大。另外的传递形式为电极材料的蒸汽和电极之间的能量交换。

(3)电蚀屑的抛出

电极表面放电点材料熔化、汽化的时间很短(通常只有几分之一微秒),因而熔化、汽化时产生很大的爆炸力。在爆炸力和放电压力作用下,汽化的气体体积不断向外膨胀,形成一个扩张的"气泡",由于气泡上下内外的瞬时压力不等,压力高处熔化和汽化了的金属抛入附近的液体介质中冷却,由于表面张力和内聚力的作用,使抛出的材料冷凝为球状颗粒(直径约为 $0.1 \sim 500 \ \mu m$)。大小因脉冲能量而定。抛出的电蚀屑大部分进入液体介质中,还有一部分在电极表面上产生覆盖,即两极材料蒸汽和液体滴飞溅到对面电极表面相互粘结、渗透而形成一层特殊表面层。

例如,铜打钢电火花加工后的电极表面,可以看到钢上粘有铜,铜上粘有钢的痕迹。在显微镜下还可以看到游离碳粒,大小不等的铜和钢的球状颗粒,以及少数由气态金属冷凝成的中心有空泡的空心球状颗粒产物。

(4)间隙介质的消电离

每次脉冲放电后应有一段脉冲间隙时间,使间隙内的介质消电离,即放电通道中的带电粒子复合为中性粒子,并恢复该处液体介质的绝缘强度。如果间隙时间不够,消电离不充分,电蚀产物和气泡来不及很快排除和扩散,就会改变间隙内介质的成分和绝缘强度,破坏消电离过程,这些都会使脉冲放电不能顺利转移到其他部位,而始终集中在某一部位,形成连续的电弧放电,使电火花加工不能正常进行。

4.2.2 电火花成形加工的特点和适用范围

(1)电火花加工的特点和适用范围

1)适用于难切削材料的加工　由于加工中材料的去除是靠放电时的电热作用实现的,材料的可加工性主要取决于材料的导电性及其热学特性,如熔点、沸点(汽化点)、比热容、热导率、电阻率等,而几乎与其力学性能(硬度、强度等)无关,这样可以突破传统切削加工对刀具的限制,可以实现用软的工具加工硬韧的工件,甚至可以加工像聚晶金刚石、立方氮化硼一类的超硬材料。目前电极材料多采用紫铜或石墨,因此,工具电极较容易加工。

2)可以加工特殊及复杂形状的零件　由于加工中工具电极和工件不直接接触,没有机械加工的切削力,因此,适宜加工低刚度工件及微细加工。由于可以简单地将工具电极的形状复制到工件上,因此,特别适用于复杂表面形状工件的加工,如复杂型腔模具加工等。

3)易于实现加工过程自动化 这是由于是直接利用电能加工,而电能、电参数易于数字控制、适应控制、智能化控制和自动化操作等。

4)可以改进结构设计,改善结构的工艺性 例如,可以将拼镶结构的硬质合金冲模改为用电火花加工的整体结构,减少了加工工时和装配工时,延长了使用寿命。又如喷气发动机中的叶轮,采用电火花加工后可以将拼镶、焊接结构改为整体叶轮,既提高了工作可靠性,又减小了体积和质量。

(2)电火花加工的局限性

电火花加工的局限性,具体表现在以下几个方面:

1)只适用于加工金属等导电材料 电火花加工不像切削加工那样可以加工塑料、陶瓷等绝缘的非导电材料。但近年来的研究表明,在一定条件下也可加工半导体和聚晶金刚石等非导体超硬材料。

2)加工速度较慢 通常安排工艺时多采用切削来去除大部分余量,然后再进行电火花加工,以提高生产率。但最近的研究成果表明,采用特殊水基不燃性工作液进行电火花加工,其粗加工的生产率甚至高于切削加工。

3)存在电极损耗 由于电火花加工靠电、热来蚀除金属,电极也会遭受损耗,而且电极损耗多集中在尖角或底面,影响成形精度。但最近的机床产品在粗加工时,已能将电极相对损耗比降至0.1%以下;在中、精加工时,能将损耗比降至1%,甚至更小。

4)最小角部半径有限制 一般电火花加工能得到的最小角部半径等于加工间隙(通常为0.02~0.3 mm),若电极有损耗或采用平动头加工,则角部半径还要增大。但近年来的多轴数控电火花加工机床采用 x,y,z 轴数控摇动加工,可以清棱清角地加工出方孔、窄槽的侧壁和底面。

由于电火花加工具有许多传统切削加工所无法比拟的优点,因此,其应用领域日益扩大。目前已广泛应用于机械(特别是模具制造)、宇航、航空、电子、电机、电器精密微细机械、仪器仪表、汽车、轻工等行业,以解决难加工材料及复杂形状零件的加工问题。加工范围已达到小至几十微米的小轴、孔、缝,大到几米的超大型模具和零件。

4.3 电火花成形加工的基本工艺规律

电火花成形加工的基本工艺规律是指影响加工工艺指标的因素所表现的特征。电火花成形加工的工艺指标主要有加工速度、加工精度、加工表面质量和电极损耗等。研究这一规律有助于提高电火花成形加工的生产率,降低工具电极的损耗。

4.3.1 影响加工速度的主要因素

(1)极性效应

在脉冲放电过程中,工件和电极都要受到电腐蚀,实践证明,即使工件和电极的材料完全相同,也会因为所接电源的极性不同而有不同的加工速度,这种现象称为"极性效应"。习惯上常把工件接正极时的电火花加工称为"正极性"加工,把工件接负极时的加工称为"负极性"加工。在操作中必须注意极性效应,正确选择极性,使工件的蚀除量大于电极的蚀除量。

采用短脉冲精加工时,应选用正极性加工;采用长脉冲粗加工,应选用负极性加工。其原理是:电火花加工时,在电场的作用下,通道中的电子奔向阳极,而正离子奔向阴极。由于电子质量小、惯性小,在短时间内容易获得较高的运动速度,而正离子的质量大、惯性大,在短时间内不易获得较高的运动速度。因此,当所用电源的脉冲宽度较短(小于 50 μs)时,电子易加速,其动能大,对阳极的轰击较强。而正离子启动慢,速度来不及提高,对阴极的轰击较弱,因此,电子传递给阳极的能量大于正离子传递给阴极的能量,使阳极的蚀除量大于阴极的蚀除量;相反,当所用电源的脉冲宽度较长(大于 300 μs)时,正离子足以获得较高的速度,它的质量又大得多,轰击阴极的动能大,传递给阴极的能量显著增加,从而超过阳极获得的能量,使阴极的蚀除量大于阳极的蚀除量。由此可见,脉冲宽度是影响极性效应的一个重要因素。

对于电源来讲,为了更有效地利用极性效应,就应该采用单向、直流脉冲电源进行电火花加工,交变的脉冲电流会削弱甚至抵消极性效应,显著增加工具电极的损耗。

就电极材料而言,它的热学性能与极性效应密切相关。在选择电极材料时必须注意:熔点、沸点越高,导热系数、比热、熔解热、汽化热越大的材料,越不容易遭受电腐蚀。例如,用钨、银及石墨做电极加工钢时,极性效应就显著得多。

以上列举的只是影响极性效应的几个主要因素,实际上极性效应是许多因素综合影响的结果。

在电火花加工中,极性效应愈显著愈好,因此,必须充分利用极性效应。根据不同的加工条件,合理选择加工极性,最大限度地降低工具电极的损耗。在实际生产中,极性的选择主要依靠经验或试验而确定。

(2)电规准

脉冲电源提供给电火花成形加工的脉冲宽度、脉冲间隙和峰值电流这一组电参数,称为电规准。

1)脉冲宽度的影响

为了提高加工速度必须增加单个脉冲的能量,而增加单个脉冲能量主要是依靠加大脉冲电流和加大脉冲宽度来实现。脉冲宽度对加工速度有很大的影响,在峰值电流不变的情况下,当脉冲宽度由小增大时,加工速度有一个最高值,这时的脉宽称为最佳脉宽,如图 4.4 所示。此后,若脉宽继续增加,其加工速度反而下降。这是因为脉冲宽度大于一定数值时,单个脉冲能量虽然增大,但转换的能量有较大部分散失在电极与工件之中,不起蚀除作用。同时,电蚀产物的抛出作用,也并不与脉宽成正比。必须指出,最高加工速度对应的脉冲宽度挡,往往电极损耗较大,在很多情况下不宜采用;只有在不计电极损耗和加工精度(表面粗糙度),只求加工速度高的情况下才采用,因此,一般用于粗加工或半精加工的场合。

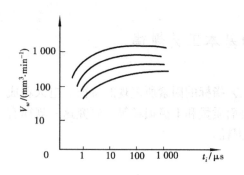

图 4.4 脉冲宽度与加工速度关系曲线

2)脉冲间隙的影响

提高脉冲频率可缩小脉冲停歇时间,脉冲间隙越小,加工速度越高。但脉冲停歇时间过短,单位时间内工作脉冲的数目增多,放电间隙会来不及排除电蚀物和消电离,从而引起加工不稳定,反而降低加工速度,甚至引起电弧短路,使加工过程不能正常进行。如图 4.5 所示为脉冲间隙与加工速度的关系曲线,这是在特定的条件下获得的。因此,在一般情况下为了提高加工速度,应在保证稳定加工的前提下,尽量缩短脉冲间隙。

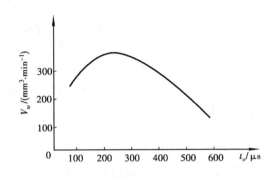

图 4.5　脉冲间隙与加工速度关系曲线　　　图 4.6　峰值电流与加工速度的关系

3)峰值电流的影响

当脉冲宽度及脉冲间隙一定时,随着峰值电流的增加,加工速度也增加,如图 4.6 所示为峰值电流与加工速度的关系曲线,这是在特定条件下的试验曲线。当峰值电流和脉冲宽度过大时,会引起不良情况,即排屑不好及电弧放电,加工速度反而下降,因此,必须控制恰当,以保证正常加工。

(3)与加工条件有关的系数 K_u

试验表明:单个脉冲的蚀除量与单个脉冲能量、脉冲频率成正比,用公式表示为

$$V_w = K_u W_u f \tag{4.1}$$

式中　V_w——单个脉冲的蚀除量;

　　　K_u——与加工条件(电极材料、脉冲参数、工作液等)有关的系数;

　　　W_u——单个脉冲放电能量;

　　　f——脉冲频率。

由此可知,加工速度 V_w 与 K_u 成正比,在实际加工中提高工艺参数 K_u 的途径很多。例如,合理选用电极材料、电参数和工作液,改善工作液的循环过滤方式等,从而提高有效脉冲利用率 Φ,达到提高工艺参数 K_u 的目的。

电火花成形加工的加工速度分别为:粗加工(加工表面粗糙度 Ra 值为 10 ~ 20 μm)时,可达到200 ~ 1 000 mm³/min;半精加工(Ra 值为 2.5 ~ 10 μm)时,降低到 20 ~ 100 mm³/min;精加工(Ra 值为 0.32 ~ 2.5 μm)时,一般都在 10 mm³/min 以下。随着表面粗糙度值的减少,加工速度显著下降。加工速度与加工电流 i 有关,对电火花成形加工而言,状态较好的粗加工时,每安培加工电流的速度约为 10 mm³/min。

(4)工作液

在电火花加工过程中,工作液的作用是:形成火花击穿放电通道,并在放电结束后迅速恢复间隙的绝缘状态;对放电通道产生压缩作用;帮助电蚀产物的抛出和排除;对工具、工件的冷却作用,因而它对电蚀量也有较大的影响。介电性能好、密度和黏度大的工作液有利于压缩放

电通道,提高放电的能量密度,强化电蚀产物的抛出效果,但黏度大,不利于电蚀产物的排出,影响正常放电。目前,电火花成形加工主要采用油类作为工作液,粗加工时采用的脉冲能量大、加工间隙也较大、爆炸排屑抛出能力强,往往选用介电性能、黏度较大的机油,且机油的燃点较高,在能量加工时着火燃烧的可能性小;而在中、精加工时放电间隙比较小,排屑比较困难,故一般均选用黏度小、流动性好、渗透性好的煤油作为工作液。

由于油类工作液有味、容易燃烧,尤其在大能量粗加工时工作液高温分解产生的烟气很大。因此,寻找一种像水那样的流动性好、不产生炭黑、不燃烧、无色无味、价廉的工作介质一直是人们努力的目标。水的绝缘性能和黏度较低,在同样加工的条件下,与煤油相比,水的放电间隙较大、对通道的压缩作用差、蚀除量较少,且易锈蚀机床,但经过采用各种添加剂,可以改善其性能。最新的研究成果表明,水基工作液在粗加工时的加工速度可大大高于煤油,甚至接近于切削加工,但在大面积精加工中取代煤油还有一段距离。

4.3.2 影响电火花加工精度的主要因素

与通常的机械加工一样,机床本身的各种误差以及工件和工具电极的定位、安装误差都会影响到加工精度,这里主要讨论与电火花加工工艺有关的因素。

(1)放电间隙的大小及其一致性

电火花加工时,工具电极与工件之间存在着一定的放电间隙,如果加工过程中放电间隙保持不变,则可以通过修正工具电极的尺寸对放电间隙进行补偿,以获得较高的加工精度。然而,放电间隙的大小实际上是变化的,影响着加工精度。

除了间隙能否保持一致性外,间隙大小对加工精度(特别是仿形精度)也有影响,尤其是对复杂形状的加工表面,棱角部位电场强度分布不均,间隙越大,影响越严重。因此,为了减少加工误差,应该采用较小的加工电规准,缩小放电间隙,这样不但能提高仿形精度,而且放电间隙愈小,可能产生的间隙变化量也愈小;另外,还必须尽可能使加工过程稳定。电参数对放电间隙的影响是非常显著的,精加工的放电间隙一般只有 0.01 mm(单面),而在粗加工时则为 0.5 mm 左右。

(2)工具电极的损耗

工具电极的损耗对尺寸精度和形状精度都有影响。电极损耗分为绝对损耗和相对损耗,绝对损耗是指单位时间内工具电极损耗的长度、重量或体积。相对损耗是指工具电极的绝对损耗与加工速度的百分比。在实际生产中,常常用相对损耗作为衡量工具电极损耗指标。

影响工具电极损耗的因素中,除了前面谈到的极性效应和电规准以外,还有电极材料、电极形状和尺寸等因素。

电极材料不同,工具电极的相对损耗不同。在选电极材料时,不仅要考虑电极损耗,还应该考虑其他因素。用石墨电极加工钢时,当脉冲宽度一定,随着峰值电流的增加,相对损耗在一定范围内减少。这是由于石墨是耐蚀性强的材料,峰值电流增大后,加工速度提高的要比电极的绝对损耗大。因此,相对损耗降低,而且"覆盖效应"的作用在石墨电极表面增强。在型腔加工中,常采用石墨材料做工具电极。

在加工条件相同的条件下,电极的形状和部位大小不同,其损耗是不同的,通常是角损耗>边损耗>端面损耗(图4.7)。这是由于尖角、棱边等凸起部位的电场强度较强,易形成尖端放电,使蚀除速度加快,因此这些部位比平坦部位损耗要大。工具电极损耗的不均匀是使加工精度下降的重要因素。

（3）"二次放电"与加工斜度

二次放电是指已加工表面上由于电蚀产物等的介入而再次进行的非必要的放电，它使加工深度方向产生斜度和加工棱角棱边变钝。

产生加工斜度的情况如图4.8所示，由于工具电极下端部加工时间长，绝对损耗大，而电极入口处的放电间隙则由于电蚀产物的存在，"二次放电"的概率大，使放电间隙扩大，因而产生了加工斜度，俗称喇叭口。

电火花加工时，工具的尖角或凹角很难精确地复制在工件上，这是因为当工具为凹角时，工件上对应的尖角处放电蚀除的概率

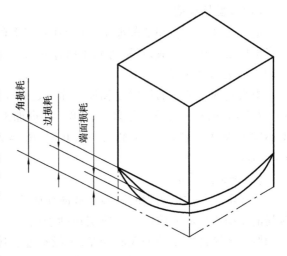

图 4.7　电极各部位损耗

大，容易遭受腐蚀而成为圆角，如图4.9（a）所示。当工具为尖角时，一则由于放电间隙的等距性，工件上只能加工出以尖角顶点为圆心、放电间隙 s 为半径的圆弧；二则工具上的尖角本身因尖端放电蚀除的概率大而损耗成圆角，如图4.9（b）所示。采用高频窄脉宽精加工，放电间隙小，圆角半径可以明显减少，因而提高了仿形精度，可以获得圆角半径小于0.01 mm的尖棱，这对于加工精密小模数齿轮等冲模是很重要的。

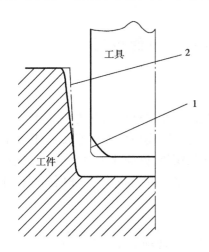

图4.8　电火花加工时的加工斜度

1—电极无损耗时的工具轮廓线；

2—电极有损耗而不考虑二次放电时的工件轮廓线

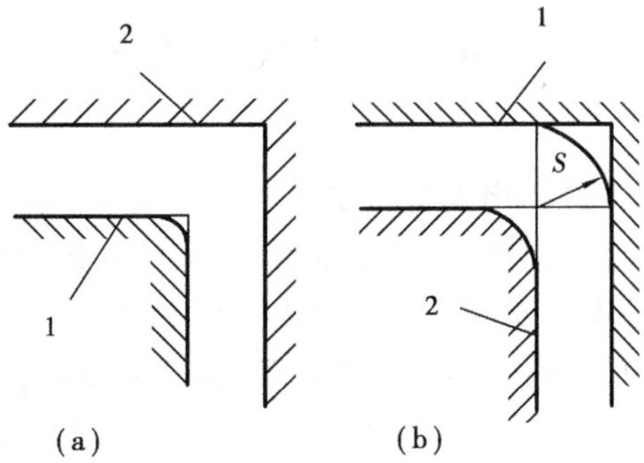

图4.9　电火花加工时尖角变圆

1—工件；2—工具

目前，电火花加工的精度可达0.01～0.05 mm，在精密光整加工时可小于0.005 mm。

4.3.3　电火花成形加工的表面质量

电火花成形加工和切削加工性质不同，加工后的表面质量存在很多差别。在模具的设计、制造、使用等方面，了解电火花加工的表面质量是十分有益的。

(1)表面粗糙度

电火花加工表面和切削加工表面不同,它不存在有方向性的刀痕,而是由无数的电蚀小坑和光滑的硬凸边所组成,特别有利于保存润滑油,在相同的表面粗糙度下其耐磨和耐碰性能均比切削加工的表面好。

电火花加工的表面粗糙度和加工速度之间存在很大的矛盾,例如,从 $Ra = 2.5$ μm 提高到 $Ra = 1.25$ μm,加工速度要下降十多倍。根据加工需要,选择电规准,控制单个脉冲能量,可获得不同的表面粗糙度。粗加工一般可达 $Ra = 20 \sim 10$ μm 左右;精加工可达 $Ra = 2.5 \sim 0.63$ μm。

(2)表面变质层

由于电火花放电的瞬时高温和液体介质的冷却作用,使工件加工表面产生了一层与原来材料的组织不同的变质层。变质层包括表面的熔融再凝固层(熔化层)以及热影响层。熔化层的厚度随脉冲能量的增大而变厚,一般不超过 0.1 mm。热影响层是受高温影响而发生金相组织变化的金属层。熔化层位于工件表面最上层,并渗有碳、金属元素、气孔等。热影响层和基体材料之间没有明显界限。值得注意的是,熔化层是树枝状的淬火铸造组织,晶粒微小,有较高的硬度和很强的抗腐蚀能力,有了它,对提高工件的耐磨性有利,但也增加了钳工研磨、抛光的困难。此外,由于内层金属温度低会阻碍熔化金属凝固后产生的收缩,因此表面熔化层产生拉应力会产生显微裂纹,在脉冲能量大的情况下,裂纹会加宽甚至扩展到热影响层,使耐疲劳性能下降。因此,应当尽量避免使用较大的电规准,以免模具过早疲劳损坏。对于反复承受较大冲击载荷的冲裁模,常常通过后续工序(如挤压珩磨等)去掉表面变质层。

4.4 电火花成形加工在模具制造中的应用

(1) 冲模电火花加工

冲模是生产中应用较多的一类模具,其凹模大多数难以采用机械加工方法制作,且在热处理时常因淬火变形或开裂导致模具报废。采用电火花加工工艺,模板可先行淬火,令其变形后加工凹模,避免了热处理的变形,而且模板可制成整体,无须镶拼,既简化了模具结构又能提高模具的强度与寿命。近年来,由于线切割机床的普及和工艺水平的提高,不少冲模的凹模加工为电火花线切割加工工艺所取代。

(2)精锻模具加工

摩托车变速齿轮及传动用锥齿轮的精锻模具,先采用机械切削加工模具外表及型腔预加工,留 0.3 ~ 1 mm 加工余量,用紫铜或石墨制作电极,然后采用电火花成形加工工艺,用单个电极经过几次规准转换直接加工成形。加工时采用低损耗工艺参数和经协作单位精修,锻模表面粗糙度可达 1.25 ~ 2.5 μm,无须钳工修型或抛光即可交付使用。目前,这类精锥面模具在大型企业中改由高速铣削加工中心担负加工任务,但对大多数中、小企业而言,因购置高速铣削中心经费困难,依然采用电火花成形加工工艺。

(3)注塑模具及压胶模具加工

大多数采用机械切削加工模具外表及粗铣型腔,仅将刀具精铣困难或无法精铣的部位留给电火花成形加工。电火花成形加工用电极用切削加工或线切割加工后镶拼制作。目前,对于大型模具大多采用铣削加工,只有个别切削加工难以完成的部位,才采用电火花成形加工作为补充加工手段。

(4)电火花展成加工

目前,航空、航天领域的一些蜗轮及扭曲叶片的压铸模具,采用机械切削十分困难,有些地方刀具与工件会发生干涉而无法加工。采用多轴联动的电火花成形机床,使用简单形状电极,通过编程即可实现展成加工。航空、航天领域的精压铸模及某些异形零件,采用数控多轴联动电火花成形机床加工具有较高的经济效益。在这一领域采用电火花展成加工尚有很大的潜在市场。

(5)精密微细加工

随着科学技术的不断发展,无论是模具还是装备都在向微型化发展,例如,微型机器人中,许多零部件的尺寸均在 1 mm 以内,采用切削工具加工,其工具尺寸更小。电火花加工特点使其在精密微细加工领域有着广阔的前景。近期国内多所重点大学都在开展这方面的研究,并取得了一定的进展。

4.5　电火花成形加工机床及附件

4.5.1　电火花成形加工机床主体

电火花成形加工机床由脉冲电源、机床本体、自动调节系统和工作液循环过滤系统等部分组成,如图 4.10 所示。

(1)脉冲电源

电火花成形加工机床脉冲电源的作用是将工频交流电转变成一定频率的单向脉冲电流,提供电火花成形加工所需要的能量。脉冲电源的性能直接影响电火花成形加工的生产效率、加工稳定性、电极损耗、加工精度和表面粗糙度。因此,对脉冲电源的基本要求是:

①要有足够的脉冲放电能量,保持一定的生产效率,否则金属只能被加热而不能瞬时熔化和汽化。

②脉冲波形基本上是单向脉冲,以便充分利用极性效应,减少电极的损耗。

③脉冲电源的主要参数(脉冲宽度、脉冲间隙和峰值电流)应该有较宽的调节范围,以满足粗、半精、精加工的需要。

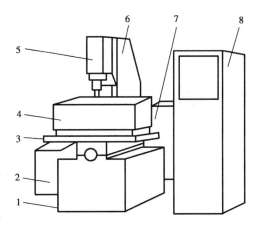

图 4.10　电火花成形加工机床
1—床身;2—液压油箱;3—工作台;
4—工作液槽;5—主轴头;6—立柱;
7—工作液箱;8—电源箱

④工具电极损耗要小,粗规准时相对损耗要小于 0.5%,中、精规准时应该更小。

⑤脉冲电压波形的前后沿应该较陡,这样才能减少电极间隙的变化及油污程度等对脉冲放电宽度和能量等参数的影响,使工艺过程较稳定。因此,一般常采用矩形波脉冲电源。

⑥性能稳定可靠,结构简单,操作和维修方便。

电火花成形加工机床脉冲电源种类很多,关于电火花加工脉冲电源的分类,目前尚无统一的规定。按其作用原理和所用的主要元件、脉冲波形等可分为多种类型,见表4.1。

表4.1　电火花加工脉冲电源的分类

按主回路中主要元件种类	弛张式、电子管式、闸流式、脉冲发电机式、晶闸管式、晶体管式、大功率集成器件
按输出脉冲波形	矩形波、梳状波分组脉冲、三角形波、阶梯波、正弦波、高低压复合脉冲
按间隙状态对脉冲参数的影响	非独立式、独立式

这里只着重讲述非独立式脉冲电源和独立式脉冲电源两大类。

1)非独立式脉冲电源

非独立式脉冲电源又称为弛张式脉冲电源,这类电源应用最早,结构简单。其基本形式是RC电路,RC线路脉冲电源的工作原理是利用电容器充电储存电能,而后瞬时放出,形成火花放电来蚀除金属。因为电容器时而充电,时而放电,一弛一张,故又称为"弛张式"脉冲电源。

RC线路是弛张式脉冲电源中最简单、最基本的一种,图4.11是它的工作原理。它由两个回路组成:一个是充电回路,由直流电源E、充电电阻R(可调节充电速度,同时限流以防电流过大及转变为电弧放电,故又称为限流电阻)和电容器C(储能元件)所组成;另一个是放电回路,由电容器C、工具电极和工件及其间的放电间隙所组成。

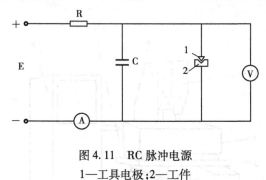

图4.11　RC脉冲电源
1—工具电极;2—工件

当直流电源接通后,电流经限流电阻R向电容器C充电,电容器C两端的电压按指数曲线逐步上升,因为电容器两端的电压就是工具电极和工件间隙两端的电压,因此,当电容器C两端的电压上升到等于工具电极和工件间隙的击穿电压U_d,间隙就被击穿,电阻变得很小,电容器上储存的能量瞬时放出,形成较大的脉冲电流i_e,电容上的能量释放后,电压瞬时下降到接近于零,间隙中的工作液又迅速恢复绝缘状态。此后电容器再次充电,又重复前述过程。如果间隙过大,则电容器上的电压u_c按指数曲线上升到直流电源电压E。

RC线路脉冲电源的最大优点如下:

①结构简单,工作可靠,成本低。

②在小功率时可以获得很窄的脉宽(小于$0.1\ \mu s$)和很小的单个脉冲能量,可用作光整加工和精微加工。

③电容器瞬时放电可达很大的峰值电流,能量密度很高,放电爆炸、抛出能力强,金属在汽化状态下被蚀除的百分比大,不易产生表面微裂纹,加工稳定。

RC线路脉冲电源的缺点如下:

①电容器放电速度很快,无法获得较大的脉宽(例如,大于$100\ \mu s$),因此,无法实现长脉

宽、低损耗的加工,很难在型腔加工中获得应用。

②电能利用效率很低,最大不超过 36%,因大部分电能经过电阻 R 时转化为热能损失掉了,在大功率加工时是很不经济的。

③生产效率低,因为电容器的充电时间 t_c 比放电时间 t_e 长 50 倍以上脉冲间歇系数太大。

④工艺参数不稳定,因为这类电源本身并不"独立"形成和发生脉冲,而是靠电极间隙中工作液的击穿和消电离使脉冲电流导通和切断,因此,间隙大小、间隙中电蚀产物的污染程度及排出情况等都影响脉冲参数。脉冲频率、宽度、单个脉冲能量都不稳定,而且放电间隙经过限流电阻始终和直流电源直接联通,没有开关元件使之隔离开来,随时都有放电的可能,并容易转为电弧放电。

RC 线路脉冲电源主要用于小功率的精微加工。

2)独立式脉冲电源

独立式脉冲电源能够独立形成和发生脉冲,不受放电间隙值大小和两极间物理状态的影响。独立式脉冲电源按末级功率放大采用的电子元件不同,分为电子管式、闸流管式、晶闸管式和晶体管式脉冲电源。这种脉冲电源使用电子元件作为开关件而得到脉冲。

电子管式和闸流管式脉冲电源的电子管和闸流管属于高阻抗开关元件,在高电压小电流状态下工作,必须采用脉冲变压器变换成大电流低电压的脉冲,才能用于电火花加工。这两种脉冲电源受到末极功率管和脉冲变压器的限制,脉冲宽度比较窄,脉冲电流也不大,而且电能利用率低电极损耗大,主要适用于型孔加工,不适用于型腔加工,目前已被晶体管式和晶闸管式脉冲电源代替。

晶闸管式脉冲电源的特点是电规准参数调节范围大、脉冲频率高、过载能力强、生产效率高,适合于大电流加工。电源常由粗、中加工用和精加工用两组电源线路组成,适合于大、中功率的型孔和型腔电火花加工机床。

晶体管式脉冲电源的特点是电规准参数调节范围大、脉冲频率高、生产效率高、工具电极损耗小,容易实现自适应控制和多回路加工。它输出功率和生产效率不如晶闸管脉冲电源大。晶体管式脉冲电源适用于各种方式的电火花加工,除大功率电源外,在中、小型功率电火花加工机床中普遍采用晶体管脉冲电源。

图 4.12 是晶体管式脉冲电源的基本形式,它由直流电源 E、主振级 Z、放大级 F 和功率输出级 BG 组成,利用晶体管作开关元件。主振级发出脉冲信号,由它控制脉冲宽度、脉冲间隙和脉冲频率。主振级应该电规准参数调节范围大,工作稳定可靠,抗干扰能力强。主振级发出的脉冲信号比较弱,不能直接带动功率输出级,经放大级 F 将脉冲

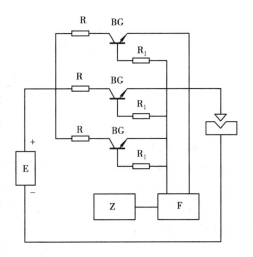

图 4.12　晶体管式脉冲电源

信号和功率放大,通过改变输出功率管的个数改变输出峰值电流的大小。放大后送到末级功率管 BG 导通或截止。末级功率管起着"开关"作用,当它导通时,直流电源 E 的电压加在工具电极和工件电极之间,击穿液体介质进行火花放电,输出能量。当末级功率管截止时,脉冲结

束,液体介质恢复绝缘。为适应粗、中、精加工需要,由数十个晶体管并联组成,精加工时只用其中一组。

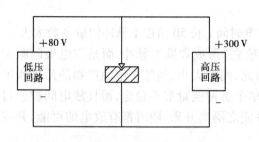

图 4.13 高低压复合脉冲电源

随着电火花加工技术的发展,进一步提高脉冲利用率,达到提高生产效率,降低工具电极损耗,稳定加工以及一些特殊需要,在晶闸管式或晶体管式脉冲电源的基础上派生出一些新型电源,如高低压复合脉冲电源、多回路脉冲电源、等脉冲电源和自适应控制脉冲电源等。高低压复合电源是将高压脉冲和低压脉冲复合输向放电间隙,高压脉冲主要是击穿两级间介质,形成放电通道;低压脉冲主要是向放电通道释放能量,对工件进行加工。复合回路脉冲电源示意图如图 4.13 所示。由于高压脉冲的作用,使极间间隙先被击穿,然后低压脉冲再进行放电加工,提高加工稳定性和脉冲利用率,从而提高生产效率和加工表面质量,减少电极损耗。特别是在工具电极和工件都是导磁材料(例如"钢"打"钢")时,显示出很大的优越性。

多回路脉冲电源是在多个互相绝缘的电极与工具之间,同时产生脉冲放电加工。多回路电火花加工示意图如图 4.14 所示。这样在不提高单个脉冲能量前提下,使得生产效率提高,又不影响表面加工质量。这在大面积、多工具、多孔加工时是很有必要的,如电机定、转子冲模及大型型腔模加工。多回路脉冲电源加工时,回路数目不与总生产率完全成正比,有一个最佳回路数目,一般常采用 2~4 个回路。在多回路脉冲电源中,同样也可以采用高低压复合脉冲回路。

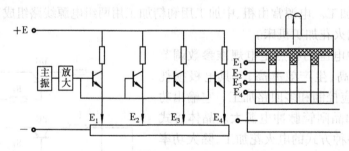

图 4.14 多回路电火花加工示意图

(2)机床本体

电火花成形加工机床本体的作用是保证工具电极与工件之间的相互位置尺寸要求。它主要包括床身、立柱、主轴头和工作台。图 4.15 是典型的电火花成形机床本体和机械传动系统。

①床身和立柱 床身和立柱是机床的主要基础件,要有足够的刚度,床身工作台与立柱导轨之间有一定的垂直度要求。它们的刚度、精度和耐磨性对电火花成形加工质量有直接影响。

②工作台 工作台是支撑和安装工件的,工作液槽安装在工作台上。通过转动纵、横手轮,带动丝杠来移动纵、横工作台,改变工具电极和工具的位置。

③主轴头 主轴头是电火花成形加工机床的一个关键部件,它是自动调节系统的执行机构,控制工具电极与工件之间的间隙,主轴头性能和质量对电火花成形加工工艺指标起着重大的影响。对主轴头的要求是结构简单、传动链短、传动间隙小,有一定的轴向和侧向刚度和精度,有足够的进给和回升速度,主轴运动的直线性和防扭性能好,灵敏度要高、无爬行现象,有

足够的负载电极重量能力。普通电火花成形加工机床的主轴头多为液压式主轴头。

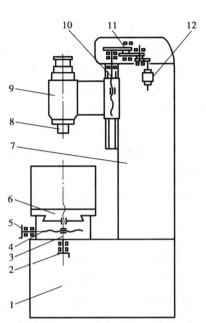

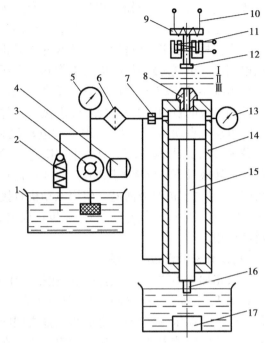

图 4.15　电火花成形加工本体和机械传动系统
1—床身；2,5—手柄；3,4,10—丝杆；
6—纵横工作台；7—立柱；8—主轴头；
9—主轴座；11—齿轮系统；12—电动机

图 4.16　喷嘴-挡板式电液自动调节装置工作原理
1—油箱；2—溢流阀；3—叶片泵；4—电动机；5—压力表；
6—滤油器；7—节流孔；8—喷嘴；9—电-机械转换器；
10—动圈；11—静圈；12—挡板；13—压力表；14—液压缸；
15—活塞；16—工具电极；17—工件

（3）自动调节系统

在电火花加工时，工件与电极之间发生火花放电时要保持一定的距离，这距离称为放电间隙。放电间隙随粗、精加工所选用的电参数的不同而有所变化，以满足不同加工的需要。而且，电火花加工是个动态过程，工件和电极都有一定的损耗，使得放电间隙逐渐增大，当间隙大到不足以维持放电时，加工便告停止。为了使加工能继续进行，电极必须不断地、及时地进给，以维持所需的放电间隙。当外来的干扰使放电间隙一旦发生变化（如排屑不良而造成短路）时，电极的进给也应随之作相应的变化，以保持最佳放电间隙。这一任务由电火花成形加工机床的自动调节系统来完成。目前，电液自动调节系统装置和电动机自动调节系统装置两大类使用较多。

这两种自动调节系统都有测量环节，利用放电间隙与加工电压的近似的线性关系，可把间隙电压作为测量对象，便于间接地反映放电间隙的大小，然后把测量到的信号通过比较、放大等环节，反馈给执行机构，由执行机构根据控制信号的大小及时进给工具电极，调整放电间隙，从而保证电火花加工正常进行。

①电液自动调节系统：图 4.16 是应用较广的喷嘴-挡板式调节系统的工作原理图，其工作原理是：测量环节从放电间隙检测出电压，与给定值进行比较后输出一个控制信号，再经放大后传输给电-机械转换器 9，该转换器主要由动圈（控制线圈）10 与静圈（激磁线圈）11 等组成。

动圈处在激磁线圈的磁路中,与挡板 12 连成一体。改变输入动圈的电流,可使挡板随之移动,从而改变挡板与喷嘴 8 间的间隙,进而改变液压系统中喷嘴的出油量,造成液压缸上下油腔压力差的变化,使电极 16 随活塞 15 上下运动,调节放电间隙。

图中挡板处于平衡位置 Ⅱ 时,活塞处于静止状态,此时放电间隙最佳。当放电间隙小于最佳放电间隙或出现短路时,电极与工作间的电压减小,控制线圈的电流减小,挡板位置上升,上油腔压力减小,活塞带动电极回升。反之,则电极下降。因此,在加工过程中,自动调节系统就可以控制电极的自动回升和进给,使电极与工件之间始终保持最佳放电间隙。

②电动机自动调节系统:采用步进电动机和力矩电动机作为自动调节系统的执行元件。电火花成形加工时,检测环节对放电间隙进行检测后,输出一个反映间隙状态的电压信号,经过放大后转换成不同频率的脉冲信号,经过比较判断后,决定是进给或是回退,使电动机正转或反转,达到主轴进给或回退。使用电动机直接带动进给丝杆,由于传动链短、灵敏度高、结构简单、体积小、惯性小、低速性能好、无累积误差等优点,因而在中、小型电火花成形机床中得到广泛的应用。

(4)工作液循环过滤系统

电火花加工用的工作液过滤系统包括工作液泵、容器、过滤器及管道等,使工作液强迫循环。如图 4.17 所示,其中(a),(b)为冲油式,(c),(d)为抽油式。冲油是把经过过滤的清洁工作液经油泵加压,强迫冲入电极与工件之间的放电间隙里,将放电蚀除的电蚀产物随同工作液一起从放电间隙中排除,以达到稳定加工。在加工时,冲油的压力可根据不同工件和几何形状及加工的深度随时改变,一般压力选在 0 ~ 200 kPa 之间。对盲孔加工如图 4.17(b)和图 4.17(d)所示,从图中可知采用冲油的方法循环效果比抽油更好,特别在型腔加工中大都采用这种方式,可以改善加工的稳定性。

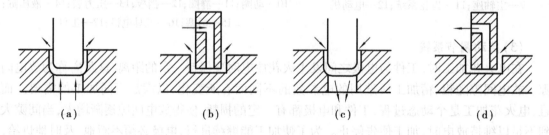

图 4.17　冲抽油方式
(a)下冲油式　(b)上冲油式　(c)下抽油式　(d)上抽油式

图 4.18 是工作液循环系统油路,它既能实现冲油,又能实现抽油。其工作过程是:储油箱的工作液首先经粗过滤网 1、单向阀 2 吸入油泵 3,这时高压油经过不同形式的精过滤器 7 输向机床工作液槽,溢流安全阀 5 是使控制系统的压力不超过 400 kPa,补油阀 11 为快速进油用,待油注满油箱时,可及时调节冲油选择阀 10,由阀 8 来控制工作液循环方式及压力,当阀 10 在冲油位置时,补油抽油都不通,这时油杯中油的压力由阀 8 控制。当阀 10 在抽油位置时,补油和抽油两路都通,这时压力工作液穿过射流抽吸管 9,利用流体速度产生负压,达到实现抽油的目的。

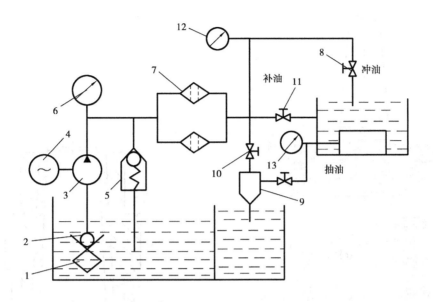

图4.18 工作液循环系统油路

1—粗过滤器;2—单向阀;3—涡旋泵;4—电机;5—安全阀;6—压力表;7—精过滤;8—压力调节阀;

9—射流抽吸管;10—冲油选择阀;11—快速进油控制阀;12—冲油压力表;13—抽油压力表

当前我国的电火花加工所用工作液主要是煤油,在加工中由于电蚀产物的颗粒很小,这些小颗粒存在于放电间隙中,使加工处于不稳定状态,直接影响生产率和光洁度。为了解决这些问题,人们采用介质过滤的方法。

介质过滤器曾广泛采用木屑、黄砂或棉纱等作为介质,其优点是材料来源广泛,可以就地取材,缺点是过滤能力有限,不适于大流量、粗加工,且每次更换介质,要消耗大量煤油,故新式机床中目前已被纸过滤器所代替。

纸过滤器的优点是过滤的精度较高,阻力小,更换方便,本身的耗油量比木屑等低得多,特别适合中、大型电火花加工机床,一般可连续应用250～500 h之多,用后经反冲或清洗,仍可继续使用,而且有专业纸过滤器芯生产厂可供订购,故现已被大量应用。

4.5.2 电火花成形加工机床附件

机床配备的各种附件很多,应根据生产需要,配置附件。常见的机床附件有可调节工具电极角度的卡头、平动头、油杯、永磁吸盘、数显光栅尺等。

(1)可调节工具电极角度的卡头

装夹在主轴下的工具电极,在加工前需要调节到与工件基准面垂直,在加工型腔时,还需要在水平面内调节,转动一个角度,使工具电极的界面形状与加工出工件型腔预定的位置一致。前一垂直度调节功能,常用球面铰链来实现;后一调节功能,靠主轴与工具电极安装面的相对转动机构来调节,垂直度与水平转角调节正确后,都应用螺钉卡紧(见图4.19)。此外,机床主轴、床身在电路上连成一体接地,而装工具电极的夹持调节部分应单独绝缘。这种有绝缘结构的主轴头卡头如图4.20所示。

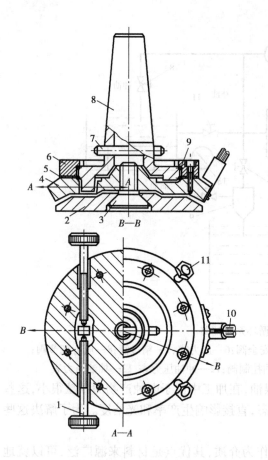

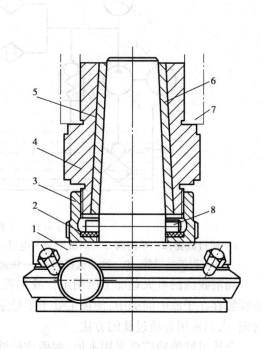

图 4.19　垂直和水平转角调节装置的卡头
1—调节螺钉;2—摆动法兰盘;3—球面螺钉;
4—调角校正架;5—调整垫;6—上压板;
7—销钉;8—锥柄座;9—滚珠;10—电源线;
11—垂直度调节螺钉

图 4.20　带有绝缘层的主轴夹头
1—夹头;2—绝缘垫圈;3—紧固螺母;4—主轴端盖;
5—环氧树脂绝缘层;6—锥套;7—滑枕（主轴）;
8—固定销钉

（2）平动头

平动头是一个使装在其上的工具电极能在水平面内产生向外机械补偿动作的工艺附件。它在电火花成形加工采用单电极加工型腔时,可以补偿上一个加工规准和下一个加工规准之间的放电间隙差和表面粗糙度之差。主要是为解决修光侧壁和提高其尺寸精度而设计的。

平动头动作原理:利用偏心机构将伺服电机的旋转运动通过平动轨迹保持机构,转化成电极上每一个质点都能围绕其原始位置在水平面内作平面小圆周运动,许多小圆的外包线就形成加工表面。其运动半径 Δ 通过调节可由零逐步扩大,以补偿粗、中、精加工的火花放电间隙 ξ 之差,从而达到修光型腔的目的。其中,每个质点运动轨迹的半径 Δ 就成为平动量。如图4.21所示为用平动头修光底面、侧壁、加工内槽、加工内螺纹、修光侧型面的示意图。

①平动头的结构

一般机械式平动头都由两部分组成,即电动机驱动的偏心机构及平动轨迹保持机构。图4.22 为不停机调偏心量平动头结构示意图。

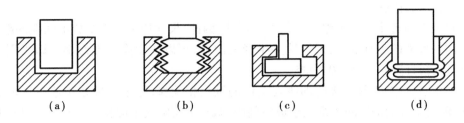

图4.21 平动加工过程示意图

（a）修光侧壁 （b）加工内螺纹 （c）任意角度的侧向加工 （d）配上旋转头后可加工内圆周面

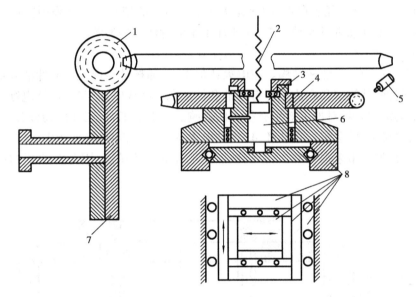

图4.22 不停机调偏心量平动头结构示意图

1—调偏心蜗轮付；2—丝杆螺母；3—偏心轴；4—偏心套；5—电机；6—螺旋槽；

7—计数蜗轮；8—V形十字滚动导轨

A. 偏心机构 早期生产的平动头，其偏心机构大都采用双偏心（偏心轴、偏心套）。后来生产的 DPDT 型平动头采用45°斜滑轨机构，比原来的双偏心机构结构简单，动作可靠，可作三向伺服平动。一旦短路时，工具电极不是垂直回退，而是斜向向中心回退，较快地消除短路，加工型腔有较好的效果。

B. 平动导轨保持机构 平动头的形式基本上决定于平动保持机构。目前以四连杆、十字滚动溜板等组成的平动轨迹保持机构，他们分别被称为四连杆式平动头及十字滚动溜板平动头。

②对平动头的技术要求

A. 精度要高，刚性要好。在最大偏心量平动时，椭圆度允差要求小于 0.01 mm，其回转平面与主轴头进给轴线的不垂直度要求小于 0.01/100 mm，其扭摆允差要求小于 0.01/100 mm，最小偏心量（即回零精度）要求小于 0.02 mm。平动头承受一定的电极质量和油压等外力作用下，变形要小，还要保证各项精度要求。

B. 调整偏心量方便，最好能够调节扩大量，能在加工过程中不停机调节。

C. 平动回转速度可调，方向可辨，中规准 $n = 10 \sim 100$ r/min，精规准 $n = 30 \sim 220$ r/min。

③平动加工的特点

A. 通过改变轨迹半径来调整电极的作用尺寸,因此,尺寸加工不再受放电间隙的限制。

B. 用同一尺寸的工具电极,通过轨迹半径的改变,可以实现换规准修整。即采用一个电极就能由粗至精直接加工出一副型腔。

C. 在加工过程中,工具电极的轴线与工件的轴线相偏移,除了电极处于放电区域的部分外,工具电极与工件的加工间隙都大于放电间隙,减小了实际放电面积。有利于电蚀产物的排出,提高加工稳定性。

D. 工具电极移动方式的改变,可改善加工的表面粗糙度,特别在侧壁和底平面处。

E. 由于有平动轨迹半径的存在,因此无法加工有清角的型腔。只有采用数控平动头或数控机床,两轴或三轴联动进行摆动加工,才能加工出清棱清角的型腔。

(3)油杯

如图4.23所示为一种油杯结构。在电火花加工中,油杯是实现工作液冲油或抽油强迫循环的一个主要附件,其侧壁和底边上开有冲油和抽油孔。在放电加工时,可使电蚀产物及时排出,因此,油杯的结构好坏对加工效果有很大的影响。放电加工时,工件也会分解产生气体,这种气体如不及时排出,就会积存在油杯里,当被电火花放电引燃时,将会产生放炮现象,造成电极与工件位移,给加工带来很大麻烦,影响被加工工件的尺寸精度,因此对油杯的应用要注意以下几点:

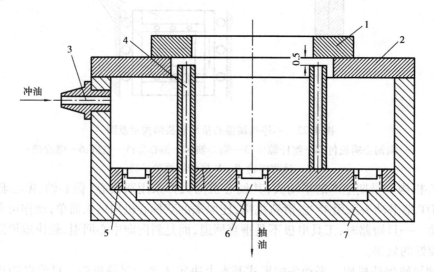

图 4.23　油杯结构

1—工件;2—油杯盖;3—管接头;4—抽油抽气管;5—底板;6—油塞;7—油杯体

①油杯要有合适的高度,应具备冲、抽油的条件,但不能在顶部积聚气泡。

②油杯的刚度和精度要好,油杯的两端面不平度小于 0.01 mm,同时密封性好,防止有漏油的现象。

(4)永磁吸盘

由于电火花加工的宏观作用力不大,故可用永磁吸盘将工件吸牢进行放电加工。永磁吸盘一般分为超薄型、圆型、强力型、单倾型、双倾型、矩形、密集型等多种,其规格及大小形状不同,例如,超薄型永磁吸盘,其形状如图4.24所示,规格见表4.2。其用途均为吸附被加工的工件或形状各异的各种模具等。使用方法简单,吸着力强,便于工件的装夹。使用完毕后应保持工作面的整洁,定期维护保养,涂油防锈,不用时存放在专用保管箱内。

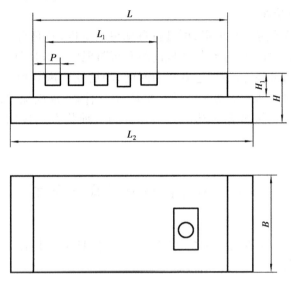

图 4.24　永磁吸盘示意图

表 4.2　永磁吸盘的尺寸规格/mm

型　号	L	L_1	L_2	B	H	H_1	磁极间隙	净重/kg
X41:150×300	300	214.5	320	150	28	14	1.5	11

以上介绍只是机床附件的一部分。其他附件尚有光栅数显、大型电机连接板、分油器、冲油架、工作台保护垫铁、登高垫铁、调整垫铁、压板、螺钉以及旋转头侧向平动头、振动头等。其中有的随机床出厂时已配置,有的则需用户自行订购。

4.5.3　精密电火花成形加工机床的主要特征

电火花成形加工机床从加工精度上分为普通机床和精密机床。精密电火花成形加工机床的主要特征有:

(1)机械机构和传动

在机床 X,Y,Z 轴移动上,采用高精度、高直线性的滚动耐磨塑料贴面导轨结构和滚珠丝杆,使得机构运动具有摩擦力、变形小、低速运转平稳、运动精度高等优点。运动传递采用伺服电机或步进电动机直接驱动,具有启动力矩小、动作灵敏、定位精度高等特点,最小驱动指令为0.001 mm。并设有螺距误差补偿机构,可以随时进行间隙补偿。主轴头多采用力矩电动机与滚珠丝杆直接连接,反应灵敏、精度高。机床多为四轴控制、二轴或三轴联动,可以加工空间任意直线、圆弧曲线。

(2)电源

脉冲电流波形前沿为圆弧形,进行脉冲形状控制,减小工具电极损耗,特别在精加工时,最小电极损耗小于0.1%,表面粗糙度小于或等于0.2 μm。有的机床配置模糊控制系统,在加工过程中可以自动调节脉冲电流,使机床始终保持最佳加工状态,使生产效率提高。有的机床的脉冲宽度和脉冲间隙设有若干挡,可以自由组合人工选择,便于各种复杂加工,保持最佳加工参数状态,并有加工状态显示。

(3)机床设有多项功能

机床配置多个刀位安置工具电极,可进行自动更换电极,并有自动定位和自动找正功能。有的设有短路排除功能,对于电蚀颗粒造成的瞬间短路现象,通过释放一个短时高能量脉冲粉碎电蚀物和碳末造成的短路,减少回退和抬刀时间,随后立刻恢复稳定加工状态,保持高效加工。有的机床设有多项自动保护功能,例如,油温、油压保护,液面保护,电源温度保护、主轴失压保护和故障检测和自动报警停机功能。工作台和主轴装有测量球,具有三坐标测量机的功能。

4.6 型孔的电火花成形加工

用电火花加工方法加工通孔称为穿孔加工。它在模具制造中主要用于加工用切削加工方法难于加工的凹模型孔。

4.6.1 型孔的电火花加工方法

凹模型孔的尺寸精度主要靠工具电极来保证,因此,对工具电极有相应的要求。如凹模型孔的尺寸为 L_2,工具电极相应的尺寸为 L_1(图 4.25),单面火花放电间隙值为 δ,则

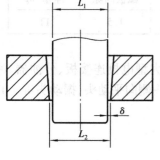

图 4.25 加工斜度

$$L_2 = L_1 + 2\delta \qquad (4.2)$$

其中,放电间隙 δ 主要取决于电参数和机床精度,只要电规准选择恰当,保证加工的稳定性,δ 的误差就很小,因此,只要工具电极的尺寸精确,用它加工的凹模型孔也是比较精确的。

对于冲模,凹模和凸模的配合间隙 Z 是一个很重要的技术参数,它的大小与均匀性都直接影响冲裁件的质量及模具的寿命,在加工中必须给予保证。达到配合间隙的电火花加工方法主要有以下几种:

(1)凸模修配法

选种方法是把凸模和工具电极分别用机械加工方法制出,凸模留一定的修配余量,在电极"打"出凹模后,以凹模为基准件,修配凸模,保证凸、凹模的间隙。

(2)直接配合法

直接配合法是用加长的钢凸模作电极加工凹模型孔,加工后将凸模上的损耗部分切除,凸、凹模的配合间隙靠控制脉冲放电间隙直接保证。用这种方法可以获得均匀的配合间隙,模具质量高,钳工工作量少。此方法适用于在高低压复合回路电源的机床上加工形状复杂的凹模或多型腔凹模。

(3)混合法

电极和凸模分别采用不同材料,然后通过焊锡或粘合剂联接在一起,再一起加工成形,最后将电极与凸模分开,分别使用的方法。既达到直接配合法的工艺效果,又可提高生产率。

(4)二次电极法

二次电极法加工是利用一次电极制造出二次电极,再分别用一次和二次电极加工出凹模和凸模,并保证凸、凹模配合间隙。有两种情况:其一是一次电极为凹型,用于凸模制造有困难者;二是一次电极为凸型,用于凹模制造有困难者。图 4.26 是二次电极为凸型电极时的加工方法,其工艺过程为:根据模具尺寸要求设计并制造一次凸型电极→用一次电极加工出凹模(见图 4.26(a))→用一次电极加工出凹型二次电极(见图 4.26(b))→用二次电极加工出凸模(见图 4.26(c))→凸、凹模配合,保证配合间隙(见图 4.26(d))。图中 $\delta_1,\delta_2,\delta_3$ 分别为加工凹模、二次电极和凸模时的放电间隙。

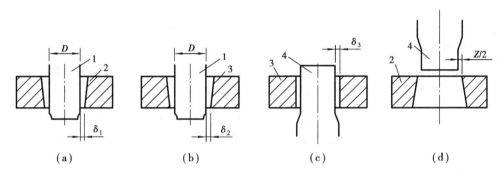

图 4.26　二次电极法
1——一次电极;2—凹模;3—二次电极;4—凸模

用二次电极法加工,操作过程较为复杂,一般不常采用。但此法能合理调整放电间隙 δ_1,δ_2,δ_3,可加工无间隙或间隙极小的精冲模。对于硬质合金模具,在无成形磨削设备时可采用二次电极法加工凸模。由于电火花加工要产生加工斜度,型孔加工后其孔壁要产生倾斜,为防止型孔的工作部分产生反向斜度影响模具正常工作,在穿孔加工时应将凹模的底面向上,如图 4.26(a)所示。加工后将凸模、凹模按照图 4.26(d)所示方式进行装配。

4.6.2　电极的设计

设计电极前应首先了解电加工机床的特性(包括主轴头的承载能力、工作台的尺寸及负荷)与脉冲电源各规准的加工工艺指标(包括各规准的加工速度、电极损耗、加工间隙)。然后再根据工件型孔要求,确定电极材料、结构形式、尺寸及技术要求等。

(1)对电极的技术要求

为了保证电火花加工中电极复制型孔的质量,对电极提出 3 点要求:
①尺寸精度应不低于 IT7 级,一般可取型孔公差的 1/2 左右;
②各表面平行度在 100 mm 长度上不大于 0.01 mm;
③表面粗糙度 Ra 小于 1.25 μm,一般可取与型孔表面粗糙度 Ra 相等的值。

(2)电极材料

根据电火花加工原理,任何导电材料都可作为电极。但因电极材料的来源和性能不同,选择的材料应损耗小、加工过程稳定、生产效率高、机械加工性能好,而且价格低廉。在实际应用中,应根据加工对象、加工要求及采样的工艺方法、脉冲电源的类型等因素考虑。常用的电极材料的种类和性能见表 4.3。

表 4.3　常用电极材料的性能

电极材料	电火花加工性能		机械加工性能	说　明
	加工稳定性	电极损耗		
钢	差	中等	好	在选择电参数时应注意加工的稳定性,可以凸模作电极
铸铁	一般	中等	好	
石墨	较好	较小	较好	机械强度较差,易崩角
黄铜	好	大	较好	电极损耗太大
紫铜	好	较小	较差	磨削困难
铜钨合金	好	小	较好	价格贵,适用于深孔,直壁孔、硬质合金孔
银钨合金	好	小	较好	价格昂贵,适用于精密及有特殊要求的加工

(3)电极结构

电极的结构形式应根据型孔的大小与复杂程度、电极的结构工艺性等因素来确定。常用的电极结构有以下 3 种:

①整体式电极:这种电极采用整块材料加工而成,是最常用的结构形式。对于体积小、易变形的电极,可在有效长度上部放大截面尺寸以提高刚度;对于体积大的电极,可在其上开一些孔以减轻重量,如图 4.27(a)所示。

②组合式电极:对于多型孔的凹模,可以考虑把多个电极组合在一起(图 4.27(b))。一次穿孔完成各型孔的加工。采用组合式电极加工生产率高,各型孔的位置精度准确,但对电极的定位要求较高。

③镶拼式电极:这种电极一般在整体加工有困难时采用,如图 4.27(c)所示。

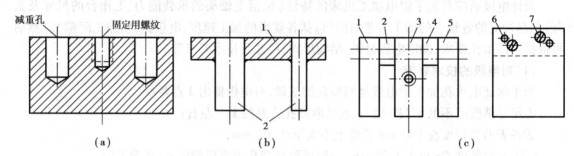

图 4.27　电极的结构形式
(a)整体电极　(b)组合式电极
1—固定板;2—电极;
(c)镶拼式电极
1,2,3,4,5—电极拼块;6—定位销;7—固定螺钉电极不论采用何种结构都应有足够的刚度,并有利于提高加工过程的稳定性;电极与主轴连接后,其重心尽量靠近主轴中心线,这对于较重的电极尤为重要。

(4) 电极尺寸

① 电极截面尺寸的确定:凸、凹模的尺寸公差往往只标注一个,另一个与之配作,以保证一定的间隙,因此,电极截面尺寸的设计可分两种情况说明:

按凹模尺寸和公差设计电极截面尺寸。因为穿孔加工所获得的凹模型孔和电极截面轮廓相差一个放电间隙(如图 4.28 所示,虚线表示电极轮廓)。根据凹模尺寸和放电间隙便可算出电极截面上相应的尺寸。例如,尺寸 d 的计算方法为

$$d = D - 2\delta \tag{4.3}$$

式中 d——电极尺寸;

D——型孔尺寸;

δ——单面放电间隙,通常是指末挡精规准加工凹模下口的单面放电间隙。

在冲模电火花成形加工中,为了保证刃口表面粗糙度(一般为 $Ra = 0.8 \mu m$),最后必须用精规准修出,此时的单面放电间隙一般为 $0.01 \sim 0.03$ mm。

为了保证凹模的精度,电极的尺寸精度不应低于型孔的尺寸精度。通常,电极尺寸的公差可取凹模型孔尺寸公差的 1/2 ~ 2/3,按凸模尺寸和公差确定电极截面尺寸。这种情况下,随着凸、凹模配合间隙的不同又可分为如下 3 种情况:

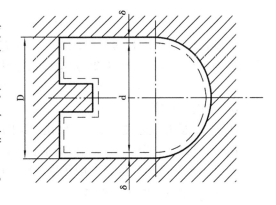

图 4.28 电极与凹模的轮廓

第 1 种:凸、凹模的配合间隙 Z 等于双面放电间隙($Z = 2\delta$)时,电极与凸模截面尺寸完全相同。

第 2 种:凸、凹模的配合间隙 Z 大于双面放电间隙($Z > 2\delta$)时,电极截面轮廓为凸模截面轮廓每边外偏一个数值 $\frac{1}{2}(Z - 2\delta)$ 而成。

第 3 种:凸、凹模的配合间隙 Z 小于双面放电间隙($Z < 2\delta$)时,电极截面轮廓为凸模截面轮廓每边内偏一个数值 $\frac{1}{2}(2\delta - Z)$ 而成。

综合上述 3 种情况有下式

$$a = \frac{1}{2}(Z - 2\delta) \tag{4.4}$$

式中 a——电极相对凸模每边外偏或内偏量;

Z——凸、凹模双面配合间隙;

d——单面放电间隙(指用末挡精规准精加工时,凹模下口的放电间隙)。

当 $a \geq 0$,属于第 1,2 种情况;当 $a < 0$,属于第 3 种情况。

电极的制造公差取凸模制造公差的 1/2 ~ 2/3,这是因为在电火花加工过程中存在机床导向误差、电极及工件的安装误差、放电间隙误差等,因此应控制电极制造公差。通常,电极的制

造公差按入体原则标注。

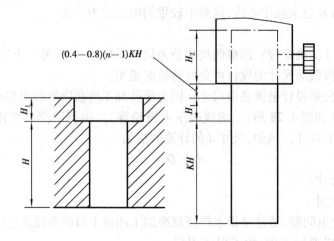

图 4.29　电极长度计算

②电极长度的确定:电极长度取决于凹模有效厚度、型孔复杂程度、电极材料、装夹形式及制造工艺等一系列因素。图 4.29 是电极长度计算的示意图,其计算公式为

$$L = KH + H_1 + H_2 + (0.4 \sim 0.8)(n - 1)KH \tag{4.5}$$

式中　L——电极长度;

　　　　H——凹模有效厚度(需要电火花加工的厚度);

　　　　H_1——模板后部挖空时,电极需加长的部分;

　　　　H_2——夹持部分长度。一般约取 $10 \sim 20$ mm;

　　　　n——一个电极使用的次数;

　　　　K——与电极材料、加工方式、型孔复杂程度等有关的系数。对不同的电极材料,K 值的经验数据为:紫铜($2 \sim 2.5$),黄铜($3 \sim 3.5$),石墨($1.7 \sim 2$),铸铁($2.5 \sim 3$),钢($3 \sim 3.5$)。电极材料损耗小、型孔较简单、电极轮廓无尖角时,K 取小值;反之,取大值。

若加工硬质合金时,由于电极损耗较大,电极还应适当加长。但其总长度一般不超过 120 mm,如果电极太长,会带来成形磨削及投影检验的困难,使加工的电极难以达到所要求的精度。

③阶梯电极:阶梯电极是在原有的电极上适当增长,而增长部分的截面适当缩小,呈阶梯

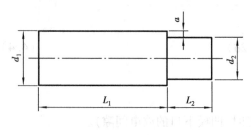

图 4.30　阶梯电极

形,如图 4.30 所示。L_1 为原有电极长度,L_2 为增长部分的长度。阶梯电极的加工原理是利用电极的增长部分进行粗加工,只留下很少余量留给后部进行精加工。其主要特点是能充分发挥粗加工生产率高、加工稳定性好以及电极损耗小,并能减少电规准转换次数、简化操作、容易保证模具质量,因此在生产中有广泛应用。

　　阶梯电极的小端尺寸,可按下列原则确定:阶梯部分的长度 L_2 取决于凹模的加工厚度和电极长度损耗,设计时可参考有关资料,一般取 $L_2 =$

$(1.5 \sim 2)H$，H 为凹模有效厚度。

阶梯部分单边内缩量 a，按加工间隙和精加工余量确定，一般取 $0.08 \sim 0.15$ mm。

4.6.3　电规准的选择与转换

电火花加工中所选用的一组电脉冲参数称为电规准。电规准应根据工件的加工要求、电极和工件材料、加工的工艺指标等因素来选择。选择的电规准是否恰当，不仅影响模具的加工精度，还直接影响加工的生产率和经济性，在生产中主要通过工艺试验确定。通常要用几个规准才能完成凹模型孔加工的全过程。电规准分为粗、中、精3种。从一个规准调整到另一个规准称为电规准的转换。

粗规准主要用于粗加工。对它的要求是生产率高，工具电极损耗小，被加工表面的粗糙度 $Ra < 12.5$ μm。因此，粗规准一般采用较大的电流峰值，较长的脉冲宽度（$t_i = 20 \sim 60$ μs），采用钢电极时，电极相对损耗应低于10%。

中规准是粗、精加工间过渡性加工所采用的电规准，用以减小精加工余量，促进加工稳定性和提高加工速度。中规准采用的脉冲宽度一般为 $6 \sim 20$ μs。被加工表面粗糙度 $Ra = 6.3 \sim 3.2$ μm。

精规准用来进行精加工。要求在保证冲模各项技术要求（如配合间隙、表面粗糙度和刃口斜度）的前提下尽可能提高生产率。故多采用小的电流峰值、高频率和短的脉冲宽度（$t_i = 2 \sim 6$ μs），被加工表面粗糙度可达 $Ra = 1.6 \sim 0.8$ μm。

粗、精规准的正确配合，可以较好地解决电火花加工的质量和生产率之间的矛盾。凹模型孔用阶梯电极加工时，电规准转换的程序是：当阶梯电极工作端的阶梯进给到凹模刃口处时，转换成中规准过渡加工 $1 \sim 2$ mm 后，再转入精规准加工，若精规准有两挡，还应依次进行转换。在规准转换时，其他工艺条件也要配合适当。粗规准加工时，排屑容易，冲油压力应小些；转入精规准加工后加工深度增加，放电间隙小，排屑困难，冲油压力应逐渐增大；当穿透工件时，冲油压力适当降低。对加工斜度、粗糙度要求较小和精度要求较高的冲模加工，要将上部冲油改为下部抽油，以减小二次放电的影响。

4.6.4　电火花加工凹模的特点

电火花加工的凹模有如下的特点：

(1) 采用整体模具结构

采用电火花加工工艺可以不受切削加工的限制，把许多复杂的镶拼结构的凹模进行整体制造。这种整体结构的模具不仅提高了刚性，而且使模具结构大为简化（见图4.31），从而减少了模具设计和制造的工作量。

电火花加工后的凹模，刃口平直，间隙均匀，耐磨性提高，模具寿命较长。

(2) 刃口及落料斜度

采用电火花穿孔加工的模具，都存在加工斜度，如图4.32所示为电火花成形加工的凹模的刃口形式，其中，α_1 为刃口斜度，α_2 为落料斜度。电火花加工的落料斜度一般为 $30' \sim 50'$，通常用粗规准打出。落料模的刃口斜度在 $10'$ 以内，复合模的刃口斜度为 $5'$ 左右。

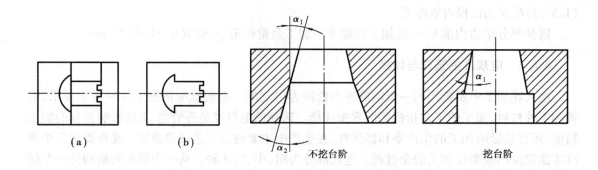

图 4.31　镶拼结构改为整体结构　　　　　　　图 4.32　电火花加工模具的斜度
（a）镶拼结构　（b）整体结构

（3）型孔尖角为小圆角

其半径约为 0.15~0.25 mm，这种小圆角有利于减少应力集中及提高模具寿命。

（4）电火花成形加工中广泛采用直接法加工凹模型孔

为了适应这种加工方法，满足成形磨削配套工艺的需要，在图纸上应标注出凸模的基本尺寸和公差。

4.7　型腔的电火花成形加工

用电火花加工方法进行型腔加工比加工凹模型孔困难得多。型腔加工属于盲孔加工，金属蚀除量大，工作液循环困难，电蚀产物排除条件差，电极损耗不能用增加电极长度和进给来补偿；加工面积大，加工过程中要求电规准的调节范围也较大；型腔复杂，电极损耗不均匀，影响加工精度。因此，型腔加工要从设备、电源、工艺等方面采取措施来减小或补偿电极损耗，以提高加工精度和生产率。

与机械加工相比，电火花加工的型腔具有加工质量好、粗糙度小、减少了切削加工和手工劳动，使生产周期缩短。特别是近年来由于电火花加工设备和工艺的日臻完善，它已成为解决型腔中、精加工的一种重要手段。

4.7.1　型腔的电火花加工特点

与冲模的电火花穿孔加工相比，型腔模在加工工艺上具有以下特点：

1）要求电极低损耗

由于型腔形状往往比较复杂，属不通孔加工，电极损耗引起电极的尺寸变化会直接影响型腔的精度，而加工型腔的电极向工件的进给受到限制，其损耗不能像电火花穿孔加工那样可以通过电极进给获得补偿，因此，首先要求电极损耗越小越好。

2）要求电加工蚀量大

型腔的加工余量一般都较大，尤其是在不预加工的情况下，更需要蚀除大量的金属，因此，型腔加工时对粗规准的首要要求是高生产率和低损耗。

3）型腔属盲孔类，底部凹凸不平在电火花加工过程中，电蚀产物的排除比较困难，尤其是深型腔加工更是如此,必须在工艺上采取冲、抽油实现强迫排屑。

4)在加工过程中,为了侧面修光,控制加工深度,更换或修整电极等需要,电火花机床应备有平动头、深度测量装置、电极重复定位装置等附件。

4.7.2 型腔的电火花加工方法

型腔电火花成形加工主要有单电极平动法、多电极更换法和分解电极加工法等。

(1)单电极平动法

单电极加工法是指用一个电极加工出所需型腔的加工方法。适用于下列几种情况:

①用于加工形状简单、精度要求不高的型腔。

②用于加工经过预加工的型腔。为了提高电火花加工效率,型腔在电加工之前采用切削加工方法进行预加工,并留适当的电火花加工余量,在型腔淬火后用一个电极进行精加工,达到型腔的精度要求。一般型腔可用立式铣床进行预加工;复杂型腔或大型型腔可先用立式铣床去除大量的加工余量,再用仿形铣床精铣。在能保证加工成形的条件下电加工余量越小越好。一般型腔侧面余量单边留 0.1 ~ 0.5 mm,底面余量 0.2 ~ 0.7 mm。如果是多台阶复杂型腔则余量应适当减小。电加工余量应均匀,否则将使电极损耗不均匀,影响成形精度。

③用平动法加工型腔。对有平动功能的电火花机床,在型腔不预加工的情况下可用一个电极加工出所需型腔。在加工过程中,先采用低损耗、高生产率的电规准进行粗加工,然后启动平动头带动电极(或数控坐标工作台带动工件)作平面圆周运动,同时按粗、中、精的加工顺序逐级转换电规准,并相应加大电极作平面圆周运动的回转半径,将型腔加工到所规定的尺寸及表面粗糙度要求。

(2)多电极加工法

多电极加工法是用多个电极,依次更换加工同一个型腔,如图 4.33 所示。每个电极都要对型腔的整个被加工表面进行加工,但电规准各不相同。因此,设计电极时必须根据各电极所用电规准的放电间隙来确定电极尺寸。每更换一个电极进行加工,都必须把被加工表面上由前一个电极加工所产生电蚀痕迹完全去除。

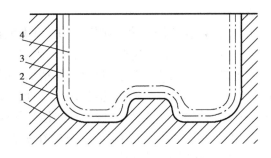

图 4.33 多电极加工示意图
1—模块;2—精加工后的型腔;3—中加工后的型腔;
4—粗加工后的型腔

用多电极加工法加工的型腔精度高,尤其适用于加工尖角、窄缝多的型腔。其缺点是需要制造多个电极,并且对电极的制造精度要求很高,更换电极需要保证高的定位精度。因此,这种方法一般用于精密和复杂型腔的加工。

(3)分解电极法

分解电极法是根据型腔的几何形状,把电极分解成主型腔电极和副型腔电极分别制造。先用主型腔电极加工出型腔的主要部分,再用副型腔电极加工型腔的尖角、窄缝等部位。此方法能根据主、副型腔的不同加工条件,选择不同的电规准,有利于提高加工速度和加工质量,使电极易于制造和修整。但主、副型腔电极的安装精度要求高。

4.7.3　电极的设计

电极设计主要内容是选择电极材料,确定电极结构形式和尺寸等,现分述如下:

(1)电极材料的选择

电极材料直接影响加工的工艺指标。用作型腔加工的电极材料,除了来源丰富,价格低廉,容易制造以外,应该具有优良的电加工性能。目前,在型腔加工中应用最多的电极材料是石墨和紫铜。这两种材料的共同特点是在宽脉冲加工时都能实现低损耗。石墨电极易加工成形,比重小,重量轻,但脆性大,易崩角,由于具有优良的电加工性能,被广泛用于型腔模加工。高质量,高强度,高密度石墨材料,使石墨性能更趋完善,成为型腔加工的首选材料。紫铜电极制造时不易崩边踏角,比较易于作成薄片和其他复杂形状电极,由于具有优良的电加工性能,适用于加工精密复杂的型腔,其缺点是切削加工性能较差,密度较大,价格较贵。

黄铜,铸铁,钢不适用于型腔加工,原因是加工时损耗较大。铜钨,银钨合金的抗损耗性能特别好,适用于高精度,小锥度的型腔加工,但是由于这两种材料价格贵,故应用较少。

(2)电极的设计

①电极结构形式的确定:电极结构形式的确定应取决于模具的结构和加工工艺。整体式电极适用于中等尺寸大小和一般复杂程度的型腔加工,通常又分为有固定板和无固定板两种形式。无固定板多用于尺寸较小,形状简单,只用单孔冲油或排气的电极。反之则用固定板式。加固定板的目的是便于电极的制造和使用时的装夹校正。

镶拼式电极适用于型腔尺寸较大、单块电极配料尺寸不够、或型腔形状复杂、电极又易于分块制造的场合。这种电极通常是用聚氯乙烯醋酸溶液或环氧树脂粘合,但要注意石墨方向性一致。

组合式电极适用于一模多型腔加工,可大大提高加工速度,并可简化各个型腔间的定位工序,提高定位精度。这种电极由装在同一固定板上的多个电极构成。

②电极的尺寸确定:斜壁型腔在中、精加工时仅需要进给就可以将型腔修光,相应电极尺寸的确定比较容易。对于直壁型腔,由于粗加工的放电间隙较大,仅靠垂直进给是无法修光侧面的。在中、精加工时,需要电极平动法修光侧面的,此时电极尺寸确定如下:

A. 电极水平截面尺寸的确定。电极在垂直于机床的主轴轴线方向的截面尺寸属于水平尺寸,如图4.34所示,其计算公式为

$$a = A \pm Kb \tag{4.6}$$

式中　a——电极水平方向的尺寸;

　　　A——型腔的基本尺寸;

　　　b——电极的单面缩放量;

　　　K——与型腔尺寸注法有关的系数。

K值按下述原则选取:当图样上型腔尺寸完全注在轮廓线上时,$K=2$;一端在中心线或非轮廓线上时,$K=1$;型腔中心线之间的位置尺寸以及角度数值,电极上相对应的尺寸不缩不放时,$K=0$。

"$\pm$"号按下述原则确定:凡图样上型腔凸出部分,其相对应的电极凹入部分的尺寸应放大,取"$+$",如图4.34所示中计算a_2时用"$+$";凡图样上型腔凹入部分,其相对应的电极凸出部分的尺寸应缩小,取"$-$",如图4.34中计算a_1时,用"$-$";

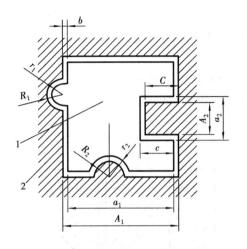

图 4.34　电极水平截面尺寸缩放示意图
1—电极;2—型腔

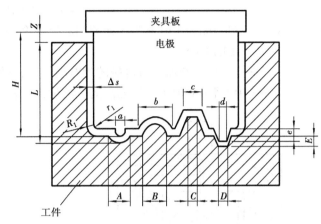

图 4.35　电极高度尺寸确定示意图

单边缩放量 b 从理想情况考虑,即当末挡精规准电蚀的小凹坑的底部刚好与最粗规准电蚀的凹坑底部齐平时,有

$$b_{理} = \delta_Z + H_{\max} - h_{\max} \tag{4.7}$$

式中　δ_Z——最粗规准单面放电间隙;

　　　$H_{\max}$——最粗规准表面平面度最大值;

　　　$h_{\max}$——最精规准表面平面度最大值。

由于电火花加工的工艺系统存在各种误差,取 $b_{理}$ 可能出现侧面修不光的现象,根据经验,电极的单面缩放量可按理论计算增值约 10%,δ_Z,$H_{\max}$,$h_{\max}$ 可根据具体的加工条件通过试验确定。

在实际运用中,由于平动量有较宽的调节范围,足以补偿各种规准电极的损耗量以及钳工修正量等。因此,可以简化电极设计,按经验确定电极缩放量,各种国产脉冲电源 b 的经验数值为:一般晶体管脉冲电源 b 取 $0.3 \sim 0.6$ mm;晶闸管脉冲电源 b 取 $0.6 \sim 0.9$ mm;晶闸管或晶体管低损耗电源 b 取 $0.1 \sim 0.3$ mm。

B. 电极高度尺寸的确定。电极高度尺寸,一般参照水平截面尺寸的确定办法来处理,如图 4.35 所示中 $a = A - 2b$,$c = C + 2b$,$e = E$ 等,其中,e 属于垂直尺寸。

确定电极总高度 H 应考虑型腔的最深尺寸 L 和安全高度 Z,所谓安全高度是指加工结束时,电极固定板不和模具或压板相碰以及同一电极需要重复使用而增加高度,一般可取 $5 \sim 20$ mm。若采用低损耗电源,特别是正确使用低损耗的规准,电极端面的损耗忽略不计,则电极总高度可用下式计算,即

$$H = L + Z \tag{4.8}$$

式中　H——电极总高度;

　　　L——型腔最深尺寸;

　　　Z——安全高度。若电极的损耗必须考虑,则电极总高度 H 可按下式计算

$$H = L + Z + S \tag{4.9}$$

式中,H,L,Z 意义同上式,S 为电极长度损耗尺寸,其表达式为

$$S = C_1 L + C_2 h \qquad (4.10)$$

式中　C_1——粗规准加工时电极端面的相对损耗率,其值小于 1% , $C_1 L$ 只适用于未进行预加
　　　　工的型腔;

　　　C_2——中、精规准加工时电极的相对损耗率,其值一般为 20% ~ 25% ;

　　　h——中、精规准加工时端面总的进给量,一般为 0.4 ~ 0.5 mm。

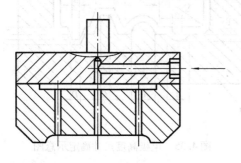
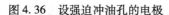

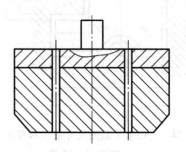

图 4.36　设强迫冲油孔的电极　　　　　　　　图 4.37　设排气孔的电极

(3)排气孔和冲油孔的确定

加工中产生的电蚀产物如不及时排除,将影响加工状态的稳定性和表面粗糙程度,甚至使
加工无法进行,为此电极在结构上应考虑排气孔。一般情况下冲油孔要设计在难于排气的拐
角、窄缝等处,如图 4.36 所示。排气孔要设计在蚀除面积较大的位置(如图 4.37 所示)和电
极端部有凹入的位置。

冲油孔和排气孔的直径,应小于平动头偏心量的 2 倍,一般为 1 ~ 2 mm。若过大则会在工
件电蚀表面形成突起,不易清除。各孔间的距离为 20 ~ 40 mm,以不产生气体或电蚀产物的积
存为原则。

4.7.4　电规准的选择与转换

(1)电规准的选择

正确选择和转换电规准,实现低损耗、高生产率加工,对保证型腔的加工精度和经济效益
是很重要的,图 4.38 是用晶体管脉冲电源加工时,脉冲宽度与电极损耗的关系曲线。对一定
的电流峰值,随着脉冲宽度减小,电极损耗增大。脉冲宽度愈小,电极损耗上升趋势越明显。
当 $t_i > 500$ μs 时电极损耗可以小于 1% 。

电流峰值和生产率的关系如图 4.39 所示。增大电流峰值使生产率提高,提高的幅度与脉
冲宽度有关。但是,电流峰值增加会加快电极的损耗,据有关实验资料表明,电极材料不同电
极损耗随电流峰值变化的规律也不同,而且与脉冲宽度有关。因此,在选择电规准时应综合考
虑这些因素的影响。

①粗规准。要求粗规准以高的蚀除速度加工出型腔的基本轮廓,电极损耗要小,电蚀表面
不能太粗糙,以免增大精加工的工作量。为此,一般选用宽脉冲($t_i > 500$ μs),大的峰值电流,
用负极性进行粗加工。但应注意加工电流与加工面积之间的关系,一般用石墨电极加工钢的
电流密度为 3 ~ 5 A/cm²,用紫铜电极加工的电流密度可稍大一些。

②中规准。中规准的作用是减小被加工表面的粗糙度(一般中规准加工时 $Ra = 6.3 ~ 3.2$
μm),为精加工作准备。要求在保持一定加工速度的条件下,电极损耗应尽可能小。一般选用

脉冲宽度 $t_i = 20 \sim 400\ \mu s$，用比粗加工小的电流密度进行加工。

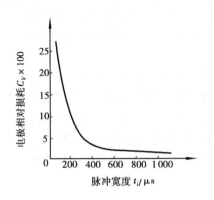

图 4.38 脉冲宽度对电极损耗的影响

电极—Cu；工件—CrWMn；负极性加工 $I_e = 80$ A

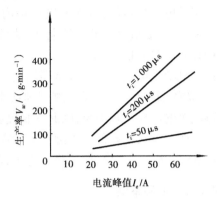

图 4.39 脉冲峰值电流对生产率的影响

电极—Cu；工件—CrWMn；负极性加工

③精规准。用于型腔精加工，所去除的余量一般不超过 $0.1 \sim 0.2$ mm。因此，常采用窄的脉冲宽度（$t_i < 20\ \mu s$）和小的峰值电流进行加工。由于脉冲宽度小，电极损耗率大（约 25%）。但因精加工余量小，故电极的绝对损耗并不大。

近几年来，广泛使用的伺服电动机主轴系统能准确地控制加工深度，因而精加工余量可减小到 0.05 mm 左右，加上脉冲电源又附有精微加工电路，精加工可达到 Ra 小于 $0.4\ \mu m$ 的良好工艺效果，而且精修时间较短。

(2)电规准的转换

电规准转换的挡数，应根据加工对象确定。加工尺寸小、形状简单的浅型腔，电规准转换挡数可少些；加工尺寸大、深度大、形状复杂的型腔，电规准转换挡数应多些。粗规准一般选择一挡；中规准和精规准选择 $2 \sim 4$ 挡。

开始加工时，应选粗规准参数进行加工，当型腔轮廓接近加工深度（大约留 1 mm 的余量）时，减小电规准，依次转换成中、精规准各挡参数加工，直至达到所需的尺寸精度和表面粗糙度。

型腔的侧面修光，是靠调节电极的平动量来实现的。当采用单电极平动加工时，在转换电规准的同时，应相应调节电极的平动量。

4.8 数控电火花加工介绍

数控电火花成形加工的原理和方法与前述的基本相同，只是机床可以与其他数控机床一样能够用程序去控制机床的运动，效率和柔性都得到了大大的提高。由于应用的局限性，这里就只介绍其编程。

4.8.1 概述

目前，生产的数控电火花成形机床有单轴数控（Z 轴）、三轴数控（X,Y,Z 轴）和四轴数控（X,Y,Z,C 轴）。如果在工作台上加双轴数控回转台附件（A,B 轴），即属六轴数控机床。此类数控机床可以实现近年来出现的用简单电极(如杆状电极)展成法来加工复杂表面,它是靠转动的工具电极(转动可以使电极损耗均匀和促进排屑)和工件间的数控运动及正确的编程来实现的,不必制造复杂的工具电极,就可以加工复杂的工件,大大地缩短了生产周期,并展示出数控技术的"柔性"能力。

计算机辅助电火花雕刻就是利用电火花展成法进行的,它可以在金属材料上加工出各种精美、复杂的图案和文字(激光雕刻则通常用于非金属材料的印章雕刻、工艺标牌雕刻)。电火花雕刻机的电极比较细小,因此其长度要尽量短,以保证具有足够的刚度,使其在加工过程中不致弯曲。电火花雕刻的关键在于计算机辅助雕刻编程系统,它由图形文字输入、图形文字库管理、图形文字矢量化、加工路径优化、数控文件生成、数控文件传输等子模块组成。

4.8.2 编程举例

加工如图4.40所示的零件,其加工程序如下:

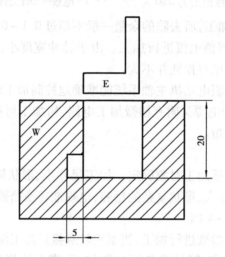

图4.40 数控电火花成形加工实例

程 序	注 释
G90 G11 F200	绝对坐标编程,半固定轴模式,进给速度200 mm/min
M88 M80	快速补充工作液,令工作液流动
E9904	电规准采用E9904
M84	脉冲电源开
G01　Z−20.0	直线插补至Z = −20.0 mm
M85	脉冲电源关
G13　X5	横向伺服运动,采用X方向第5挡速度
M84	脉冲电源开
G01　X−5.0	直线插补至X = −5.0 mm
M85	脉冲电源关
M25 G01 Z0	取消电极和工件接触,直线插补至Z = 0
G00 Z100.0	快速移动至Z = 100.0 mm
M02	程序结束

4.9 电极的制造

电极制造应根据电极类型、尺寸大小、电极材料和电极结构的复杂程度等因素进行考虑。穿孔加工用电极的垂直尺寸一般无严格要求,而水平尺寸要求较高。对这类电极,若适用于切削加工,可用切削加工方法粗加工和精加工。对于纯铜、黄铜类材料制作的电极,其最后加工可用刨削或由钳工精修来完成。也可采用电火花线切割加工来制作电极。

电极的两个特点:其一是电极的常用材料中有纯铜、铜、银钨合金等软质材料,难以进行精密成形磨削加工;而石墨电极材料加工时,产生粉末,污染环境。其二是用成形电极进行仿形加工时,其形状与工件上的型孔、型腔中的凸、凹形状相反;因此,需进行电极结构尺寸设计与精密加工。故工具电极的制造与模具凸凹模制造具有同样的工艺性质,同等的难度。

为简化电极制造工艺,降低成本,采取多种结构形式以简化工艺,减少加工量。如前面说的组合电极、分解式电极、镶拼式电极等。另外,还有专为加工成形孔用的加长凸模。其一是按电极长度要求, 将凸模加长, 共同进行型孔的加工。完成之后,切去电极部分;其二是当电极材料为铸铁或铜时,则可与合金钢的凸模精坯采用环氧树脂或聚乙烯醇缩醛胶粘结。当粘结面积小不易粘牢时,为了防止磨削过程中脱落,可采用锡焊的方法将电极材料和凸模连接在一起共同进行精密成形磨削,当型孔完成加工后,再将凸模分开,如图 4.41

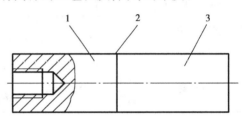

图 4.41 电极与凸模粘结
1—凸模;2—粘结面;3—电极

所示。

加长的电极与阶梯电极一样,其电极部分的有效长度为型孔深度的 $1.2 \sim 2.4$ 倍。电极与凸模的截面尺寸因电加工工艺与火花间隙的不同,有下面 3 种情况:

①当凸、凹模的间隙(Δ)与火花间隙(δ)相等时,则磨削后的电极截面与凸模截面尺寸相同。

②当 $\Delta < \delta$ 时,则电极截面尺寸 < 凸模截面尺寸。可用化学腐蚀法将电极轮廓尺寸缩小到设计尺寸。腐蚀剂的配方及适用范围见表 4.4。

表 4.4 各种腐蚀剂配方及适用范围

腐蚀剂成分 (质量分数) 及使用情况	配 方 种 类						
	1	2	3	4	5	6	7
草酸	—	—	—	—	40 g	—	18%
硫酸	—	—	50%	18%	—	—	2%
硝酸	100%	14%	50%	10%	—	60 ml	—
盐酸	—	—	—	10%	—	30 ml	—

续表

腐蚀剂成分（质量分数）及使用情况	配 方 种 类						
	1	2	3	4	5	6	7
磷酸	—	—	—	5 %		30 ml	
氢氟酸	—	6%	—	2%		—	25%
双氧水	—	—	—	—	40 ml		55%
蒸馏水	—	—	—	—	100 ml		
自来水	—	80 %	—	55 %			
腐蚀速度 /(mm·min^{-1})	0.06	0.01	0.007～0.01	0.007～0.01	0.04～0.07	0.02～0.03	0.08～0.12
腐蚀后表面粗糙度 Ra/μm	1.25～2.5	1.25～2.5	0.63～1.25	0.63～1.25	接近原来的 Ra	0.63～1.25	0.63～1.25
适用对象	纯铜黄铜	T8ACr12	纯铜黄铜	钢、铸铁、铜	钢、铸铁、铜	工具钢合金钢	工具钢

③当 $\Delta > \delta$ 时，则电极轮廓尺寸＞凸模轮廓尺寸，可用电镀法增加其轮廓尺寸。当单边增加的尺寸＜0.05 mm 时，可用镀铜；当单边增加的尺寸＞0.05 mm 时，可用镀锌，使其达到尺寸要求。

就电极材料而言，为了提高型腔模的加工精度，首先是寻找耐蚀性高的的电极材料，如纯铜、铜钨合金、银钨合金以及石墨电极等。由于铜钨合金和银钨合金的成本高，机械加工比较困难，故采用得较少，常用的为纯铜和石墨，这两种材料的共同特点是在宽脉冲粗加工时都能实现低损耗。

纯铜电极主要采用机械加工方法，还可采用线切割、电铸、挤压成形和放电成形，并辅之以钳工修光。线切割法特别适用于异形截面或薄片电极；对型腔形状复杂、图案精细的纯铜电极也可以用电铸的方法制造；挤压成形和放电成形加工工艺比较复杂，适用于同品种大批量电极的制造。并且它不容易产生电弧，在较困难的条件下也能稳定加工。精加工比石墨电极损耗小。

石墨材料的机械加工性能好（比纯铜好），机械加工后修整、抛光都很容易。因此，目前主要采用机械加工法。因加工石墨时粉尘较多，最好采用湿式加工（先将石墨在机油中浸泡），同时，也可采用数控切削、振动加工成形以及等离子喷涂等新工艺。但它容易产生电弧烧伤现象，精加工时电极损耗大，表面粗糙度比铜差些。另外，当石墨坯料尺寸不够时，可在固定端采用钢板螺栓联接或用环氧树脂、聚氯乙烯醋酸液等粘结，制造成拼块电极。拼块要用同一牌号的石墨材料，要注意在石墨烧结制作时形成的纤维组织方向，避免不合理拼合（图4.42）引起电极的不均匀损耗，降低加工质量。

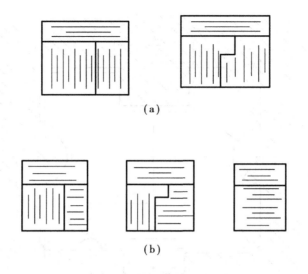

图 4.42 石墨纤维方向及拼块组合
(a)合理拼法 (b)不合理拼法

练习与思考题

4.1 简述电火花加工的原理。

4.2 电火花成形加工要具备哪些条件?

4.3 影响电火花加工的速度和精度的因素有哪些? 是怎样影响的?

4.4 简述平动头的工作原理及作用。

4.5 在型腔、型孔加工时,如何进行电规准的选择与转换?

4.6 石墨电极和纯铜电极各有何优缺点?

4.7 如图 4.43 所示型腔,试设计其电火花成形所需的电极尺寸,并选择电极材料。

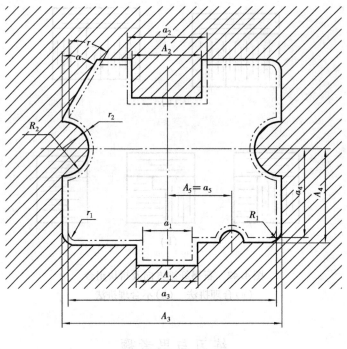

图 4.43

第**5**章

电火花线切割加工

电火花线切割加工(Wire Cut EDM,WEDM)是在电火花基础上于 20 世纪 50 年代末最早在苏联发展起来的一种新型的工艺形式,也是利用电腐蚀来加工金属的,但其加工方式与电火花成形加工不同,电火花成形加工模具型孔,离不开成形电极,当被加工的模具零件精密细小,形状复杂时,不仅电极的制作难度大,而且穿孔加工的效率也很低。而电火花线切割加工能弥补电火花成形加工的不足,不用成形电极就能实现微细加工,而且比电火花成形机床操作更方便,效率更高。电火花线切割加工机床配有电子计算机做数字程序控制,能按加工要求,自动切割任意角度的直线和圆弧。主要用于切割淬火钢、硬质合金等特殊材料,加工一般金属切割机床难以正常加工的细缝、槽或形状复杂的零件,在模具行业中应用非常广泛。

5.1 电火花线切割加工原理、特点及应用范围

5.1.1 电火花线切割加工的原理

电火花线切割加工的基本原理(图 5.1)是利用移动的细金属(铜、钼或各种合金等)线或各种镀层金属线作电极代替电火花穿孔的成形电极,在线电极和工件之间加上脉冲电压,工件接脉冲电源的正极,电极丝接负极,同时在线电极和工件之间浇注矿物油、乳化液或去离子水等工作液,利用工作台带动工件相对电极丝沿预定方向移动,电极对工件进行脉冲火花放电、温度高达 10 000 ℃以上,将金属蚀除(熔化和气化)。在加工中,电蚀产物由循环流动的工作液带走;电极丝以一定的速度运动(称为走丝运动),其目的是减小电极损耗,且不被火花放电烧断,同时利于电蚀产物的排出。

根据电极丝的运行速度,电火花线切割机床通常分为两大类:高速走丝电火花线切割机床(WEDM-HS),电极丝高速往复运动,一般走丝速度为 8～10 m/s,这是我国独创和生产使用的主要机型;低速走丝电火花线切割机床(WEDM-LS),电极丝低速单向运动,速度一般低于0.2 m/s,是国外生产和使用的主要机型。

按照电极丝和工件相对运动的方式不同有:靠模仿形控制、光电跟踪控制和数字程序控制3 种类型。目前,应用最广泛的是数控电火花线切割加工。数控电火花线切割加工主要用于

冲模、挤压模、塑料模、电火花型腔模用的电极加工等。

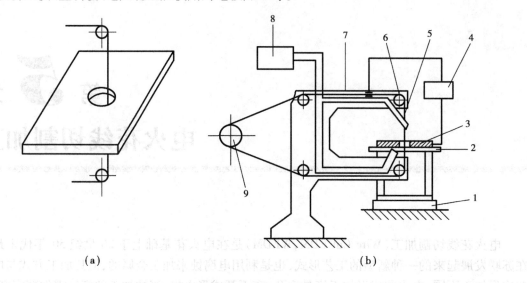

图 5.1　电火花线切割加工的原理图
（a）切割图形　（b）加工原理图

5.1.2　电火花线切割加工的特点

电火花线切割加工过程的工艺和机理,与电火花穿孔成形加工相比既有共性,又有特性。

(1)共性

①线切割加工的原理、生产率、表面粗糙度等工艺规律,材料的可加工性等与电火花加工的基本相似,可以加工硬质合金等一切导电材料。

②线切割加工的电压、电流波形与电火花加工的基本相似。

(2)特性

①采用线材做电极省掉了成形的工具电极,大大降低了成形工具电极的设计和制造费用,缩短了生产准备时间及模具加工周期。利于新产品的试制。

②能用很细的电极丝(直径 $\phi0.025 \sim \phi0.3$ mm)加工微细异形孔,窄缝和复杂形状的工件。实际金属去除量很少,材料的利用率很高,而且适合加工细小零件。

③由于采用移动的长金属丝进行加工,单位长度的金属丝损耗小,对加工精度的影响可以忽略不计,加工精度高。当重复使用的金属丝有显著损耗时,可以更换。

④一般使用水质或水基工作液,避免发生火灾,安全可靠。

⑤对于粗、中、精加工,只需调整电参数即可,自动化程度高,操作使用方便,易于实现微机控制。

⑥由于电极是直径较小的细丝,故脉冲宽度、平均电流等不能太大,加工工艺参数范围较小,属中、精正极性电火花加工。

⑦当零件无法从周边切入时,工件上需钻穿丝孔。

电火花切割的缺点是不能加工盲孔及纵向阶梯表面。

5.1.3　电火花线切割加工的应用范围

（1）加工模具

适用于各种形状的冲模。调整不同的间隙补偿量，只需一次编程就可以切割凸模、凸模固定板、凹模及卸料板等。还可以用于加工挤压模、粉末冶金模、弯曲模、塑料模等通常带锥度的模具。

（2）加工电火花成形加工用的电极

一般穿孔加工用的电极以及带锥度型腔加工用的电极，以及铜钨、银钨合金之类的电极材料，也适用于加工微细复杂形状的电极。

（3）加工零件

试制新产品时，直接用线切割在坯料上切割零件，不需要另行制造模具，大大缩短了生产周期、降低了成本。另外修改设计、变更加工程序比较方便，多片薄件零件加工可叠加在一起加工。适用于加工品种多、数量少的零件，特殊难加工的零件，材料试验样件，各种型孔、特殊齿轮凸轮、样板、成形刀具；同时还可进行微细加工，异形槽和标准缺陷的加工等。

5.2　电火花线切割加工设备

数控电火花切割加工机床由脉冲电源、机床本体、工作液循环系统和数字程序控制系统4大部分组成。如图5.2所示。

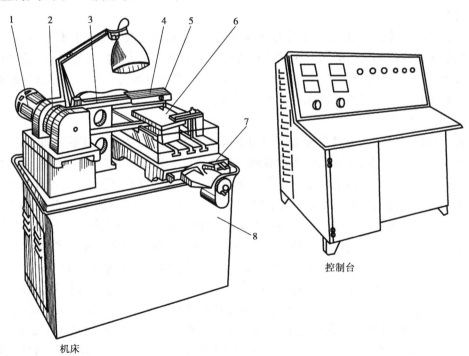

机床　　　　　　　　　　　　　　　　控制台

图 5.2　数控电火花线切割加工机床

1—电动机；2—储丝筒；3—钼丝；4—丝架；5—导轮；6—工件；7—十字托板；8—床身

5.2.1　脉冲电源

电火花切割加工和电火花成形加工一样,都是利用火花放电对金属工件进行电腐蚀加工的。因此,加在电极丝和工件间隙上的电压必须是脉冲电压,否则,放电将成为连续的电弧,加工过程将变成电弧焊接或切割,达不到尺寸加工的目的。在电火花切割加工中,蚀除量较少,而且一般都用精规准一次切割成形,加工中不必考虑电极丝的损耗,因此,要求脉冲电源能保证较高的加工速度,较高的加工质量和电极丝允许的承载电流限制等因素。目前,电火花切割加工机床的脉冲电源采用高频脉冲电源,其功率较小,脉冲宽度窄(2～60 μs),单个脉冲能量、平均电流(1～5 A)一般较小,频率较高,峰值电流较大。因此,线切割加工总是采用正极性加工。脉冲电源的形式很多,如晶体管矩形波脉冲电源、高频分组脉冲电源、并联电容型脉冲电源和低损耗电源等。电火花切割加工机床的高频脉冲电源主要是晶体管脉冲电源,利用晶体管作开关元件控制 RC 电路进行精微加工,一般电源的电规准设有粗、中、精 3 种以满足不同加工要求。脉冲宽度为 2～50 μs,脉冲间隙为 10～200 μs,峰值电流为 4～40 A,加工电流为 0.2～7 A,开路电压为 80～100 V。这其中,粗规准一般采用较大的峰值电流、较长的脉冲宽度(20～60 μs);中规准采用的脉冲宽度一般为 6～20 μs;精规准采用小的峰值电流、高频率和短的脉冲宽度(2～6 μs)。

5.2.2　机床本体

机床本体由床身、坐标工作台、走丝机构、丝架、工作液箱、附件和夹具等部分组成。

(1)床身

床身是机床本体的基础,支撑和安装坐标工作台、绕丝机构及丝架。它有足够的强度和刚度。一般电火花线切割机床的床身为铸造箱式结构和焊接箱式结构,精密电火花线切割机床有采用大理石结构的。床身内部安置电源和工作液箱,考虑电源的发热和工作液泵的振动,也有机床将电源和工作液箱搬移出床身外另行安置。

(2)坐标工作台

电火花线切割机床是通过坐标工作台与电极丝的相对运动来完成对零件加工的。为保证机床精度,对导轨的精度、刚度和耐磨性有较高的要求。一般都采用"＋"字滑板、滚动导轨和丝杆传动副将电动机的旋转运动变为工作台的直线运动,通过两个坐标方向各自的进给移动,可合成获得各种平面图形曲线轨迹。如图 5.3 所示,"＋"字滑板分为上拖板、中拖板和下拖板。下拖板固定在床身上,中拖板可作横向移动,上拖板则可作纵向移动。上拖板与中拖板,中拖板与下拖板之间均采用滚动导轨。上拖板的上面用来装夹被加工的工件,线切割加工时通过拖板在 XY 方向的移动来实现工件的进给运动,而拖板在互相垂直的两个方向的运动是由两只步进电动机分别带动的。步进电动机是一种特殊的电动机,它可以控制,或随时正转或反转。控制台每发出一个进给信号,步进电动机就能精确的走一步,一般电火花切割机床控制器每发一个进给脉冲信号,工作台就能移动 1 μm,则称该机床的脉冲当量为 1 μm/脉冲。由于工作台的移动精度直接影响工件的加工质量,因此,对工作台的丝杆、螺母、导轨等都有较高的精度要求,工作台用滚动导轨副,运动灵活,轻巧。为了保证工作台的定位精度和灵敏度,传动丝杆和螺母之间必须消除间隙。

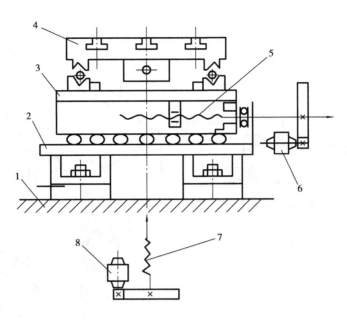

图 5.3　坐标工作台

1—床身;2—下托板;3—中托板;4—上托板;5,7—丝杆;6,8—步进电动机

工作台的上、中拖板移动的控制方式有开环式、闭环式和半闭环式 3 种,一般电火花线切割机床为开环式控制,机床没有反馈系统,机床结构简单,成本低,移动误差不能消除,加工精度低。闭环式控制通过检测器检测出误差后反馈到控制系统,再发出反馈指令给步进电动机进行补偿,使加工精度提高。目前,精密电火花线切割机床多采用闭环式控制,半闭环式为闭环式的简要方式,步进电动机以外的误差无法检测补偿。

(3)走丝机构

走丝机构的作用是使电极丝以一定速度连续不断地通过工件加工放电区。

1)高速走丝　高速走丝结构如图 5.4(a)所示。

快速走丝速度一般在 10 m/s 左右,快速走丝结构的电极丝材料采用耐电蚀性较好的钼丝作线电极。由电动机通过弹性联轴器与储丝筒主轴连接,带动主丝轴往复旋转运动,为了使电极丝整齐排列,储丝筒在旋转运动的同时,作轴向运动,轴向移距应大于电极丝直径,当储丝筒转动供丝端电极丝终端时立即反向转动,使供丝端成为收丝端,电极丝反向移动。快速走丝能较好地将电蚀屑排除加工区,并使加工液较充分地带入加工区,有利于改善加工质量和加工速度。但快速走丝能够造成电极丝抖动和反向停顿,在反向停顿时,放电和进给必须停止,待电极丝的走丝速度正常后才能恢复,否则会造成电极丝与工件短路,严重时会出现断丝现象。这种周期性变化,使得加工表面出项凹凸不平的斑马形条纹,加工表面质量下降。

2)低速走丝　低速走丝结构如图 5.4(b)所示。

低速走丝速度在 0.2 m/s 以下。电极丝多采用成卷黄铜丝或镀锌黄铜丝,工作时单向运行,经放电加工后不再使用,用过的电极丝集中到卷丝筒或送到专门的收集器中。电极丝的张力可以通过走丝路径中的机械式或电磁式张力机构调节。电极丝工作平稳,均匀,抖动小,加工质量较好,但加工速度低。为实现断丝时能自动停车并报警,走丝系统中通常还装有断丝检测微动开关。

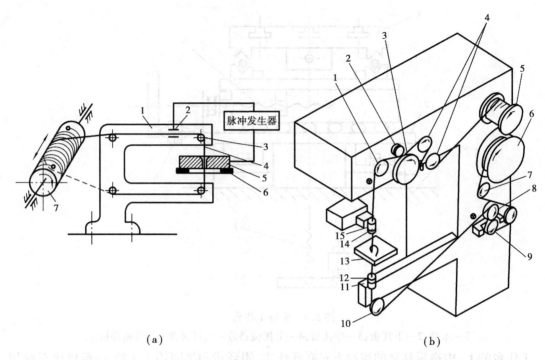

图 5.4 走丝机构
(a)快速走丝机构
1—丝架;2—导电器;3—导轮;4—电极丝;5—工件;6—工作台;7—储丝筒
(b)慢速走丝机构
1,4,10—滑轮;2,9—压紧轮;3—制动轮;5—供丝卷筒;6—卷丝筒;7—导向轮;
8—卷丝滚轮;11,15—导电器;12,13—金铜石导向器;14—工件

为减轻电极丝的振动,通常在工件的上下采用导向器,其附近装有引电部分,工作液一般通过引电区和导向器再进入加工区,可使全部电极丝的通电部分都能冷却。

(4)锥度切割装置

为了切割有锥度的内外表面,有些切割机床有锥度切割功能。实现锥度切割的方法较多,这里只介绍两种:

1)偏移式丝架

主要用于高速走丝线切割机床上实现锥度切割,其工作原理如图 5.5 所示。图(a)为上(或下)丝臂平动,上(或下)丝臂沿 X,Y 方向平移,此法锥度不宜过大,否则钼丝易拉断,导轮易磨损,工件上有一定的加工圆角。图(b)为上、下丝臂同时绕中心移动的方法,如果模具刃口放在中心"O"上,则加工圆角近似为电极丝半径。此法加工锥度也不宜过大。图(c)为上、下丝臂分别沿导轮径向平动和轴向摆动的方法,此法加工锥度不影响导轮磨损,最大切割锥度可达 5°。

2)双坐标联动装置

在低速走丝切割机床上广泛采用。走丝结构的上、下丝架臂不动,通过电极丝上下导轮在纵横两个方向的偏移,使电极丝倾斜,可以切割各个方向的斜度。电极丝的偏移通过 U,V 轴步进电动机驱动,其运动轨迹和加工轨迹由计算机同时控制,实现 X,Y,U,V 4 轴联动。最大

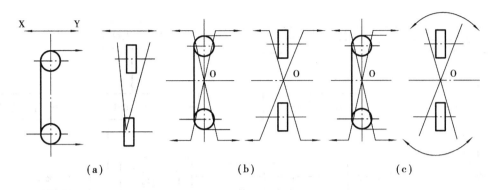

图5.5　偏移式丝架实现锥度加工的方法

倾斜角度为5°,有的甚至可达30°。

5.2.3　工作液循环系统

在线切割加工中,工作液对加工工艺指标的影响很大,如对切割速度、表面粗糙度、加工精度等都有影响。高速走丝时采用的工作液是乳化液,由于高速走丝能自动排除短路现象,因此,可用介电强度较低的乳化油水溶液。低速走丝常用的是去离子水,即将水通过离子交换树脂净化器,驱除水中的离子。采用去离子水做工作液,冷却速度快,流动容易,不易燃,但去离子水电阻率大小对加工性能有一定影响。一般去离子水的电阻率在 1 ~ 10 M 范围内,工作时通过被加工件的材料和厚度调整到最佳状态。去离子水的电阻率大小,通过测量去离子水的微弱电流值即可测定电阻率。

不管哪种工作液都应具有以下性能:

1)具有一定的绝缘性能;

2)具有较好的洗涤性能;

3)具有较好的冷却性能;

4)对环境无污染,对人体无危害。

此外,工作液还应具有配置方便、使用寿命长、乳化充分、冲制后不能油水分离、储存时间较长及不应有沉淀或变质现象等。

电火花线切割加工中,由于切缝很窄,顺利排除电蚀产物是极为重要的问题,因此,工作液的循环与过滤装置是线切割加工必不可少的部分。必须充分连续地向加工区域提供足够的工作液,以顺利及时地排除电蚀物,并对电极丝和工件进行冷却。

5.2.4　数字程序控制系统

电火花线切割加工中,数字程序控制系统的作用是,按照加工要求自动控制电极丝和工件之间的相对运动轨迹和进给速度,完成对工件形状和尺寸的加工。电极丝和工件之间的相对运动轨迹的控制,是根据被加工工件的形状尺寸分解成 XY 平面的直线和圆弧组成的平面几何图形。在进给运动轨迹自动控制的同时,通过放电间隙大小和放电状态,使进给速度和工件蚀除速度相平衡,维持正常的稳定加工,实现进给速度的自动控制。

数字程序控制系统主要由一台专用小型计算机或通用小型计算机构成。数字程序控制系统的工作原理如图 5.6 所示。

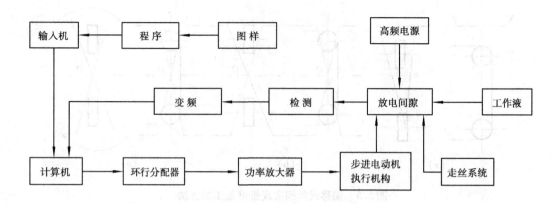

图 5.6　数字程序控制系统工作原理图

5.3　数控线切割编程中的工艺处理

数控加工工艺与普通的机械加工工艺相比有其不同之处,而数控线切割加工工艺与数控车、铣等加工工艺相比又有其自己的特点。因此,在设计零件的切割加工工艺时,必须兼顾数控和线切割两方面的特点和要求。

(1)偏移量 f 的确定

编程时首先要确定电极丝中心运动轨迹与切割轨迹(即所得工件轮廓线,加工凸模类零件如图 5.7(a)所示,加工凹模类零件时如图 5.7(b)所示)之间的偏移量 f,f 为电极丝半径和单边放电间隙之和(图 5.8),即

$$f = \frac{1}{2}d + z$$

式中　d——电极丝直径;

　　　z——单边放电间隙。

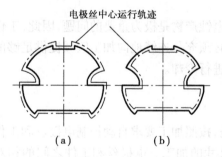

图 5.7　电极丝切割运动轨迹与图样的关系
(a)加工凸模类零件时　(b)加工凹模类零件时

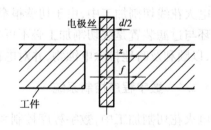

图 5.8　电极丝直径与放电间隙

放电间隙 z 与工件的材料、结构、走丝速度、电极丝的张紧情况、导轮的运行状态、工作液种类、供液状况及清洁程度、加工的脉冲电源电压、脉宽、间隔等情况有关。一般可以根据脉冲参数与放电间隙关系的基本规律估算出放电间隙。采用快速走丝,在加工电压等于 60～80 V

时,$z = 0.01 \sim 0.02$ mm。

偏移量 f 的准确与否,将直接影响工件加工的尺寸精度。对加工精度要求比较高的工件,放电间隙往往需要通过切割一正方形试件后实测得到。

(2)模具材料的选用

线切割加工是在整块模胚热处理淬硬后才进行的,如果采用碳素工具钢(如 T8A,T10A)制造模具,一方面,由于其淬透性很差,线切割加工所得到的凸模或凹模刃口的淬硬层较浅,经过数次修磨后,硬度显著下降,模具的使用寿命就短。另一方面,由于线切割加工时,加工区域的温度很高,又有工作液不断进行冷却,相当于在进行局部热处理淬火,会使切割出来的凸模和凹模产生变形,直接影响工件的加工精度。

为了提高线切割模具的使用寿命和加工精度,应选用淬透性良好的合金工具钢或硬质合金来制造。由于合金工具刚淬火后,块表面层到中心的硬度没有显著降低,因此,切割时不会使凸模或凹模的柱面再产生变形,而且凸模的工作型面和凹模的型孔基本上全部淬硬,刃口可以多次修磨而硬度不会明显下降,故模具的使用寿命较长。常用的合金工具钢有 Cr12,CrWMn,Cr12MoV 等。

(3)残余应力的减小

以线切割加工作为主要工艺时,钢质材料的加工路线是:下料—锻造—退火—机械粗加工—淬火与回火—磨削加工—线切割加工—钳工修整。

上述工艺路线的特点是:工件在加工的全过程中,会出现两次较大的变形。一次是退火后经机械粗加工,材料内部的残余应力会显著增加;另一次是淬硬后线切割去除大面积金属或切断,会使材料的内部残余应力的相对平衡状态受到破坏而产生第二次较大的变形。

例如,对已淬硬的钢胚件进行线切割图5.9,在程序 a—b 的割开过程中,由于材料内部残余着拉应力,发生的变形如点划线所示,使切割完的工件与电极丝轨迹有较大差异。

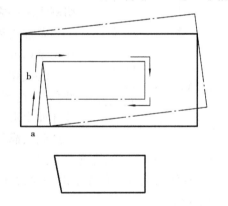

图 5.9　线切割加工后钢件变形情况

如图 5.10 所示的切割孔类工件的变形,在切割矩形孔的过程中,由于材料的内部残余应力,当材料去除后,可能导致矩形孔变为图示点划线的鼓形或虚线所示的鞍形。

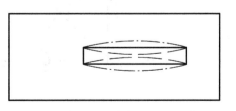

图 5.10　线切割孔类工件的变形

残余应力有时比机床精度等因素对加工精度的影响还严重,可使变形达到宏观可见的程度,甚至在切割过程中材料会炸裂。

为减小残余应力引起的变形,可采取如下措施:

①除选用合适的模具材料外,还应正确选择加工方法和严格执行热处理范围。

②在线切割加工之前,可安排时效处理。

③由于毛坯边缘的内应力比较大,因此,工件轮廓应离开毛坯边缘 8~10 mm。

④切割凸模类外型工件时,若从毛坯边缘加工,则加工存在切口,容易引起加工过程中的变形。因此,应正确选择起始切割位置和加工顺序和起点,例如,在切割热处理性能较差的材料时,若工件取自坯料的边缘处(图5.11(a)),则变形较大;若工件取自坯料的里侧(图5.11(b)),则变形较小。因此,为保证加工精度,必须限制取件位置。

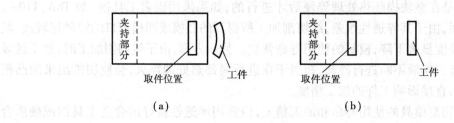

图5.11 取件位置对工件精度的影响

切割路线的走向和起点选择不当,也会严重影响工件的加工精度。如图5.12所示,加工程序引入点为A,起点为a,则切割路线走向可有:(1)和(2)。

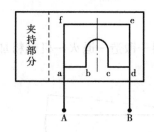

(1)A-a-b-c-d-e-f-a-A
(2)A-a-f-e-d-c-b-a-A

图5.12 切割路线走向及起点对加工精度的影响

如选(2)的路线加工,加工至f点后的工件刚度就很低了,很容易产生变形而破坏加工精度;如选(1)的路线加工,则可在整个加工过程中保持较好的工件刚度,加工变形小。一般情况下,合理的切割路线应是工件与其夹持尺寸分离的切割段安排在总切割程序的末端。

若加工程序引入点为B,起点为d,则不论选哪条路线加工,其切割精度都会受到材料变形的影响。

⑤线切割型孔类工件时,可采用二次切割法。第一次粗切型孔,各边留精切余量0.1~0.5 mm,让材料应力平衡状态受到破坏而变形;在达到新的平衡后,再作第二次精切割加工,这样可达到较满意的效果(图5.13)。如果数控装置有间隙补偿功能,采用二次切割法加工就更为方便。

⑥可在淬火前进行预加工以去除大部分余量,仅留较小的精切余量,待淬硬后,再进行一次精切成形。

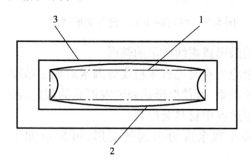

图5.13 二次切割法加工

1—第一次切割的理论图形;2—第一次切割后的实际图形;3—第二次切割的图形

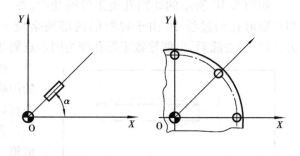

图5.14 工件定位对编程的影响

（4）零件定位方式的确定与夹具选择

1）适当的定位方式　可以简化编程工作。工件在机床工作台上的位置影响工件轮廓线的方位，从而影响各基点坐标的计算过程和结果。如图 5.14 所示的工件，当 α 角为 0°，45°，90°等特殊角值时，各基点的计算就比较简单，也不易出错（对手工编程而言）。

2）夹具对编程的影响　采用合适的夹具，或可以使编程简化，或可用一般编程方法使加工范围扩大。如用固定分度夹具，用同一程序段可以加工零件的多个回转图形（对手工编程而言），这就简化了手工编程工作。又如采用自动回转卡盘，变原来的直角坐标系为极坐标系，可用切斜线的程序，加工出近似的阿基米德螺旋面；还可以用适当的夹具，加工出导轮的沟槽、样板的椭圆线和双曲线等，有效地扩大了线切割机的使用范围。

（5）辅助程序的规划

辅助程序一般有以下几种：

1）引入程序　在线切割加工中，引入点（如图 5.12 所示中之 A 点）通常不能与程序起点（如图 5.12 所示中之 a 点）重合，这就需要一段从引入点切割至程序起点的引入程序。对凹模类封闭工件的加工，引入点必须选在材料实体之内。这就需要在切割前预制工艺孔（即穿丝孔），以便穿丝。对凸模类工件的加工，引入点可以选在材料实体之外，这时就不必预制穿丝孔。但有时也有必要把引入点选在实体之内而预制穿丝孔，这是因为坯件材料在切断时，会在很大程度上破坏材料内部应力的平衡状态，造成工件材料的变形，影响加工精度，严重时甚至造成夹丝、断丝，使切割无法进行。当采用穿丝孔时，可以使工件坯料保持完整，避免可能出现的麻烦，如图 5.15 所示。

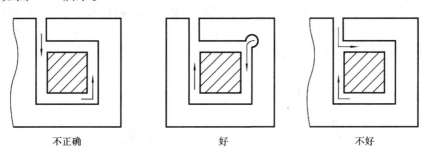

不正确　　　　　　　好　　　　　　　不好

图 5.15　切割凸模时加工穿丝孔与否的比较

为了控制加工过程中的材料变形，应合理选择引入点（穿丝孔位置）和引入程序。例如，对于窄沟加工引入点的选择，如图 5.16 所示，图 5.16（a）容易引起切缝变形和接刀痕迹，容易夹断电极丝；图 5.16（b）的选择比较合理。对于对称加工，多次穿丝切割的工件引入点的位置选择如图 5.17 所示。

此外，引入点应尽量靠近程序的起点，以缩短切割时间。当用穿丝孔作为加工基准时，其位置还必须考虑运算和编程的方便。在锥度切割加工中，引入程序直接影响着钼丝的倾

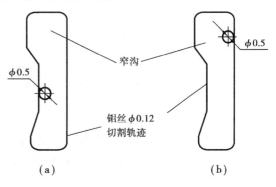

图 5.16　窄沟穿丝孔位置的选择
（a）不正确　（b）正确

141

斜方向,引入点的位置不能定错。

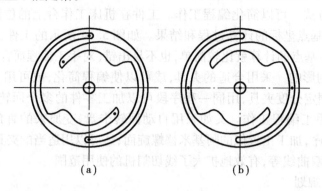

图 5.17　多孔穿丝

(a)不正确　(b)正确

2)切出程序　有时工件轮廓切完之后,电极丝还需沿切入路线反向切出(图 5.18)。这是因为,如果材料的变形使切口闭合,当电极丝切至边缘时,会因材料的变形而卡断电极丝。这时应在切出过程中,增加一段保护电极丝的切出程序(图 5.18 中的 A′—A″)。A′点距工件边缘的距离,应根据变形力的大小而定,一般为 1 mm 左右。A′—A″斜度可取 1/3 ~ 1/4。

3)超切程序和回退程序

电极丝是个柔软体,加工时受放电压力、工作液压力等作用,电极丝工作段会发生挠曲,造成加工区间的钼丝滞后于上、下支点一个距离(图 5.19(a))。这样就会抹去工件轮廓的清角,影响加工质量(图 5.19(b))。为了避免抹去清角,可增加一段超切程序,如图 5.19(b)所示中的 A—A′段,使电极丝切割的最大滞后点到达程序基点 A。然后再辅加以 A′点返回 A 点的回退程序 A′—A。接着再执行原程序,便可割出清角。

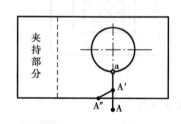

图 5.18　切出程序

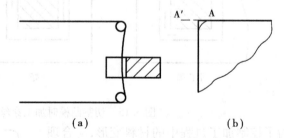

图 5.19　加工时电极丝挠曲及其影响

5.4　电火花线切割加工程序编制

从被加工的零件图到获得机床所需控制介质的全过程,称为数控编程,简称编程或程编。编程方法分手工编程和自动编程。手工编程是线切割工作者的基本功,能比较清楚地了解编程过程并读懂线切割程序。

线切割程序格式有 3B,4B,ISO,ETA 等,使用最多的是 3B 格式,慢走丝多采用 4B 格式,目前也有许多系统直接采用 ISO 代码格式。

5.4.1　3B 程序格式编制

（1）编程方法介绍

3B 代码编程格式是数控电火花线切割机床上最常用的程序格式,在该程序格式中无间隙补偿,但可通过机床的数控装置或一些自动编程软件,自动实现间隙补偿。

其格式为:BXBYBJGZ

其中:

B——分隔符号。

X,Y——直线的终点或圆弧的起点坐标,编程时取绝对坐标。对于平行于 X 或 Y 轴的直线,当 X 或 Y 为零时,X,Y 均可不写。以 μm 为单位。(平面坐标系是这样规定的:面对机床操作台,工作台平面为坐标系平面,左右方向为 X 轴,且右方向为正;前后方向为 Y 轴,前方为正。编程时,采用相对坐标系,即坐标系的原点随程序段的不同而变化。加工直线时,以该直线的起点为坐标系的原点,X,Y 取该直线终点的坐标值,并且 X,Y 可按比例约分,即可以取 X,Y 比值;加工圆弧时,以该圆弧的圆心为坐标系的原点,X,Y 取该圆弧起点的坐标值,坐标值的负号都不写)。

G——计数方向,分 GX 和 GY 两种。一般取此程序最后一步的轴向为计数方向。不管是加工直线还是圆弧,计数方向均按终点的位置来确定。加工直线时,终点靠近何轴,则计数方向取何轴,加工与坐标轴成 45°角的线段时,计数方向取 X 轴、Y 轴均可,记作 GX 或 GY,加工圆弧时,终点靠近何轴,则计数方向取另一轴,加工圆弧的终点与坐标轴成 45°时,计数方向取 X 轴、Y 轴均可,记作 GX 或 GY。

总之,无论直线或圆弧,若终点坐标为(X,Y),则计数方向可确定如表 5.1 所示。

表 5.1

终点坐标(X,Y)	直　线	圆　弧
$\|X\| > \|Y\|$	GX	GY
$\|Y\| > \|X\|$	GY	GX
$\|X\| = \|Y\|$	GX 或 GY	GX 或 GY

J——计数长度,单位 μm。计数长度是在计数方向的基础上确定的。对于直线而言,计数长度是被加工的直线在计数方向上的坐标绝对值;对于圆弧而言,计数长度是被加工的圆弧各段在计数方向坐标轴上投影的绝对值总和。

Z——加工指令,分直线和圆弧两类。直线按走向和终点所在象限分为 L_1,L_2,L_3,L_4 4 种;圆弧按第一步进入的象限及走向的顺、逆圆分为加工顺时针圆弧时的 4 种加工指令 SR_1,SR_2,SR_3,SR_4 及加工逆时针圆弧时的 4 种加工指令 NR_1,NR_2,NR_3,NR_4 共 8 种,如图 5.20 所示。

有的系统要求整个程序的最后,应有停机符"MJ",表示程序结束(加工完毕)。

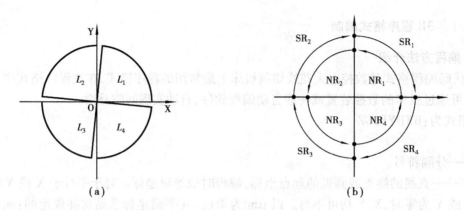

图 5.20　加工指令的确定范围
（a）加工直线时的指令范围　（b）加工圆弧时的指令范围

（2）编程实例

图中单位为 mm，程序中的单位为 μm。

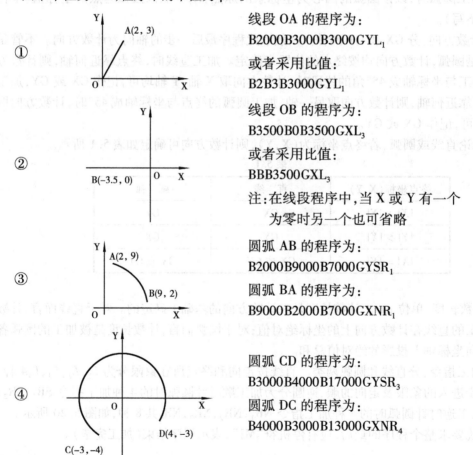

① 线段 OA 的程序为：
B2000B3000B3000GYL$_1$
或者采用比值：
B2B3B3000GYL$_1$

② 线段 OB 的程序为：
B3500B0B3500GXL$_3$
或者采用比值：
BBB3500GXL$_3$
注：在线段程序中，当 X 或 Y 有一个
　　为零时另一个也可省略

③ 圆弧 AB 的程序为：
B2000B9000B7000GYSR$_1$
圆弧 BA 的程序为：
B9000B2000B7000GXNR$_1$

④ 圆弧 CD 的程序为：
B3000B4000B17000GYSR$_3$
圆弧 DC 的程序为：
B4000B3000B13000GXNR$_4$

如图 5.21 所示切割轨迹，试编写其程序。该图形由 3 条直线和 1 条圆弧组成，可分 4 段
编制程序。

①直线 AB 段：BBB40000GXL₁

②斜直线 BC 段：坐标原点取在 B 点，终点 C 的坐标值经简单的计算后为 X = 10000，Y = 90000，故程序为 B1B9B90000 GYL₁

③圆弧 CD 段：坐标原点应取在圆心，这时圆弧起点 C 的坐标为 X = 30000，Y = 40000，故程序为 B30000B40000B60000 GXNR₁

④斜直线 DA 段：坐标原点应取在 D 点，终点 A 的坐标为 X = 10000，Y = –90000，故程序为 B1B9B90000GYL₄

（3）间隙补偿问题

在实际加工中，电火花线切割数控机床是通过控制电极丝的中心轨迹来加工的，图 5.22 中电极丝中心轨迹用虚线表示。在数控线切割机床上，电极丝的中心轨迹和图纸上工件轮廓之间差别的补偿称为间隙补偿，分编程补偿和自动补偿。

1）编程补偿法

加工凸模时，电极丝中心轨迹应在所加工图形的外面；加工凹模时，电极丝中心轨迹应在图形的里面。所加工工件图形与电极丝中心轨迹间的距离，在圆弧的半径方向和线段垂直方向都等于间隙补偿量 f。

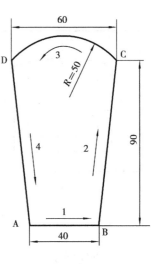

图 5.21　编程图形

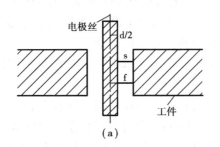 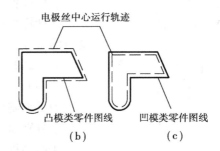

图 5.22　电极丝中心轨迹

（a）电极丝直径与放电间隙　（b）加工凸模类零件时　（c）加工凹模类零件时

间隙补偿量的算法：按选定的电极丝半径 r，放电间隙 δ 和凸、凹模的单面配合间隙（Z/2）计算电极丝中心的补偿距离 ΔR。若凸模和凹模型的基本尺寸相同，要求按孔型配作凸模，并保持单向间隙值 Z/2，则加工凹模型孔时，电极丝中心轨迹应在要求加工图形的里面，即内偏 $\Delta R_1 = r + \delta$ 作为补偿距离，如图 5.23（a）所示。加工凸模时，电极丝中心轨迹应在要求加工图形的外面，即外偏 $\Delta R_2 = r + \delta - Z/2$ 作为补偿距离，如图 5.23（b）所示。

间隙补偿量的编程实例：编制加工如图 5.24 所示零件的凹模和凸模程序，其双面配合间隙为 0.02 mm，采用 φ0.13 mm 的钼丝，单面放电间隙为 0.01 mm。

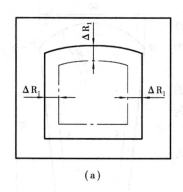
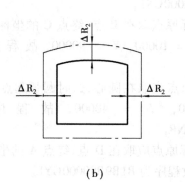
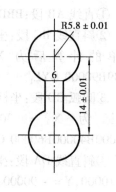

图 5.23　电极丝中心轨迹　　　　　　　　　图 5.24　零件图
(a)凹模　(b)凸模

2)编制凹模程序

①确定计算坐标系。取图形的对称轴为直角坐标系的 x,y 轴(见图 5.25)。由于图形的对称性,只要计算一个象限的坐标点,其余象限的坐标点都可以根据对称关系直接得到。

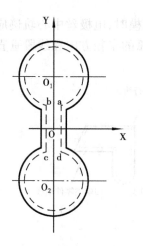

图 5.25　凹模钼丝中心坐标

②确定补偿距离 ΔR。根据钼丝直径和放电间隙,确定补偿距离为

$$\Delta R = r + \delta = (0.5 \times 130 + 10)\ \mu m = 75\ \mu m$$

③计算各点坐标。显然圆心 O_1 的坐标为(0,7000)。

在计算坐标系中,a 点坐标为(2925,2079),其余象限中各交点的坐标,均可根据对称关系直接得到:

b(-2927,2079),c(-2925, -2079),d(2925, -2079)

圆心 O_2 坐标为(0, -7000)

为了编制程序,还要计算各点在切割坐标系中的坐标(切割坐标系分别以 O_1,O_2 等为原点,是计算坐标系平移而成)。

④编制程序。若凹模的预钻孔在中心点 O 上,钼丝中心的切割顺序是直线 Oa—圆弧 ab—直线 bc—圆弧 cd—直线 da,则切割程序见表 5.2。其中,圆弧 ab 的终点是 b,且有 $|X_{bO_1}| <$
$|Y_{bO_1}|$,因此计数方向为 GX,计数长度则应取各段圆弧在 x 方向上的投影之和,即

$$J = 5725 \times 2 + 2 \times (5725 - 2925) = 11450 + 5600 = 17050$$

表 5.2　凹模程序

序　号	线　段	B	X	B	Y	B	J	G	Z
1	直线 Oa	B	2925	B	2079	B	2925	GX	L_1
2	圆弧 ab	B	2925	B	4921	B	17050	GX	NR_4
3	直线 bc	B		B		B	4158	GY	L_4
4	圆弧 cd	B	2925	B	4921	B	17050	GX	NR_2
5	直线 da	B		B		B	4158	GY	L_2
6									D

3）编制凸模程序

①确定坐标系（同凹模，见图 5.26）。

②确定补偿距离 ΔR

$$\Delta R = r + \delta - \frac{Z}{2} = (65 + 10 - 10) = 65 \ \mu m$$

即切割凸模时的钼丝中心轨迹相对凹模的型孔尺寸（中间尺寸）外偏 65 μm。

③求各点坐标。在以 O 为原点的计算坐标系中有 O_1（0,7000），O_2（0,−7000），计算得 a（3065,2000），同理有 b（−3065,2000），c（−3065,−2000），d（3065,−2000）。

A 点在以 O_1 为原点的坐标系中有：

$$\begin{cases} X_{aO_1} = 3065 \\ Y_{aO_1} = 2000 - 7000 = -5000 \end{cases}$$

同理有

$$\begin{cases} X_{bO_1} = -3065 \\ Y_{bO_1} = -5000 \end{cases}$$

c 在以 O_2 为原点的切割坐标系中有

$$\begin{cases} X_{cO_2} = -3065 \\ Y_{cO_2} = 5000 \end{cases}$$

同理有

$$\begin{cases} X_{dO_2} = -3065 \\ Y_{dO_2} = 5000 \end{cases}$$

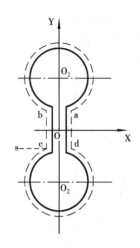

图 5.26　凸模钼丝中心坐标

④编制程序。加工凸模时由外面的 s 点切进去,若沿 X 轴正向切割进去 5 mm 以后,即从 c 点开始正式沿 sc 直线—cd 圆弧—da 直线—ab 圆弧—bc 直线—cs 直线切割凸模,并最后也从 c 点沿 X 轴负向退出 5 mm,回到起始点,则编制的程序见表 5.3。

表 5.3　凸模程序

序　号	线　段	B	X	B	Y	B	J	G	Z
1	直线 sc	B		B		B	5000	GX	L_1
2	圆弧 cd	B	3065	B	5000	B	17330	GX	NR_2
3	直线 da	B		B		B	4000	GY	L_2
4	圆弧 ab	B	3065		5000	B	17330	GX	NR_4
5	直线 bc	B		B		B	4000	GY	L_4
6	直线 cs	B		B		B	5000	GX	L_3
7									D

4）自动补偿法

加工前,将间隙补偿量,单独输入到机床的数控装置。编程时,按图样的名义尺寸编制线切割程序,间隙补偿量 ΔR 不在程序段尺寸中,图形上所有非光滑连接处应加过渡圆弧修饰,使图形中不出现尖角,过渡圆弧的半径必须大于补偿量。这样在加工时,数控装置能自动将过渡圆弧处增大或减小一个 ΔR 的距离实行补偿,而直线段保持不变。

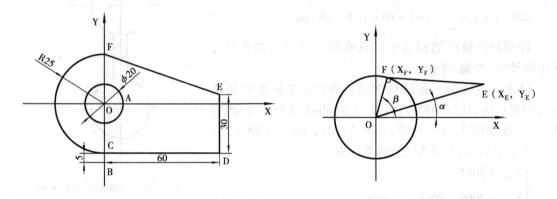

图 5.27　凸、凹模　　　　　　　　　　图 5.28　F 点坐标(X_F,Y_F)

实例:编制图 5.27 中凸、凹模(图中尺寸为计算后的平均尺寸)的电火花线切割加工程序。电极丝直径为 0.18 mm,单边放电间隙为 0.01 mm。

①建立坐标系,确定穿丝孔位置切割凸凹模时,不仅要切割外表面还要切割内表面,因此,加工顺序应先内后外,选取 φ20 的圆心 O 为穿丝孔的位置,选取 B 点为凸模穿丝孔的位置。

②确定间隙补偿量

$$\Delta R = \left(\frac{0.18}{2} + 0.01\right) = 0.10 \text{ mm}$$

③计算交点坐标将图形分成单一的直线段或圆弧,求 F 点的坐标值。F 点是直线段 FE 与圆的切点,其坐标值可通过图 5.28 求得:

$$\alpha = \arctan\frac{5}{60} = 4°46'$$

$$\beta = \alpha + \arccos\frac{R}{\sqrt{X_E^2 + Y_E^2}} = \alpha + \arccos\frac{25}{\sqrt{60^2 + 5^2}} = 70°14'$$

$$X_F = R\cos\beta = 8.4561 \text{ mm}$$

$$Y_F = R\sin\beta = 23.5255 \text{ mm}$$

其余交点坐标可直接由图形尺寸得到。

④编写程序。采用自动补偿时,图形中直线段 OA 和 BC 为引入线段,需减去间隙补偿量 0.10 mm。其余线段和圆弧不需考虑间隙补偿。切割时,由数控装置根据补偿特征自动进行补偿,但在 D 点和 E 点需加过渡圆弧,取 R = 0.15 mm。

加工顺序为:先切割内孔,然后空走到外形 B 处,再按 B—C—D—E—F—C 的顺序切割,其加工程序清单见表 5.4。

表 5.4 凸凹模加工程序清单

序 号	B	X	B	Y	B	J	G	Z	备 注
1	B		B		B	9900	GX	L_1	穿丝切割,OA 段引入程序段
2	B	10000	B		B	40000	GY	NR_1	内孔加工
3	B		B		B	9900	GX	L_3	AO 段
4								D	拆卸钼丝
5	B		B		B	30000	GY	L_4	空走
6								D	重新装丝
7	B		B		B	4900	GY	L_2	BC 段
8	B	59850	B	0	B	59850	GX	L_1	CD 段
9	B	0	B	150	B	150	GY	NR_4	D 点过渡圆弧
10	B	0	B	29745	B	29745	GY	L_2	DE 段
11	B	150	B	0	B	150	GX	NR_1	E 点过渡圆弧
12	B	51445	B	18491	B	51445	GX	L_2	EF 段
13	B	8456	B	23526	B	58456	GX	NR_1	FC 圆弧
14	B		B		B	4900	GY	L_4	CB 弧引出程序段
15								D	加工结束

5.4.2 4B 程序格式编制

(1)编程方法

3B 格式的数控系统没有间隙补偿功能,必须按电极丝中心轨迹编程,当零件复杂时编程工作量很大。为了减少编程工作量,近年来广泛采用了带有间隙自动补偿功能的数控系统。4B 程序格式是在 3B 格式的基础上发展起来的带有间隙补偿的程序,这种格式按工件轮廓编程,数控系统使电极丝相对工件轮廓自动实现间隙补偿。

由于 4B 格式数控系统是根据圆弧的凸、凹性以及所加工的是凸模还是凹模实现间隙补偿的,因此,程序格式中增加一个 R 和 D(或 DD)而成为 4B 型程序格式。在加工凸模时,当调整补偿距离后使圆弧半径增大的称为凸圆弧;当调整补偿距离后使圆弧半径减小的称为凹圆弧。加工凹模则相反。

4B 格式按工件的轮廓线编程,补偿距离 ΔR 是单独输入数控系统的,加工凸模或凹模也是通过控制面板上的凸、凹开关的位置来确定的。这种格式不能处理尖角的自动间隙补偿,因此,尖角处一般取 R=0.1 mm 的过度圆弧来编程。

4B 程序格式为:

BXBYBJBRGD(或 DD)Z

其字母含义和 3B 格式一样,只不过 4B 程序格式多了两项程序字:

①圆弧半径 R。R 通常是图形尺寸已知的圆弧半径,若加工图形中出现尖角时,取圆弧半

径 R 大于间隙补偿量 f 的圆弧过渡。

②曲线形式 D 或 DD。凸圆弧用 D 表示,凹圆弧用 DD 表示。

与 3B 程序格式相比,4B 格式程序有间隙补偿,使加工工具有很大灵活性。其补偿过程是通过数控装置偏移计算完成的。在补偿过程中:把圆弧半径减小,称为负补偿。如图 5.29 所示中,当输入凸圆弧 DE 加工程序以后(程序中填入 D),机床能自动把它变成 D′E′程序(正补偿)或变为 D″E″的程序(负补偿)。补偿过程中直线段尺寸不变,只要改变图形中的圆弧段加工程序,就可得到不同尺寸零件 D′E′F′G′H′I′ 和 D″E″F″G″H″I″。

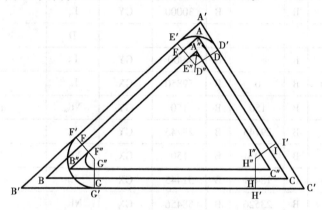

图 5.29　间隙补偿示意图

4B 程序格式可满足模具零件的一些配合要求,在同一加工程序的基础上能完成凸模、凹模、卸料板等加工。

(2)间隙补偿程序的引入、引出程序段

利用间隙补偿功能,可以用特殊的编程方式来编制不加过渡圆弧的引入、引出程序段。若图形的第一条加工程序加工的是斜线,引入程序段指定的引入线段必须与该斜线垂直;若是圆弧,引入程序段指定的引入线段应沿圆弧的径向进行(如图 5.30 所示的引入线段 OA)。数控装置将引入、引出程序段的计数长度 J 修改为(J—f),这样就能方便地实现引入、引出程序段沿规定方向增加或减少,进行自动补偿。编程时,在引入、引出程序段中可以不考虑偏移量(间隙补偿量 f)。

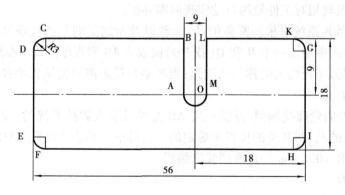

图 5.30　凸模的平均尺寸

(3) 编程实例

如图 5.30 所示为凸模设计图,图中的所有尺寸都为名义尺寸,现要求凹模按凸模配作,保证双边配合间隙 Z = 0.04 mm,试编制凸模和凹模的电火花线切割加工程序(电极丝为 $\phi 0.12$ 的钼丝,单边放电间隙为 0.01 mm)。

①编制凸模加工程序建立坐标系并计算出尺寸后,选取穿丝孔为 O 点,加工顺序为:

O—A—B—C—D—E—F—H—I—G—K—L—M—A—O

确定间隙补偿量:

$$f_{凸} = \left(\frac{0.12}{2} + 0.01 \right) = 0.07 \text{ mm}$$

加工前将间隙补偿量输入数控装置。图形上 B 点、L 点处需加过渡圆弧,其半径应大于间隙补偿量(取 r = 0.1 mm)。

凸模加工程序清单如表 5.5 所示。

表 5.5　凸模加工程序清单(4B 程序格式)

序号	B	X	B	Y	B	J	B	R	G	D(DD)	Z	备　注
1	B		B		B	4500	B		GY		L_3	引入程序
2	B		B		B	8900	B		GY		L_2	
3	B	100	B		B	100	B	100	GX	D	NR_1	过渡圆弧
4	B		B		B	30400	B		GX		L_3	
5	B		B	3000	B	30000	B	3000	GY	D	NR_2	
6	B		B		B	12000	B		GY		LR_4	
7	B	3000	B		B	3000	B	3000	GX	D	NR_3	
8	B		B		B	50000	B		GX		L_1	
9	B		B	3000	B	3000	B	3000	GY	D	NR_4	
10	B		B		B	12000	B		GY		L_2	
11	B	3000	B		B	3000	B	3000	GX	D	NR_1	
12	B		B		B	10400	B		GX		L_3	
13	B		B	100	B	100	B	100	GY	D	NR_2	
14	B		B		B	8900	B		GY		L_4	过渡圆弧
15	B	4500	B		B	9000	B	4500	GY	DD	SR_4	
16	B		B		B	4500	B		GX		L_1	引出程序

②编制凹模加工程序。因4B 程序格式有间隙补偿,因此,凹模加工程序只需修改引入、引出程序段,其他程序段与凸模加工程序相同。

加工凹模时的间隙补偿量为

$$f_{凹} = \left(\frac{0.12}{2} + 0.01 - \frac{0.04}{2} \right) \text{ mm} = 0.05 \text{ mm}$$

5.4.3 ISO 代码数控程序编制

在我国的电火花线切割加工的编程中,目前广泛使用的是 3B,4B 程序格式,为了便于加强交流,按照国际统一规范——ISO 代码现在也悄然兴起,其格式类似于车、铣床。这里就只介绍常用代码,其具体代码含义与车、铣床指令相似,在这里就不做详细介绍。

表 5.6　电火花线切割常用 ISO 代码

代码	功　能	代码	功　能
G00	快速定位	G55	加工坐标系 2
G01	直线插补	G56	加工坐标系 3
G02	顺圆插补	G57	加工坐标系 4
G03	逆圆插补	G58	加工坐标系 5
G05	X 轴镜像	G59	加工坐标系 6
G06	Y 轴镜像	G80	接触感知
G07	X,Y 轴交换	G82	半程移动
G08	X 轴镜像,Y 轴镜像	G84	微弱放电找正
G09	X 轴镜像,X,Y 轴交换	G90	绝对尺寸
G10	Y 轴镜像,X,Y 轴交换	G91	增量尺寸
G11	Y 轴镜像,X 轴镜像,X,Y 轴交换	G92	定起点
G12	消除镜像	M00	程序暂停
G40	取消间隙补偿	M02	程序结束
G41	左偏间隙补偿	M05	接触感知解除
G42	右偏间隙补偿	M96	主程序调用文件程序
G50	消除锥度	M97	主程序调用文件结束
G51	锥度左偏	W	下导轮到工作台面高度
G52	锥度右偏	H	工件厚度
G54	加工坐标系 1	S	工作台面到上导轮高

实例:如图 5.31 所示零件,穿丝孔中心坐标为(5,20),按顺时针切割。编程如下:

1)绝对坐标方式编程

```
%
N01 G92 X5000    Y20000
N02 G01 X5000    Y12500
N03      X – 5000 Y12500
N04      X – 5000 Y32500
N05      X5000    Y32500
N06      X5000    Y27500
```

2)增量坐标方式编程

```
%
N01 G92 X5000    Y20000
N02 G01 X0       Y – 7500
N03      X – 10000 Y0
N04      X0       Y20000
N05      X10000   Y0
N06      X0       Y – 5000
```

N07 G02 X5000　Y12500 I0 J－7500
N08 G01 X5000　Y20000
N09 M02

N07 G02 X0　Y－15000 I0 J－7500
N08 G01 X0　Y7500
N09 M02

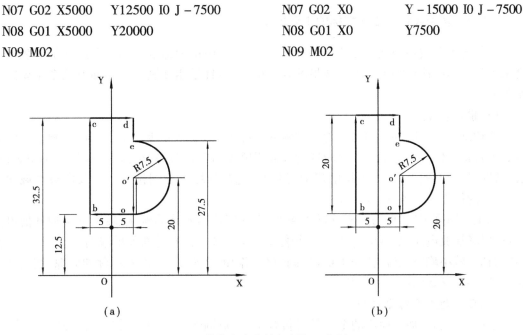

图 5.31　数控电火花线切割加工实例
（a）绝对坐标方式编程　（b）增量坐标方式编程

5.5　电火花线切割模具的结构和工艺特点

采用线切割加工模具时,模具的结构与加工工艺均应考虑线切割加工工艺的特点,才能保证模具的制造精度,提高模具的使用寿命。

5.5.1　线切割模具的结构特点

①采用线切割加工工艺时,凸模和凹模可采用整体式结构。这对提高模具强度、简化模具结构、缩短模具制造周期均有好处。

②线切割加工的凸模为直通型。凸模固定板也可采用线切割加工。为了确保凸模与固定板具有一定的联合强度,凸模与固定板应为过盈配合,过盈量一般为 0.01～0.03 mm;若凸模尺寸较大,可在凸模后部加工螺孔,用螺孔紧固于固定板或垫板上。

③由于一般数控线切割机不带切割锥度的装置,因此,切割出的凹模型孔为直通型。为便于漏料,凹模的刃口厚度应在保证强度的前提下尽量减薄,一般可以在凹模背面铣削加工来减薄凹模的刃口厚度,也可利用电火花在凹模背面穿出漏料斜度。

④线切割模具的凹角和尖角尺寸应符合线切割加工的特点。线切割加工时,由于电极丝半径 r 和放电间隙 δ 的存在,因此,在工件的凹角处不能得到清角,而是半径为 $r+\delta$ 的圆弧。对于形状复杂的精密冲模,在凸、凹模结构设计上应注明凹角的过渡圆弧半径 R,加工凹角时应使 $R \geq r+\delta$;和凹角适配的尖角也应有相对应的圆弧半径。

153

5.5.2 影响线切割工艺指标的主要因素

评价电火花线切割加工工艺效果的好坏，一般是用切割速度、加工精度和加工表面粗糙度来衡量。影响线切割加工工艺效果的因素很多，而且是相互制约。下面就几个主要因素作简单的讨论。

（1）脉冲参数

线切割加工一般都选用晶体管高频脉冲电源等，用单脉冲能量小、脉宽窄、频率高的脉冲参数进行正极性加工。要求获得较低的表面粗糙度值时，选用精电规准，但加工不稳定；要求获得较高的切割速度时，选用粗电规准，但加工电流的增大受到排屑条件及电极丝截面的限制，过大的加工电流容易引起断丝。

加工大厚度工件时，为了改善排屑条件，应选用较高的脉冲电压、较大的脉冲峰值电流和脉宽，以增加放电间隙，帮助排屑和工作液进入加工区。在容易断丝的场合，都应该增大脉冲间隔时间，减小峰值电流，待加工稳定（调节线切割进给速度）后再缩小脉冲间隙，增大加工电流，否则将会导致电极丝的烧断。

（2）电极丝及其移动速度

电火花线切割加工使用的金属丝材料有钼丝、黄铜丝、钨丝和钼钨丝等。对于高速走丝，采用钨丝和钨钼丝加工可以获得较好的加工效果，但放电后丝质变脆：容易断丝一般不采用。黄铜丝切割速度高，加工稳定性好，但抗拉强度低、损耗大，不易用于快速走丝线切割。采用钼丝，加工速度不如前几种，但它抗拉强度高、不易变脆、断丝少，因此，在实际中快速走丝线切割广泛采用钼丝做电极丝，其直径一般选用 $\phi 0.08 \sim 0.2$ mm，对于低速走丝，采用黄铜丝，直径一般选用 $0.12 \sim 0.3$ mm。

走丝速度影响加工速度。走丝速度提高，加工速度也提高。提高走丝速度有利于脉冲结束时放电通道的迅速消电离；同时，高速运动的金属丝将工作液带入厚度较大的工件放电间隙中，有利于电蚀产物的排除和放电加工的稳定。但走丝速度过高，将引起机械振动，易造成断丝。快速走丝线切割机床走丝速度一般采用 $6 \sim 12$ m/s。

（3）进给速度

进给速度要维持接近工件被蚀除的线速度，使进给均匀平稳。进给速度太快，超过工件的蚀除速度，会出现频繁的短路现象；进给速度太慢，滞后于工件的蚀除速度，极间将偏于开路，这两种情况都不利于切割加工，影响加工速度指标。

在数控电火花线切割设备中，进给是由变频电路控制的。放电间隙脉冲电压幅值经分压后作为检测信号，按其大小转变为相应的频率，驱动步进电机进给从而控制进给速度。通过线切割机床控制台的板面开关或计算机相应的菜单按键即可调整变频工作点。如果变频工作点调节不当，出现忽快忽慢的进给现象，加工电流急剧变化。不能稳定加工，不但加工速度低，且易断丝。因此，切割加工时，要将变频电路调整到合理的工作状态。

在电火花线切割中，进给速度对表面粗糙度的影响较大。进给速度过高，间隙偏于短路，实际进给量小，加工表面成褐色，工件的上下端面均有过烧现象。进给速度过低，间隙将时而开路时而短路，加工表面和工件上下端面也出现过烧现象。只有进给速度适宜时，工件蚀除速度与进给速度相匹配，加工丝纹均匀，能得到表面粗糙度值小、精度高的加工效果，生产率也较高。

（4）工件材料及其厚度

在采用快速走丝方式和乳化液介质的情况下,通常切割铜、铝、淬火钢等材料比较稳定,切割速度也较快。而切割不锈钢、磁钢、硬质合金等材料时,加工不太稳定。切割速度较慢。对淬火后低温回火的工件用电火花线切割进行大面积去除金属和切断加工时,会因材料内部残余应力发生变化而产生很大变形,影响加工精度,甚至在切割过程中造成材料突然开裂。

工件材料薄,工作液容易进入并充满放电间隙,对排泄和消电离有利,灭弧条件好,加工稳定。但工件太薄,金属丝易产生抖动,对加工精度和表面粗糙度不利。工件厚、工作液难于进入和充满放电间隙,加工稳定性差,但电极丝不易振动,因此,精度较高、表面粗糙度值较小。

练习与思考题

5.1　试述数控电火花线切割机床的加工原理及工作过程。

5.2　数控电火花线切割机床由哪几部分组成? 各组成部分的主要作用是什么? 如何才能加工出带锥度的零件?

5.3　什么是工件的切割变形现象? 试述工件变形的危害、产生原因以及避免、减少工件变形的主要方法。

5.4　何谓辅助程序? 怎样合理规划辅助程序? 请简单说明预制穿丝孔的必要性及可选择性。

5.5　什么是切割加工编程的偏移量 f? f 的大小与哪些因素有关? 准确确定 f 有何实际意义? 如何确定?

5.6　试述 3B 编程指令与 4B 编程指令的异同点。

5.7　根据图 5.32 给出的钼丝切割轨迹,试用 3B 指令编程。（图中尺寸单位为 mm）

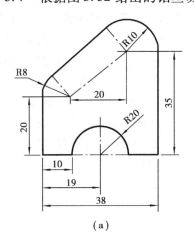

（a）

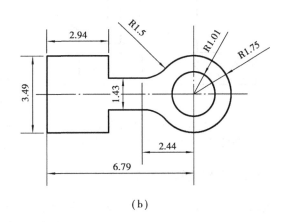

（b）

图 5.32

第**6**章
其他制模加工技术介绍

6.1 型孔的压印锉修加工

压印锉修加工型孔是模具钳工经常采用的一种方法,主要应用非圆形的异型孔加工,以及试制性模具、模具凸模和型孔要求间隙很小甚至无间隙的冲裁模具的制造中。这种方法能加工出和凸模形状一致的凹模型孔,但模具型孔精度受热处理变形的影响大。

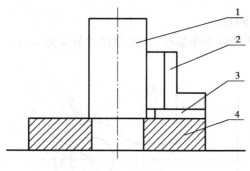

图 6.1 凹模型孔的压印
1—凸模;2—角尺;3—垫块;4—型孔垫板

6.1.1 压印锉修的基本方法

如图 6.1 所示为凹模型孔的压印示意图。它将已加工成形并淬硬的凸模 1 放在凹模型孔 4 处,在凸模上面施加一定的压力,通过压印凸模的挤压与切削作用,在被压印的型孔上产生印痕,由钳工锉去凹模型孔的印痕部分,然后再压印,再锉修,如此反复进行,直到锉修出与凸模形状相同的型孔,用作压印的凸模称压印基准件。也可以用成品凹模型孔为压印基准件来压印加工凸模。

6.1.2 压印锉修前的准备

压印锉修前应对凸模和凹模型孔进行以下准备工作:

1)准备凸模 对凸模进行粗加工、半精加工后进行热处理,使其达到所要求的硬度,然后进行精加工,使其达到要求的尺寸精度和表面粗糙度。将压印刃口用油石磨出 0.1 mm 左右的圆角,以增强压印过程的挤压作用并降低压印表面的微观不平度。

2)准备工具 准备用以找正垂直度和相对位置的工具,如角尺、精密方箱等。

3)选择压印设备 根据压印型孔面积的大小选择合适的压印设备。较小的型孔压印可用手动螺旋式压机,较大的型孔则应用液压机。

4)准备型孔板材 将型孔板材加工至要求的尺寸、形状精度,确定基准面并在型孔位置划出型孔轮廓线。

5)型孔轮廓预加工 主要对型孔内部的材料进行去除。

6.1.3 压印锉修

完成压印锉修准备工作后,即可进行压印锉修型孔的加工,其过程如下:置凹模板和凸模于压机工作台的中心位置,用直角尺找正凸模和凹模型孔板的垂直度,在凸模顶端的顶尖孔中放一个合适的滚珠,以保证压力均匀和垂直,并在凸模刃口处涂以硫酸铜溶液,启动压机慢慢压下,如图 6.2 所示。

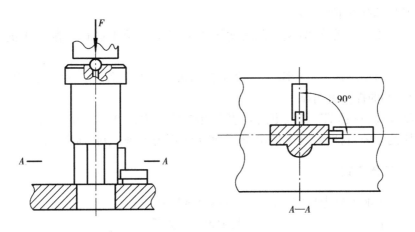

图 6.2 压印过程

第一次压入深度不宜过大,应控制在 0.2 mm 左右。压印结束后取下凹模板,对型孔进行锉修,锉修时不能碰到刚压出的表面。锉削后的余量要均匀,最好使单边余量保持在 0.1 mm 左右,以免下次压印时基准偏斜。经第一次压印锉修后,可重复进行以上过程直到完成型孔的加工。但每次压印都要认真校正基准凸模的垂直度。压印的深度除第一次要浅一些外,以后要逐渐加深。

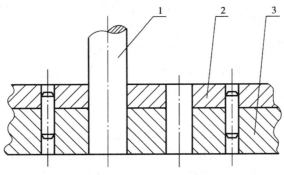

图 6.3 多型孔压印锉修
1—凸模;2—卸料板;3—凹模型板

对于多型孔的凸模固定板、卸料板、凹模型板等,要使各型孔的位置精度一致,可利用压印锉修的方法或其他加工方法加工好其中的一块,然后以这一块作导向,按压印锉修的方法和步骤加工另一块板的型孔,即保证各型孔的相对位置,如图6.3所示。

6.2 型腔的冷挤压加工

冷挤压加工是在常温条件下,将淬硬的工艺凸模压入模坯,使坯料产生塑性变形,以获得与工艺凸模工作表面形状相同的内成形表面。

冷挤压方法适用于加工以有色金属、低碳钢、中碳钢、部分有一定塑性的工具钢为材料的塑料模型腔、压铸模型腔、锻模型腔和粉末冶金压模的型腔。

冷挤压工艺具有以下特点:

1)可以加工形状复杂的型腔。尤其适用于加工某些难于进行切削加工的形状复杂的型腔。

2)挤压过程简单迅速,生产率高,一个工艺凸模可以多次使用。对于多型腔凹模采用这种方法,生产效率的提高更明显。

3)加工精度高(可达IT7级或更高),表面粗糙度小($Ra = 0.32 \mu m$ 左右)。

4)冷挤压的型腔,材料纤维未被切断,金属组织更为紧密,型腔强度高。

6.2.1 冷挤压方式

型腔的冷挤压加工分为封闭式冷挤压和敞开式冷挤压。

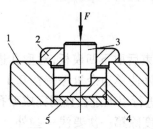

图6.4 封闭冷挤压
1—模套;2—导向套;3—工艺凸模;
4—模坯;5—垫板

(1)封闭式冷挤压

封闭式冷挤压是将坯料放在冷挤压模套内进行挤压加工,如图6.4所示。在将工艺凸模压入坯料的过程中,由于坯料的变形受到模套的限制,金属只能朝着工艺凸模压入的相反方向产生塑性流动,迫使变形金属与工艺凸模紧密贴合,提高了型腔的成形精度。由于金属的塑性变形受到限制,因此需要的挤压力较大。

对精度要求较高、深度较大、坯料体积较小的型腔宜采用这种挤压方式加工。

由于封闭式冷挤压是将工艺凸模和坯料约束在导向套与模套内进行挤压,除使工艺凸模获得良好的导向外,还能防止凸模断裂或坯料开裂飞出。

(2)敞开式冷挤压

挤压时在型腔毛坯外面不加模套,如图6.5所示。这种方式在挤压前,其工艺准备较封闭式冷挤压简单。被挤压金属的塑性流动,不但沿工艺凸模的轴线方向,也沿半径方向(如图中箭头所示)流动。因此,敞开式冷挤压只宜在模坯的端面积与型腔在模坯端面上的投影面积之比较大,及模坯厚度和型腔深度之比较大的情况下采用。否则,坯料将向外胀大或产生很大的翘曲,使型腔的精度降低甚至使坯料开裂

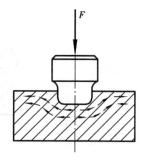

图6.5 敞开式冷挤压

报废。因此,敞开式冷挤压,只用于加工要求不高的浅型腔。

6.2.2　冷挤压力及设备选择

型腔冷挤压所需的力,与冷挤压方式,模坯材料及其性能,挤压时的润滑情况等因素有关,一般都采用下列公式计算

$$F = 10^{-6} pA$$

式中　F——挤压力,F 单位为 N;

p——单位压力,p 单位为 Pa,一般在 $(2 \sim 10) \times 10^7$ Pa;

A——型腔的投影面积,A 单位为 mm^2。

挤压深度与单位挤压力的关系见表 6.1。

表 6.1　挤压深度与单位挤压力的关系

挤压深度 h/mm	单位压力 p/Pa
5	$(1.65HB - 35) \times 10^7$
10	$1.65HB \times 10^7$
15	$(1.65HB + 25) \times 10^7$

注:HB——布氏硬度。

由于型腔冷挤压所需的工作运动简单、行程短,挤压工具和坯料体积小,单位挤压力大,挤压速度低,因此,冷挤压可以采用构造不太复杂的小型专用油压机作为挤压设备。对油压机的要求如下:刚性好,活塞运动时导向准确,工作平稳,能方便地观察挤压情况和反映挤入深度,具有安全防护装置(防止工艺凸模断裂或坯料崩裂时飞出)。

6.2.3　工艺凸模和模套

(1)工艺凸模

工艺凸模在工作时要承受极大的挤压力,其工作表面和流动金属之间作用着极大的摩擦力。因此,工艺凸模应有足够的强度、硬度和耐磨性。在选择工艺凸模的材料及结构时,应充分考虑上述特点,为了使工艺凸模易于进行机械加工,凸模材料应有良好的切削加工性能。制造工艺凸模的常用材料有:T8A、T10A、T12A、Cr12、Cr12Mo、Cr12V、Cr12TiV 等,其热处理硬度为 61 ~ 64HRC。

工艺凸模的结构如图 6.6 所示。它由以下 3 个部分组成:

1)工作部分

图 6.6 中的 L_1 段。工作时这部分要挤入型腔坯料中,因此,这部分的尺寸应和型腔的设计尺寸一致,其精度比型腔所需精度高一级,表面粗糙度 $Ra = 0.32 \sim 0.08$ μm。一般将工作部分的长度取为型腔深度的 $1.1 \sim 1.3$ 倍。端部圆角半径 r 不应小于 0.2 mm。为了便于脱模,在可能情况下将工作部分做出 1:50 的脱模斜度。

2)导向部分

图 6.6 中的 L_2 段,用来和导向套的内孔配合,以保证工艺凸模和工作台面垂直,在挤压过程中可防止凸模偏斜,保证正确压入。一般取 $D = 1.5d$;$L_2 > (1 \sim 1.5)D$。外径 D 与导向圈的

配合为 D8/h7，表面粗糙度 $Ra = 1.25$ μm。端部的螺孔是为了便于将工艺凸模从型腔中脱出而设计的。脱模情况如图 6.7 所示。

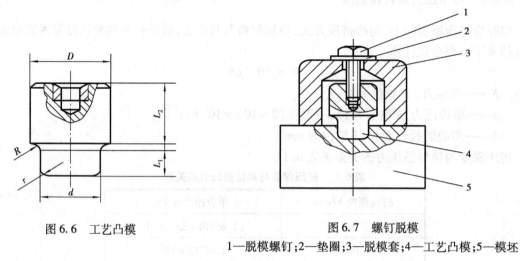

图 6.6　工艺凸模

图 6.7　螺钉脱模
1—脱模螺钉；2—垫圈；3—脱模套；4—工艺凸模；5—模坯

3）过渡部分

过渡部分是工艺凸模工作端和导向端的连接部分，为减少工艺凸模应力集中，防止挤压时断裂，过渡部分应采用较大半径的圆弧平滑过渡，一般取 $R \geqslant 5$ mm。

（2）模套

在封闭式冷挤压时，将型腔毛坯搁置在模套中进行挤压。模套的作用是限制模坯金属的径向流动，并使之处于三向应力状态下，以提高模坯的塑性变形能力，防止坯料破裂。模套有以下两种：

1）单层模套

如图 6.8 所示为单层模套。实验证明，对于单层模套，比值 r_2/r_1 越大则模套的强度越大。但当 $r_2/r_1 > 4$ 以后，即使再增加模套的壁厚，强度的增大已不明显，因此，在实际应用中常取 $r_2 = 4 r_1$。

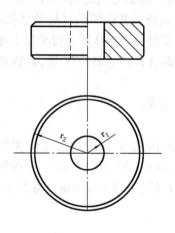

图 6.8　单层模套

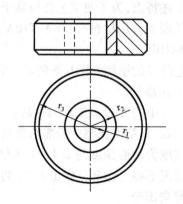

图 6.9　双层模套

2）双层模套

如图6.9所示为双层模套。将有一定过盈量的内、外层模套压合成为一个整体，使内层模套在尚未使用之前，预先受外层模套的径向压力而形成一定的预应力。这样就可以比同样尺寸的单层模套承受更大的挤压力。由实践和理论计算证明，双层模套的强度约为单层模套的1.5倍。各层模套尺寸分别为：$r_3 = (3.5 \sim 4)r_1$，$r_2 = (1.7 \sim 1.8)r_1$，内模套与坯料接触部分的表面粗糙度 $Ra = 1.25 \sim 0.16\ \mu m$。

单层模套和内模套的材料一般用45钢、40Cr、30CrMn等材料制造，热处理硬度43 ~ 48HRC。外模套材料为Q235钢或45钢。

6.2.4 冷挤压的坯料准备

冷挤压加工时，毛坯材料的性能、组织，以及毛坯的形状、尺寸和表面粗糙度等对型腔的加工质量都有直接影响。为了便于进行冷挤压加工，模坯材料应具有低的硬度和高的塑性，型腔成形后其热处理变形应尽可能小。宜于采用冷挤压加工的材料有：铝及铝合金、铜及铜合金、低碳钢、中碳钢、部分工具钢及合金钢。如10, 20, 20Cr, T8A, T10A, 3Cr2W8V等。

坯料在冷挤压前必须进行热处理（低碳钢退火至109 ~ 160HBS，中碳钢球化处理至160 ~ 200HBS），提高材料的塑性、降低强度以减小挤压时的变形抗力。在决定模坯的形状尺寸时，应同时考虑模具的设计尺寸要求和工艺要求，模坯的厚度尺寸与型腔的深度以及模坯的端面积与型腔在端面上投影面积之间的比值要足够大，以防止在冷挤时模坯产生翘曲或开裂。

封闭式冷挤压坯料的外形轮廓，一般为圆柱体或圆锥体，其尺寸按以下经验公式确定（如图6.10(a)所示）：

$$D = (2 \sim 2.5)d$$
$$h = (2.5 \sim 3)h_1$$

式中　D——坯料直径；

　　　d——型腔直径；

　　　h——坯料高度；

　　　h_1——型腔深度。

有时为了减小挤压力，可在模坯底部加工出减荷穴，如图6.10(b)所示。减荷穴的直径 $d_1 = (0.6 \sim 0.7)d$，减荷穴处切除的金属体积约为型腔体积的60%。但当型腔底面需要同时挤出图案或文字时，坯料不能设置减荷穴。相反地应将模坯顶面做成球面（如图6.11(a)所示），或在模坯底面垫一块和图案大小一致的垫块，如图6.11(b)所示，以使图案文字清晰。

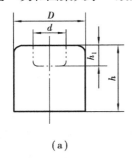
(a)

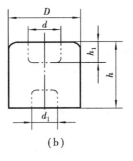
(b)

图6.10　模坯尺寸

冷挤压坯料的顶面,挤压后成为型腔的工作表面,因此,坯料加工时应保证顶面的粗糙度 $Ra \leqslant 0.32~\mu m$。

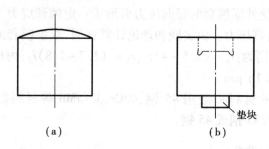

（a）　　　　　　　　　　　　（b）

图 6.11　图案或文字模坯

6.2.5　冷挤压时的润滑

在冷挤压过程中,工艺凸模与坯料通常要承受 $(2 \sim 3.5) \times 10^9~Pa$ 的压强,为了提高型腔的表面质量和便于脱模,以及减小工艺凸模和模坯之间的摩擦力,从而减少工艺凸模破坏的可能性,应当在凸模与坯料之间施以必要的润滑。为保证良好润滑,防止在高压下润滑剂被挤出润滑区,最简便的润滑方法是将经过去油清洗的工艺凸模与坯料,在硫酸铜饱和溶液中浸渍 $3 \sim 4~s$,并涂以凡士林或用机油稀释的二硫化钼润滑剂。应注意防止润滑剂进到文字或花纹内,致使在挤压时不能将润滑剂挤出而影响文字或花纹的清晰。

另一种较好的润滑方法是将工艺凸模进行镀铜或镀锌处理,而将坯料进行除油滑洗后,放入磷酸盐溶液中进行浸渍,使坯料表面产生一层不溶于水的金属磷酸盐薄膜,其厚度一般为 $5 \sim 15~\mu m$,这层金属磷酸盐薄膜与基体金属结合十分牢固,能承受高温(其耐热能力可达 600 ℃),高压,具有多孔性的组织,能储存润滑剂。挤压时再用机油稀释的二硫化钼作润滑,涂于工艺凸模和模坯表面,就可以保证高压下坯料与工艺凸模隔开,防止在挤压过程中产生凸模和坯料粘附的现象。

6.3　快速成形技术

快速成形技术是由计算机对产品零件进行三维造型,然后进行平面分层处理,再由计算机控制成形装置从零件基层开始,逐层成形和固化材料,最后完成成形零件的技术。

6.3.1　快速成形方法

（1）立体平版印刷法

立体平版印刷法又称立体光造成形,是使用各种光敏树脂为成形材料,以激光为能源,以树脂固化为特征的快速成形方法。

1)成形原理　首先采用计算机辅助设计形成零件的计算机三维立体模型,通过计算机软件对模型进行平面分层(一般为 $0.01 \sim 0.02~mm$,也称切片处理),得到每一层截面的形状数据。然后由计算机控制氦-镉激光器 1 发出的激光束 2,按照截面的形状数据,从基层形状开始逐点扫描,如图 6.12 所示。当激光束照射到液态光敏树脂 6 时,被照射的液态树脂产生交联而固化,即可形成一层薄薄的固化层,即零件的截面形状。升降台沿 Z 轴下降一个分层厚度,扫描第二层的形状,新固化层黏在前面的固化层上。就这样逐层的进行照射、固化、下沉,最终堆积成三维模型实体,得到设计的零件。常用的光敏树脂材料有丙烯酸树脂、乙烯树脂和环氧树脂。

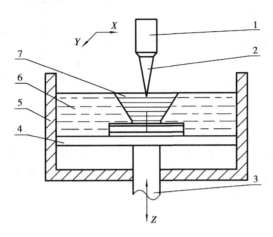

图 6.12 立体平版印刷固化成形示意图

1—激光发生器;2—激光束;3—轴升级台;4—托盘;5—树脂槽;6—光敏树脂;7—制成件

2)立体平版印刷装置 立体平版印刷装置由计算机和激光成形装置两大部分组成。计算机的作用是进行预定零件的三维立体造型,将立体造型进行分层处理,形成每层截面的二维形状数据。激光成形装置由计算机控制系统、激光发生器、机械运动系统和树脂循环系统组成。计算机控制系统控制造型机构的运动轨迹;机械运动系统驱动升降台的 Z 轴运动,XY 轴的激光扫描,以及刮平器对树脂液面的刮平动作;树脂循环系统控制树脂的液面和温度。

由于树脂黏度较大,流动性差,以及固化层表面的张力作用,若靠树脂本身自然流动达到液面静止,则时间过长,因此,采用刮平器帮助液态树脂附着在固化层上,并使液面稳定下来。

分层厚度、光束直径、扫描速度和树脂液温度等成形工艺参数可分别进行控制调整。

(2)物体迭层制造法

迭层制造法是采用激光束切割薄层材料并使其依次黏结形成立体形状的成形方法,其工作原理如图 6.13 所示。薄层材料可以是纸片、塑料薄膜或复合材料等,它单面涂敷一层很薄的热敏感黏结剂(一般为热熔胶),当薄层材料表面达到一定温度后,其上的热敏感黏结剂将薄层材料黏在一起。物体迭层制造法同立体平板印刷法一样,首先用计算机构建零件的三维模型,然后进行分层处理生成每层的二维形状轮廓数据。激光器发出的激光束沿 XY 平面运动,按每层形状的内外轮廓进行切割。然后新薄层材料叠加在上面,由加热辊加热压合黏结。再切割新层,胶贴,如此逐层堆积,直至完成。

(3)选择性激光烧结法

选择性激光烧结法是采用粉末状材料为原材料,将粉末铺成一薄层(100~200 μm),利用大功率的二氧化碳激光器对粉末进行加热烧结,然后再铺一层进行烧结,一层层堆积而最后成形的方法,如图 6.14 所示。一般烧结后还要进行打磨烘干。造型用的材料有石蜡粉、ABS 塑料粉、金属粉和陶瓷粉等。

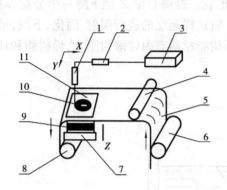

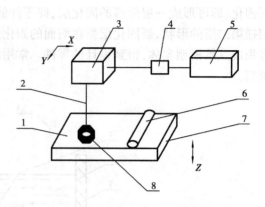

图 6.13　物体迭层制造法示意图

1—扫描系统;2—光路系统;3—激光器;4—加热辊;
5—薄层材料;6—供料滚筒;7—工作平台;
8—回收滚筒;9—制成件;10—制成层;11—边角料

图 6.14　选择性激光烧缩法示意图

1—粉末材料;2—激光束;3—扫描系统;4—透镜;
5—激光器;6—刮平器;7—工作台;8—制成件

(4)熔丝沉积制造法

熔丝沉积制造法也称熔融沉积造型,是以熔丝为原料,由计算机控制加热成半熔状的熔丝,经喷嘴喷涂到预定位置,在逐点喷涂生成一层截面(厚度为 0.025 ~ 0.762 mm)后,Z 轴工作台下移,然后在前一层基础上再按新截面形状喷涂,一层层堆积而成零件的方法,如图 6.15 所示。常用的熔丝材料有石蜡、尼龙和 ABS 等。

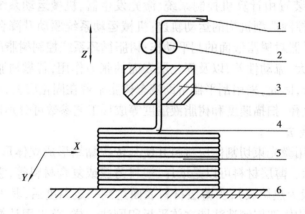

图 6.15　熔丝沉积制造法示意图

1—熔丝材料;2—滚轮;3—加热喷嘴;4—半熔状丝料;5—制成件;6—工作台

6.3.2　快速成形制模法

选择性激光烧结法除用于制作模型外,还可用来直接制作金属模具。首先将金属粉末用易消失的聚合物树脂包覆,通过选择性激光烧结法得到树脂金属黏结实体,再将树脂在一定条件下分解消失,得到成形后的金属黏结实体,再在高温下烧结,而形成多孔状的金属低密度烧结件。最后再渗入熔点较低的金属,完成金属模具制造。采用这种选择性激光烧结法制作的钢铜合金塑料注射模;模具寿命达 5 万件以上。

物体迭层制造法利用金属薄箔为原料,熔丝沉积制造法用金属熔丝为原料,都可以直接制造金属模具(一般仅限于塑料注射模)。

以上制模法称为直接制模法。采用快速成形技术制作非金属母模,再利用母模制造金属模具的方法称为间接制模法。根据母模材料及模具的不同,可分别采用电铸、精密铸造、陶瓷型铸造等方法制取模具。快速成形间接制模法的种类和特点见表 6.2。

表 6.2　快速成形间接制模法的种类和特点

模具类别		模具材料	母模材料	制造周期	尺寸精度	表面质量	生产成本
硅橡胶模		硅树脂	金属、非金属均可	几小时~几天	中等	好	低廉
金属树脂模		金属粉、环氧树脂	金属、非金属均可	几小时~几天	好	中等	低廉
金属喷涂模		低熔点合金	均可	几小时	中等、好	好	低廉
电铸模		铜、镍	均可	2周	好	好	高
精密铸造模	陶瓷型		铸钢、铸铁	2~3周	较差	好	高
	石膏型						较高

6.4　超塑性成形

某些金属材料在一定条件下具有特别好的塑性,其伸长率可达 100%~2 000%,这种现象叫做超塑性。凡伸长率能超过 100% 的材料均称为超塑性材料。

用超塑性成形制造型腔,是以超塑性金属为型腔坯料,在超塑性状态下将工艺凸模压入坯料内部,以实现成形加工的一种工艺方法。采用这种方法制造型腔,材料不会因大的塑性变形而断裂,也不硬化,对获得形状复杂的型腔十分有利。

到目前为止,已有一百多种超塑性金属,其中,很多已经在工业生产中得到应用。用于模具制造的超塑性金属主要是 ZnAl22(锌铝合金)。

(1)超塑合金 ZnAl22 的性能

超塑合金 ZnAl22 的成分和性能见表 6.3。这种材料为锌基中含铝($\omega Al = 22\%$),在 275 ℃以上时是单相的 α 固溶体,冷却时分解成两相,即 α(Al)+ β(Zn)的层状共析组织(也称为珠光体)。如在单相固溶体时(通常加热到 350 ℃)快速冷却,可以得到 5 μm 以下的粒状两相组织。在获得 5 μm 以下的超细晶粒后,当变形温度处在 250 ℃时,其伸长率 δ 可达 1 000% 以上,即进入超塑性状态。在这种状态下将工艺凸模压入合金材料的内部,能使合金产生任意的塑性变形,其成形压力则远小于一般冷挤压时所需的压力。经超塑性成形后,再对合金进行强化处理获得两相层状共析组织,其强度 σ_b 可达 $(40~43)\times 10^7$ Pa。

表 6.3　ZnAl22 的主要成分和性能

主要成分 100				性　能								
						在 250 ℃时		恢复正常温度时			强化处理后		
ωAl	ωCu	ωMg	ωZn	熔点	密度	σ_b/Pa	δ	σ_b/Pa	δ	HB	σ_b/Pa	δ	HB
20～24	0.4～1	0.001～0.1	余量	420～500	5.4	0.86 ×10^7	11.25	(30～33) ×10^7	0.28～0.33	60～80	(40～43) ×10^7	0.07～0.11	86～112

与常用的各种钢料相比,ZnAl22 的耐热性能和承压能力比较差,因此,多用于制造塑料注射成型模具,为增强模具的承载能力,常在超塑性合金外围用钢制模框加固。在注射成型模具温度较高的浇口部位采用钢制镶件结构来弥补合金熔点较低的缺点。

(2)型腔的超塑性成形工艺

用 ZnAl22 制造塑料模型腔的工艺过程如下:

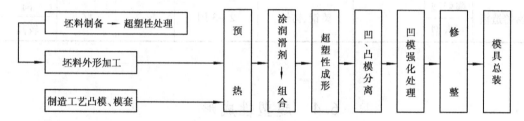

1)坯料准备

由于以 ZnAl22 为型腔材料的凹模大都作成组合结构。型腔的坯料尺寸可按体积不变原理(即模坯成形前后的体积不变),根据型腔的结构尺寸进行计算。在计算时应考虑适当的切削加工余量(压制成形后的多余材料用切削加工方法去除)。坯料与工艺凸模接触的表面,其表面粗糙度 $Ra0.63~\mu m$ 以下。

一般 ZnAl22 合金在出厂时均已经过超塑性处理。因此,只需选择适当类型的原材料,切削加工成形腔坯料后即可进行挤压。若材料规格不能满足要求,可将材料经等温锻造成所需形状,在特殊情况下还可用浇铸的方法来获得大规格的坯料,但是,经重新锻造或浇铸的 ZnAl22 已不具有超塑性能,必须进行超塑性处理。

2)工艺凸模

工艺凸模可以采用中碳钢、低碳钢、工具钢、HPb59—1 铅黄铜等材料制造,工艺凸模一般可不进行热处理。在确定工艺凸模的尺寸时,要考虑模具材料及塑料制件的收缩率,其计算公式如下:

$$d = D[1 - \alpha_1\theta_1 + \alpha_2(\theta_1 - \theta_2) + \alpha_3\theta_2]$$

式中　d——工艺凸模的尺寸, d 为 mm;

　　　D——塑料制件的尺寸, D 为 mm;

　　　α_1——凸模的线[膨]胀系数,α_1 为 ℃$^{-1}$;

　　　α_2——ZnAl22 的线[膨]胀系数,α_2 为 ℃$^{-1}$;

　　　α_3——塑料的线[膨]胀系数,α_3 为 ℃$^{-1}$;

　　　θ_1——挤压温度,θ_1 为 ℃;

θ_2——塑料注射温度,θ_2 为℃。

α_2 可在 $0.003 \sim 0.006$ 的范围内选取,α_1,α_3 可按照工艺凸模及塑料类别从有关手册查得。

3) 护套

ZnAl22 在超塑性状态下,屈服极限低、伸长率高,工艺凸模压入毛坯时,金属因受力会发生自由的塑性流动而影响成形精度。因此,应按图 6.16 所示使型腔的成形过程在防护套内进行。由于防护套的作用,变形金属的塑性流动方向与工艺凸模的压入方向相反,使变形金属与凸模表面紧密贴合,从而提高了型腔的成形精度。防护套的内部尺寸由型腔的外部形状尺寸决定,可比坯料尺寸大 $0.1 \sim 0.2$ mm,内壁粗糙度 $Ra < 0.63\ \mu m$,并加工成 $1:50$ 的锥度,以保证易于脱模,防护套可采用普通结构钢制造,壁厚不小于 25 mm。护套高度应略高于模坯高度。护套热处理硬度在 42HRC 以上。

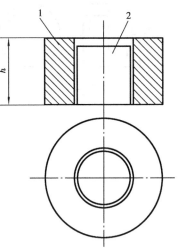

图 6.16　防护套
1—护套;2—坯料

4) 挤压设备及挤压力计算

对 ZnAl22 的挤压,可以在液压机上进行,根据合金材料的特性和工艺要求,压制型腔的液压机必须设置加热装置,以便将 ZnAl22 加热到 250 ℃后保持恒温,并以一定的压力实现超塑性成形。挤压力与挤压速度、型腔形状的复杂程度等因素有关。可采用下列经验公式进行计算:

$$F = 10^{-6}\, pA\eta$$

式中　F——挤压力,F 单位为 N;

　　　p——单位压力,p 单位为 Pa,一般在 $(2 \sim 10) \times 10^7$ Pa;

　　　A——型腔的投影面积,A 单位为 mm^2;

　　　$\eta = \eta_1 \eta_2 \eta_3$——修正系数。

η_1 根据型腔的形状复杂程度在 $1 \sim 1.2$ 的范围内选取,η_2 根据型腔的尺寸大小在 $1 \sim 1.3$ 的范围内选取,η_3 根据挤压速度在 $1 \sim 1.6$ 的范围内选取。

5) 润滑

合理的润滑可以减小 ZnAl22 流动时与工艺凸模之间的摩擦阻力,降低单位挤压力,同时可以防止金属粘附,易于脱模,以获得理想的型腔尺寸和表面粗糙度。所用润滑剂应能耐高温,常用的有 295 硅脂、201 甲基硅油、硬脂酸锌等。但使用时其用量不能过多,并应涂抹均匀,否则在润滑剂的堆积部位不能被 ZnAl22 充满,影响型腔精度。

图 6.17(a) 是用 ZnAl22 注塑模制作的尼龙齿轮。制造尼龙齿轮注塑模型腔的加工过程如图 6.17(b) 所示。

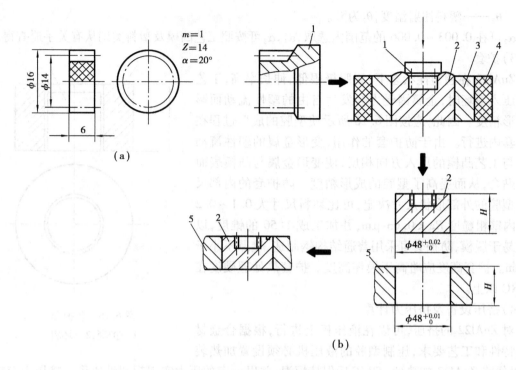

图 6.17　尼龙齿轮型腔的加工过程
（a）尼龙齿轮　（b）型腔的加工过程
1—工艺凸模；2—模坯；3—护套；4—电阻式加热圈；5—固定板

6.5　电铸成形

(1)电铸成形的原理

电铸工艺是利用金属电镀原理实现的,如图 6.18 所示。它是在母模表面上,通过电铸获得适当厚度的金属沉积层,然后将这层金属沉积层从母模上脱下来,形成所需型腔或型面的一种加工方法。电镀和电铸的区别是:电镀镀层与基体结合要牢,而电铸镀层要便于剥离基体,电镀层通常较薄而电铸层较厚。按制件形状制成的具有一定尺寸及精度的母模,在电铸过程中作为阴极使用。

电铸工艺除用来电铸模具型腔外,还可用于电铸电火花加工用的电极等。根据电铸的材料不同,电铸可分为电铸镍、电铸铜和电铸铁 3 种。

电铸镍适用于小型拉深模和塑料模型腔,它成型清晰,复制性能好,具有较高的机械强度和硬度,表面粗糙度数值小,但是电铸时间长、价格昂贵。

电铸铜适用于塑料模、玻璃模型腔及电铸镍壳加固层。它导电性能好,操作方便,价格便宜。但是机械强度及耐磨性低,不耐酸,易氧化。

电铸铁虽然成本低,但是质地松软,易腐蚀,操作时有气味,一般用于电铸镍壳加固层,修补磨损的机械零件。

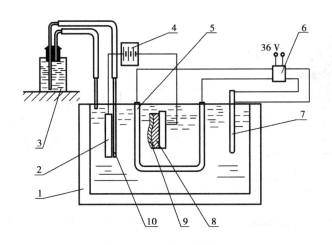

图6.18 电铸成形原理

1—镀槽;2—阳极;3—蒸馏水瓶;4—电源;5—加热管;6—恒温装置;

7—水银导电温度计;8—母模;9—电铸层;10—玻璃管

(2)电铸成形的特点

①电铸件与母模的尺寸误差小,尺寸精度可达数微米,表面粗糙度 $Ra = 0.1\ \mu m$;

②可以制造形状复杂、用机械加工难以成形甚至无法成形的工件;

③母模材料可以是金属,也可以是非金属,有时还可用制品零件直接作为母模;

④电铸件具有较好的机械强度,如电铸镍,抗拉强度 $\sigma_b = 1\ 400 \sim 1\ 600\ MPa$,硬度为 35 ~ 50HRC,铸成后不需再进行热处理淬硬;

⑤电铸可获得高纯度的金属制品,如电铸电火花加工用的铜电极,其纯度高,具有良好的导电性能,十分有利于电加工;

⑥电铸时金属沉积速度缓慢,制造周期长,如电铸镍一般需要1周左右;

⑦电铸层厚度较薄(一般为 4 ~ 8 mm),不易均匀,具有较大的内应力,大型电铸件变形显著,且不能承受大的冲击载荷。

(3)电铸的种类

电铸的种类较多,与模具型腔有关的电铸一般为电铸镍和电铸铜。

6.6 环氧树脂型腔模

在新产品试制或制品批量较小的情况下,为了快速制模,降低成本,可采用环氧树脂来制作中小型的注射模型腔,其寿命约为四、五千次。

环氧树脂模具的结构如图6.19所示。环氧树脂只是用来制作型腔,其余部分仍为金属制成。由于环氧树脂的机械性能承受不了注射过程中的反复合模和注射压力,必须要有金属框架加强。环氧树脂模的制作工艺过程大致如图6.20所示。

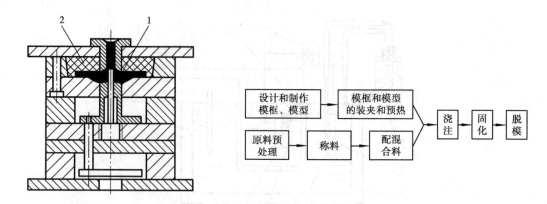

图 6.19 环氧树脂模具的结构　　　　　　　　图 6.20 环氧树脂模的制作工艺过程

1—塑料制件;2—环氧树脂型腔

环氧树脂混合料的配方种类很多,表 6.4 是常用的一种。

表 6.4 环氧树脂混合料的配方

材料名称	规格质量比	质量比
环氧树脂 6207	工业用	83
环氧树脂 634	工业用	17
顺丁烯二酸酐	化学纯	48
金属铝粉	100/200 目	220
甘油	工业用	5

按配方称量好各种材料,然后按下列顺序配制:加入环氧树脂 6207 及顺丁烯二酸酐→加入甘油→加入环氧树脂 634→加入铝粉搅拌均匀斗抽真空至无气泡→取出浇注。

将浇注好的模具放入 90 ℃ 的烘箱中保温 3 h,升温至 120 ℃ 保温 3 h,再升温至 180 ℃ 保温 20 h,然后缓慢冷却,就可开模取出模型。如需要可对环氧树脂型腔进行机加工修正。

6.7 陶瓷型铸造成形

陶瓷型铸造成形是在一般砂型铸造基础上发展起来的一种精密铸造工艺。在模具制造中,它常用来成型锻模、玻璃模、塑料模、拉深模等模具的型腔。其浇铸铸铁时的尺寸误差为 0.1~0.5 mm,表面粗糙度 Ra 一般为 1.25-10 μm。

(1)工艺过程

陶瓷型铸造用陶瓷浆料作造型材料,灌浆成形,经喷烧和烘干后即完成了造型。然后,经合箱、浇注金属液铸成零件。其从制造母模到最后获得铸件的工艺过程如图 6.21 所示。

在陶瓷型铸造成形中,只是型腔表面为一层 5~8 mm 的陶瓷材料,其余是普通铸造型砂构成的砂套。造型中先将这个砂套造好(如图 6.21 所示为砂套造型时用粗母模),砂套与精母模配合,形成 5~8 mm 的间隙,此间隙即为所需浇注的陶瓷层厚度。

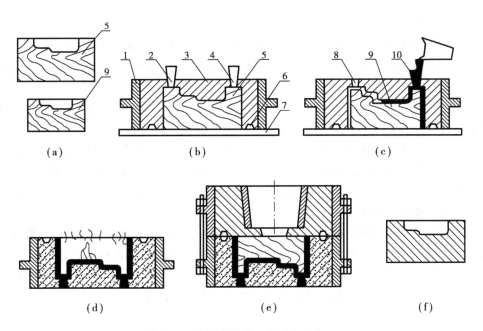

图 6.21　陶瓷型铸造工艺过程示意图

(a)造母模　(b)砂套造型　(c)灌浆　(d)起模喷烧　(e)烘干、合箱、浇注　(f)铸件

1—砂箱;2—排气孔木模;3—水玻璃砂;4—排气孔木模;5—粗母模;6—定位销;
7—平板;8—通气孔;9—精母模;10—陶瓷浆层

(2)模具陶瓷型铸造的特点

采用陶瓷型铸造工艺制造模具的特点有:

①便于模具的复制,如铸造大批量用的热锻模效果较好;

②减少了大量模具型腔切削加工工时,节约了金属材料,并且模具报废后可重熔浇铸;

③生产周期短,一般有了母模后 2~3 天内即可铸出铸件;

④工艺设备简单。

6.8　硅橡胶模具

硅橡胶模是一种由弹性体硅橡胶浇注成型的型腔,是结构最简单的模具。它可以直接利用产品实样作为工艺凸模,放在底板上,围以模框,把液状硅橡胶浇入后经室温固化而成。

硅橡胶模具的结构特点如下:这种模具不需设计,制造方便,周期极短(制造一副硅橡胶模连同浇出产品零件,一般只需 2~3 天);它能精确地复制形状复杂的零件;由于硅橡胶模是弹性体凹模(没有凸模),即使产品零件有凸出部分和螺纹等,也极易在浇注成型后很顺利地从模具中取出。但是,硅橡胶模具使用寿命很低,不易浇注深孔薄壁零件。

硅橡胶模适用于浇注多品种小批量或单个生产的树脂类小零件,特别适用于新产品未定型或在金属模具制造之前试生产时使用,也可用于配补某种树脂类小零件。

制造硅橡胶模时,有产品零件实样作为工艺凸模,需准备简单的模框。当实物表面粗糙时,则应预先嵌填涂补,使之光洁。无实样时,可用塑料、有机玻璃、胶木或金属等制出工艺凸模。硅橡胶模制造的工艺要点如下：

1）制模框　模框包括套圈及底板，常用硬聚氯乙烯、金属薄板等材料制成。用玻璃或陶瓷底板时，应涂油防止硅橡胶黏结。为保证模具强度及节约硅橡胶，壁厚要适当（常用 5～10 mm），由此确定模框大小。

2）配料及浇注　根据模框内腔容积估计需要质量，并按下面配比分别称量：室温硫化硅橡胶 100%，正硅酸脂 2%～5%，有机锡（二丁基月桂酸锡）1.5%～2.5%。

有机锡的质量好坏对硅橡胶能否完全熟化起决定性作用，在使用前可先经小样试验再确定用量。有机锡和正硅酸脂的用量与气温有关，气温高时应酌减。用量过多（尤其是有机锡），熟化后的硅橡胶会黏手；用量过少则长时间不能起脱醇交链反应。各种成分配好后搅拌均匀，待静置去泡后立即浇注。

在浇注前先将零件实样（或工艺凸模）固定在底板中部，套上套圈，如图 6.22 所示。复制形状比较复杂的零件时，为避免用一次浇注法时在工艺凸模底面的硅橡胶产生气泡，宜采用二次浇注法。在第一次浇注时，把实样或工艺凸模隔离底板 4～5 mm，用聚酯薄膜作分型面，先在上部浇硅橡胶（图 6.22(b)），固化后再重新安放实样，浇其反面（图 6.22(c)）。

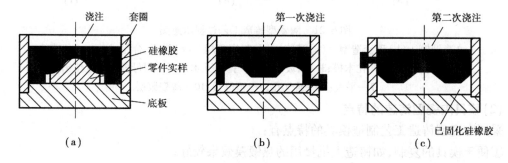

图 6.22　硅橡胶模浇注成型工艺

3）成型及熟化　把浇好的硅橡胶模在室温中放置 24 h（在 40 ℃时约 4 h），起模，放在室温下熟化成乳白色弹性体。温度越高熟化越快；温度 <5 ℃ 则不易起作用；温度 >25 ℃ 时反应快，并会出现小气泡。

6.9　模具高速测量及其逆向工程技术

随着三坐标测量机、扫描仪、便携式扫描仪、激光跟踪仪的技术不断发展与进步，检测技术向高速度、高精度、高适应性、数字化和自动化方向发展，使得现代测量技术不断融入模具产品逆向工程设计中，进一步推动模具制造产品快速制造的响应能力。

逆向工程（Reverse Engineering，RE）也称反向工程或反求工程，是相对于传统的产品设计流程即所谓的正向工程（Forward Engineering，FE）而提出的。其基本思想是：通过对实物或零件进行扫描测量以及各种先进的数据处理手段获得产品的几何信息，然后充分利用 CAD/CAM 技术快速、准确地建立产品的数学几何模型，进行数据重构设计，最后经过适当的工程分析、结构设计和 CAM 编程，就可以加工出产品模具。

逆向工程是以设计方法学为指导，以现代化设计理论、方法、技术为基础，运用各种专业人员的工程设计经验、知识和创新思维,对已有产品进行解剖、深化和再创造。

练习与思考题

6.1　快速成形技术在模具制造中的作用是什么? 有哪些快速成形方法?

6.2　超塑性成形有何特点,哪些模具可采用超塑性成形制造?

6.3　电铸型腔的一般工艺过程如何?

6.4　哪些快速成形方法可以直接制造模具?

6.5　电铸成形有何特点?

6.6　陶瓷型制模的工艺过程如何?

第 7 章
模具钳工及光整加工

模具制造中的钳工工作除了最后的装配之外,在零件加工中也有一定的钳工工作。光整加工是指以降低零件表面粗糙度,提高表面形状精度和增加表面光泽为主要目的的研磨和抛光加工。

7.1 划线、钻孔、铰孔、攻螺纹

7.1.1 划线

在模具零件的毛坯或半制品上划线,作为后工序加工的标志,是模具制造中必不可少的工序。模具零件的划线有平面划线与立体划线,根据零件的加工工序有一次划线或多次划线。

精密划线可在坐标镗床等机床上进行,而大部分的划线工作都由钳工完成。下面以划线实例说明。

(1)平面划线

如图 7.1 所示冲模凸模,其平面划线过程如下:

1)坯料准备(图 7.2)

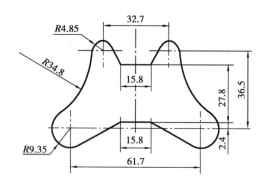

图 7.1

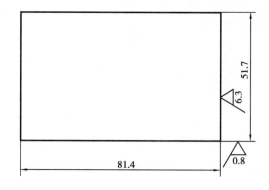

图 7.2

①刨成六面体,每边余量 0.3 ~ 0.5 mm 后尺寸为 81.4 mm × 51.7 mm × 42.5 mm;

②划线平面及一对互相垂直的基准面用平面磨床磨平;

③去毛刺,划线平面去油、去锈后涂色。

2)划直线(图 7.3)

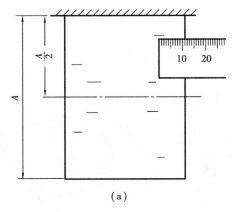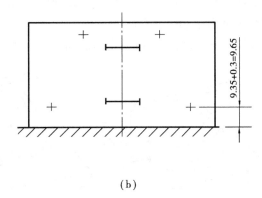

(a)

图 7.3　划直线

①以基准面放平在平板上;

②用游标划线尺测得实际高度 A;

③以 A 划中心线(适合对称形状);

④计算各圆弧中心位置尺寸并划中心线,划线时用钢皮尺大致确定划线横向位置;

⑤划出尺寸线 15.8 mm 的两端位置;

⑥以另一基准面放平在平板上如图 7.3(b)所示;

⑦划 R9.35 mm 中心线,加放 0.3 mm 余量;

⑧计算各线尺寸后划线。

3)划圆弧线(图 7.4)

①在圆弧十字线中心轻轻敲样冲印(划线较深时可不敲);

②用划线圆规划各圆弧线;

③R34.8 mm 圆弧中心在坯料之外,取用一辅助块,用平口钳夹紧在工件侧面,求出圆心后划线;

④连接斜线如图 7.5 所示,用钢皮尺、划针连接各斜线。

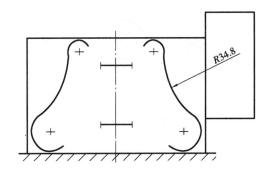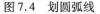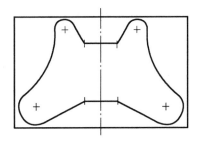

图 7.4　划圆弧线　　　　　　　　　　　　　图 7.5　连续斜线

(2)立体划线

如图7.6所示为汽车覆盖件拉延模凸模座窝座及中心线的划线步骤。

如图7.6(a)所示是将凸模座夹紧于角铁上,凸模座另一基准面与平板合平,用游标划线尺划出平行于平板平面的中心线与窝座线。

如图7.6(b)所示是将凸模座转动90°,用角尺与千斤顶校正基准面的垂直度,夹紧后用游标划线尺划出中心线与窝座线。

如图7.6(c)所示是将凸模座底面平放在平板上,划出窝座深度线。

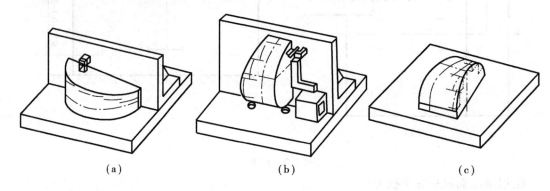

(a)   (b)   (c)

图7.6 拉延模凸模座划线

7.1.2 钻孔

各类模具的制造过程中,有大量的钻孔工作。除在铣床、坐标镗床上的钻孔以外,在钻床上钻孔最为普遍;其应用范围如下。

(1)排除废料

为加工成形的凹模孔、模套孔、固定板孔、底板漏料孔。模框孔等成形孔,一般都必须先排除废料。排除废料的方法有多种,例如,可用带锯机或立铣等。用钻孔排除废料是根据划线轮廓,沿轮廓线顺序钻孔,钻孔顺序有两种方式,如图7.7(a)、(b)所示,其钻孔孔距有所区别。

用图7.7(a)所示的方法钻孔后,应将中间搭边凿断去除废料。凿子为机用锯条改制的。可以利用凿子对准搭边凿断一个搭边,也可以将凿子对准所钻孔,利用斜刃同时凿断两边搭边。

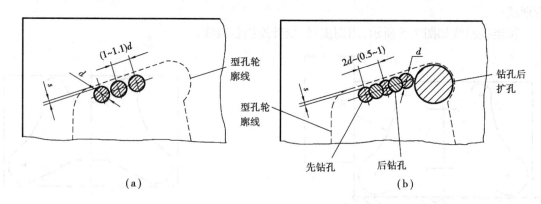

(a)   (b)

图7.7 用钻孔排除废料

侧面加工余量 s(图7.7)根据后工序加工方法、钻孔直径 d 和工件厚度按表7.1确定。

表7.1　侧面加工余量/mm

钻孔直径 d	工件厚度	侧面加工余量 s		
		后工序加工方法		
		锉	电火花加工	铣、插
3~6	<10	0.4~0.8	1~2	2~3
	10~25	0.8~1.5	1.5~2	2~5
6~12	<20	0.8~1.2	1.5~2.5	2~3
	20~40	1.2~1.6	1.5~3	2~6
12~16	<40	—	2~3	2~3
	40~80	—	—	3~8
16~20	<80	—	—	3~10
	80~120	—	—	3~10

(2)销钉孔钻铰

模具中的销钉孔以及固定板上的圆形凸模孔等,一般精度都为 IT12~IT13 级(H7)或 IT14 级公差(H8)的配合孔。钻铰加工时的刀具选择可参见表7.2与表7.3。

表7.2　IT12~IT13 级(H7)孔钻铰时刀具选择

加工孔直径 /mm	钻孔钻头直径 /mm	锪钻钻头直径 /mm	粗铰铰刀直径 /mm	精铰铰刀
3	2.9	—	2.96	3 H7
4	3.9	—	3.96	4 H7
5	4.5	4.9	4.96	5 H7
6	5	5.9	5.96	6 H7
8	7	7.9	7.96	8 H7
10	9	9.9	9.96	10 H7
12	11	11.9	11.96	12 H7
13	12	12.9	12.96	13 H7
14	13	13.9	13.96	14 H7
15	14	14.9	14.96	15 H7
16	15	15.8	15.94	16 H7
18	17	17.8	17.94	18 H7
20	18	19.8	19.94	20 H7
22	20	21.8	21.94	22 H7
24	22	23.8	23.94	24 H7
25	23	24.8	24.93	25 H7
26	24	25.8	25.93	26 H7
28	26	27.8	27.93	28 H7

表 7.3　IT14 级公差(H8)孔钻铰时刀具选择

加工孔直径 /mm	钻孔钻头直径 /mm	锪钻钻头直径 /mm	精铰铰刀
3	2.9	—	3 H8
4	3.9	—	4 H8
5	4.5	4.9	5 H8
6	5	5.9	6 H8
8	7	7.9	8 H8
10	9	9.9	10 H8
12	11	11.9	12 H8
13	12	12.9	13 H8
14	13	13.9	14 H8
15	14	14.9	15 H8
16	15	15.8	16 H8
18	17	17.8	18 H8
20	18	19.8	20 H8
22	20	21.8	22 H8
24	22	23.8	24 H8
25	23	24.8	25 H8
26	24	25.8	26 H8
28	26	27.8	28 H8

(3)钻孔工作实例

模具零件上有许多如螺孔、螺钉穿孔、凸模安装孔、卸料板上的凸模配合孔、销钉孔等。各零件之间,对孔距都要求有不同程度的一致性,除了少量用坐标镗床、立铣等机床来钻孔保证孔距要求外,其他大量的都由钳工钻孔来保证孔距一致性要求。钳工采取的方法如下:

1)复钻　通过已钻铰的孔对另一零件进行钻孔。

2)同钻铰　将有关零件夹紧成一体后同时钻孔、铰孔。

复钻时应注意:

①通过螺孔复钻螺钉穿孔时,所用钻头直径略小于螺孔底径。

②复钻同轴度要求高的孔时,钻头直径应相等于导向孔直径。

③复钻时有时只需钻出"锥坑",作为钻孔的导向用。复钻锥坑用的钻头顶角磨小些,取 105°~110°,可改善钻孔时的导正(图 7.8)。钻头的横刃磨小到为标准宽度的 1/4~3/4。

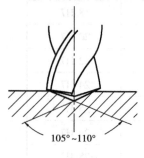

105°~110°

图 7.8

④复钻孔时常用平行夹头将零件夹紧或用螺钉紧固。

⑤复钻锥坑时,当钻头接触到工件时进刀要缓慢,达到锥坑深度后,将钻头略回升,再缓慢进刀 0.2 ~ 0.3 mm,就能达到较高的同轴度。

如图7.9所示为复合式冲模的垫板复钻制造过程中钳工钻孔工作:

①将凸模固定板与二块垫板叠合夹紧;

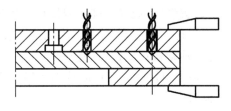

图7.9　垫板复钻

②通过凸模固定板的螺孔、销钉孔、顶杆孔对二块垫板复钻;

③拆开后扩孔,在凸凹模垫板上印出固定凸凹模的螺钉穿孔位置,并钻锪螺钉穿孔。

7.1.3　铰孔

模具制造中铰孔主要有:

①销钉孔;

②安装圆形凸模、型芯或顶杆等的孔;

③冲裁模刃口直孔或锥孔。

(1)销钉孔的铰孔

1)不同材料上铰销钉孔

如图7.10所示,铰孔的两件材料硬度不同件1固定板为软钢、件2上模座为铸铁。铰孔时应从较硬材料一面铰入,如果从较软材料一面铰入,孔易扩大。

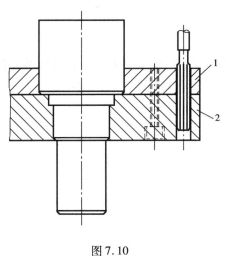

图7.10

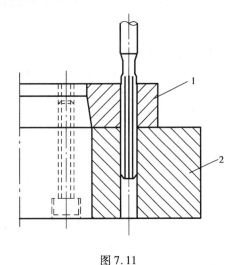

图7.11

2)通过淬硬件的孔铰孔

通过淬硬件的孔进行铰孔时如图7.11所示,首先应检查淬硬件孔是否因热处理而变形,如有变形现象应采取下面的方法:

①将变形的孔用标准硬质合金铰刀或用专用的硬质合金无刃铰刀进行铰孔。

②将变形的孔用旧铰刀铰孔,然后用铸铁研棒棒研至正确尺寸。

3)铰不通孔

179

对于不通孔,先用标准铰刀铰孔,然后用磨去切削部分的旧铰刀铰孔的底部。

(2)安装圆形凸模、型芯或顶杆等的铰孔

这类孔一般为单件铰孔,铰孔按一般方法进行。

(3)冲裁模刃口锥孔的铰孔

凹模刃口锥孔一般锥度较小（30′～2°）。无标准铰刀时,可根据各种锥度要求特制专用锥度铰刀。

7.1.4　攻螺纹

每副模具都有一定数量的螺孔,这些螺孔主要是:

①塑料模、压铸模等螺纹型腔,表面粗糙度要求小和精度要求较高,一般都采用机械加工。

②大量的螺孔用于连接,一般都采用攻丝加工方法。

(1)丝锥

一般模具零件的材料较硬,螺纹孔深度较深。因此,采取机械攻螺纹时,必须使头攻的切削量减少,以防止丝锥撕裂。由于柱形分配的丝锥负荷分配较合理,因此,应采用柱形分配的丝锥。如采用锥形分配的丝锥作机攻时,应采取下列两种方法修磨丝锥:

①将头攻的切削部分加长3～5个螺距;

②将头攻整个外径磨小,外径磨小量的数值见表7.4。

表7.4　锥形分配头丝锥作机攻时外径修磨量

丝锥直径	M6	M8	M10	M12	M14
外径磨小量	0.2～0.3	0.3～0.4	0.5～0.6	0.6～0.7	0.7～0.8

(2)攻螺纹底孔

攻螺纹时,丝锥主要是切削金属,但也有挤压金属的作用,挤压出来的金属材料补充到牙尖部分。因此,攻螺纹前钻孔直径一定要大于螺纹内径,钻孔直径由下式决定:

加工钢及塑性金属时

$$D = d - t$$

加工铸铁及脆性金属时

$$D = d - (1.05 ～ 1.1)t$$

式中　D——钻孔直径,mm;

　　　d——螺孔公称直径,mm;

　　　t——螺纹节距,mm。

在模具制造中,常用公制基本螺纹的钻孔直径可查表而得。

7.2　锉　削

锉削是用锉刀对工件进行切削加工,使其达到所要求的尺寸、形状和表面粗糙度的操作。锉削是一种比较精细的钳工手工操作,其加工精度可达 0.01 mm 左右,表面粗糙度可达

$Ra3.2 \sim 1.6\ \mu m$。锉削可加工工件的内外平面、内外曲面、沟槽和各种形状复杂的表面,尤其是加工那些用机械加工不易甚至不可能加工的部位,以及在装配和修理过程中对个别零件进行修整等。锉刀是用碳素工具钢 T12 或 T13 制作,经热处理后,硬度可达 62 ~ 72 HRC 的一种手工用切削工具。模具零件形状一般为直线及圆弧曲面,圆弧曲面有外圆弧面、内圆弧面、球弧面 3 种。曲面锉削一般锉外圆弧面用平锉,锉内圆弧面用圆锉或半圆锉。

(1)外圆弧面的锉法

一般采用顺着圆弧面锉削,如图 7.12(a)所示。锉削时,在锉刀作前进动作的同时绕工件圆弧中心摆动,在摆动时右手下压,而左手把锉刀前端往上提,这样,能使锉出的圆弧表面圆滑无棱边。此法因力量不易发抖,故效率不高,锉削位置不易掌握,因而只适用于余量较小或精锉外圆弧面。

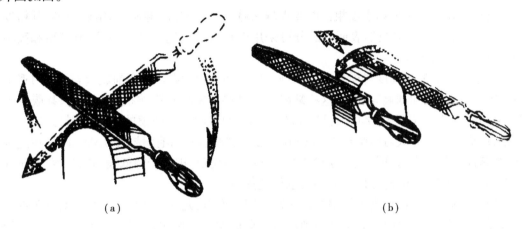

(a) (b)

图 7.12 外圆弧面的锉法

当余量较大时,采用横着圆弧面锉削,如图 7.12(b)所示。此法力量易于发挥,效率较高,常用于圆弧面粗加工。

(2)内圆弧面的锉法

锉内圆弧面时,一般采用滚锉法。锉刀要同时完成 3 个动作,如图 7.13 所示。即前进回缩动作、向左或向右移动(约半个或一个锉刀直径)动作、绕锉刀中心线转动(顺时针或逆时针方向转动 90°左右)。只有 3 个动作同时协调进行,才能锉出良好的内圆弧面。

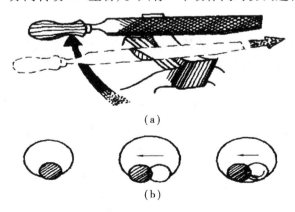

(a)

(b)

图 7.13 内圆弧面的锉法

图 7.14 球面的锉法

(3)球面的锉法

锉圆柱工件端部球面时,锉刀在作外圆弧面锉法动作的同时,还要绕球面中心向周边摆动,如图 7.14 所示。

模具零件形状一般为直线及圆弧曲面的组成,为保证加工质量,应根据不同形状以合理的程序进行锉削。锉削程序先凹圆弧后直线再凸圆弧;两大小不同的凸圆弧时,先大凸圆弧后小凸圆弧;两大小不同的凹圆弧时,先小凹圆弧后大凹圆弧。

7.3　研磨与抛光

模具成形表面的精度和表面粗糙度要求越来越高,特别是高寿命、高精密模具,其精度发展到要求 μm 级精度。其成形表面一部分可采用超精密磨削达到设计要求,但异型和高精度表面都需要进行研磨抛光加工。

模具成形表面的粗糙度对模具寿命和制件质量都有较大影响。磨削成形表面不可避免地要留下磨痕、微裂纹和划痕等缺陷,这些缺陷对于某些精密模具影响很大。例如,某膜片零件冲制 4 个 $\phi 0.8$ 的小孔,要求冲裁毛刺≤0.05 mm。冲裁凹模和凸模的材料分别为 CrWMn 和高速钢,成形表面经淬火后磨削加工,$Ra = 0.8$ μm,试冲后冲裁毛刺超过 0.05 mm。在这种情况下,当其他条件不变时,可通过研磨消除刃口的磨削伤痕,进一步降低表面粗糙度,使试冲后冲裁毛刺小于 0.05 mm,此时模具的寿命也得到提高。

磨削后的微小裂纹、伤痕等缺陷会直接造成刃口崩刃,尤其是硬质合金材料对这类缺陷的反应最敏感。为消除这些缺陷,可在磨削后进行研磨抛光。例如,某冷挤压模具采用 6Cr3SiV 材料,型腔表面粗糙度 $Ra = 1.6 \sim 0.8$ μm,模具平均寿命为 3 万次左右。当进行研磨后,型腔表面粗糙度 $Ra = 0.2 \sim 0.1$ μm,模具平均寿命可达 4.5 ~ 5 万次。

各种中小型冷冲压模和型腔模的工作与成形表面采用电火花和线切割加工之后,成形表面形成一层薄薄的变质层,变质层上的许多缺陷需要用研磨抛光来去除,以保证成形表面的精度和表面粗糙度。

7.3.1　研磨的机理

(1)研磨的机理

研磨是使用研具、游离磨料对被加工表面进行微量加工的精密加工方法。在被加工表面和研具之间置以游离磨料和润滑剂,使被加工表面和研具之间产生相对运动,并施以一定压力,通过其间的磨料作用去除表面突起,提高表面精度、降低表面粗糙度。

在研磨过程中,被加工表面发生复杂的物理和化学作用,其主要作用如下:

1)微切削作用　在研具和被加工表面作相对运动时,磨料在压力作用下,对被加工表面进行微量切削。在不同加工条件下,微量切削的形式不同。当研具硬度较低、研磨压力较大时,磨粒可镶嵌到研具上产生刮削作用,这种方式有较高的研磨效率;当研具硬度较高时,磨粒不能嵌入研具,磨粒在研具和被加工表面之间滚动,以其锐利的尖角进行微切削。

2)挤压塑性变形　钝化的磨粒在研磨压力作用下挤压被加工表面的粗糙突峰,使突峰趋向平缓和光滑,被加工表面产生微挤压塑性变形。

3)化学作用 当采用氧化铬、硬脂酸等研磨剂时,研磨剂和被加工表面产生化学作用,形成一层极薄的氧化膜,这层氧化膜很容易被磨掉,而又不损伤材料基体。在研磨过程中氧化膜不断迅速形成,又很快被磨掉,提高了研磨效率。

(2)研磨的特点

1)尺寸精度高 加工热量少,表面变形和变质层很轻微,可获得稳定的高精度表面,尺寸精度可达 0.025 μm。

2)形状精度高 由于微量切削,研磨运动轨迹复杂,并且不受运动精度的影响,因此,可获得较高的形状精度。球体圆度可达 0.025 μm,圆柱体圆柱度可达 0.1 μm。

3)表面粗糙度低 在研磨过程中磨粒的运动轨迹不重复,有利于均匀磨掉被加工表面的突峰,从而降低表面粗糙度。表面粗糙度 Ra 值可达 0.1 μm。

4)表面耐磨性提高 由于研磨表面质量提高,使摩擦系数减小,又因有效接触表面积增大,故使耐磨性提高。

5)抗疲劳强度提高 由于研磨表面存在着残余压应力,提高了零件表面的抗疲劳强度。

(3)抛光机理

抛光是一种比研磨切削更微小的加工,其加工过程与研磨基本相同。研磨时研具较硬,其微切削作用和挤压塑性变形作用较强,在尺寸精度和表面粗糙度两方面都有明显的加工效果。抛光所用研具较软,其作用是进一步降低表面粗糙度,获得光滑表面,但不能改变表面的形状精度和位置精度,抛光加工后的表面粗糙度 Ra 值可达 0.4 μm 以下。

7.3.2 研磨抛光的分类

(1)按研磨抛光中的操作方式划分

1)手工研磨抛光 主要靠操作者采用辅助工具进行研磨抛光。加工质量主要依赖操作者的技艺水平,劳动强度比较大,效率比较低。

2)机械研磨抛光 主要依靠机械进行研磨抛光,如挤压研磨抛光、电化学研磨抛光等。机械研磨抛光质量不依赖操作者的个人技能,工作效率比较高。

(2)按磨料在研磨抛光过程中的运动轨迹划分

1)游离磨料研磨抛光 在研磨抛光过程中,利用研磨抛光工具给游离状态的研磨抛光剂以一定压力,使磨料以不重复的轨迹运动进行微切削作用和微塑性挤压变形。

2)固定磨料研磨抛光 研具本身含有磨料,在加工过程中,研具以一定压力接触被加工表面,磨料和工具的运动轨迹一致。

(3)按研磨抛光的机理划分

1)机械作用研磨抛光 以磨料对被加工表面进行微切削为主的研磨抛光。

2)非机械作用研磨抛光 主要依靠电能、化学能等非机械能形式进行的研磨抛光。

(4)按研磨抛光剂使用的条件划分

1)干研磨 研磨时只需在研具表面涂以少量的润滑附加剂。砂粒在研磨过程中基本固定在研具上,它的磨削作用以滑动磨削为主。可获得很高的加工精度和低的表面粗糙度,加工效率低,一般用于精研。

2)湿研磨 在研磨过程中将研磨剂涂在研具上,用分散的砂粒进行研磨。研磨剂中除砂粒外还有煤油、机油、油酸、硬脂酸等物质。在研磨过程中,部分砂粒存在于研具与工件之间,此时砂粒以滚动磨削为主,这种方法的加工效率较高,加工表面的几何形状和尺寸精度不如干研,多用于粗研或半精研。

3)软磨粒研磨 在研磨过程中,用氧化铬作磨料的研磨剂涂在研具的工作表面,由于磨料比研具和工件软,因此,研磨过程中磨料悬浮于工件与研具之间,主要利用研磨剂与工件表面的化学作用,产生很软的一层氧化膜,凸点处的薄膜很容易被磨料磨去。此种方法能得到极细的表面粗糙度(Ra 为 $0.02 \sim 0.01$ μm)。

7.3.3 研磨抛光工具

(1)研具材料

研磨抛光时直接和被加工表面接触的研磨抛光工具称为研具。研具的材料很广泛,原则上研具材料硬度应比被加工材料硬度低,但研具材料过软会使磨粒全部嵌入研具表面而使切削作用降低。总之,研具材料的软硬程度、耐磨性应该与被加工材料相适应。

一般研具材料有低碳钢、灰铸铁、黄铜、紫铜、硬木、竹片、塑料、皮革和毛毡等。灰铸铁中含有石墨,因此,耐磨性、润滑性及研磨效率都比较理想(特别是精研磨),灰铸铁研具用于淬硬钢、硬质合金和铸铁材料的研磨;低碳钢强度较高,用于较小孔径的研磨;黄铜和紫铜用于研磨余量较大的情况,加工效率比较高,但加工后表面光泽性差,常用于粗研磨;硬木、竹片、塑料和皮革等材料常用于窄缝、深槽及非规则几何形状的精研磨和抛光。

(2)研具

1)普通油石 一般用于粗研磨,它由氧化铝或碳化硅等磨料和黏结剂压制烧结而成。使用时根据型腔形状磨成需要的形状,并根据被加工表面的粗糙度和材料硬度选择硬度和粒度。当被加工零件材料较硬时,应该选择较软的油石,否则反之。当被加工零件表面粗糙度要求较高时,油石要细一些,组织要致密些。

2)研磨平板 主要用于单一平面及中小镶件端面的研磨抛光,如冲裁凹模端面、塑料模中的平面分型面等。研磨平板用灰铸铁材料,并在平面上开设相交成60°或90°,宽 $1 \sim 3$ mm,距离为 $15 \sim 20$ mm 的槽,研磨抛光时在研磨平板上放置微粉和抛光液。

3)研磨环 用于车床或磨床上对外圆表面进行研磨的一种研具(见图 7.15)。研磨环 2 有固定式和可调式两类,固定式的研磨环的研磨内径不可调节,而可调式的研磨环的研磨内径可以在一定范围内调节,以适应环磨外圆的变化。

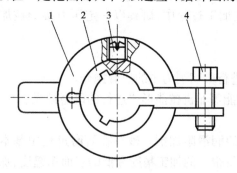

图 7.15 外圆研磨环

1—研磨套;2—研磨环;3—限位螺钉;4—调节螺钉

4)研磨芯棒 如图 7.16 所示,图中的研具为可调式研磨棒,由锥形心棒 1 和研套 3 组成。拧动两端的螺母 2,即可在一定范围内调整直径的大小。研套上的槽和缺口,在调整时研套能均匀地张开或收缩,并可储存研磨剂。固定式研磨芯棒的外径不可调节,芯棒外圆表面带有螺旋槽,以容纳研磨抛光剂。

5)研磨抛光辅助工具 辅助工具有多种,如手持电动往复式研抛工具等,应根据被加工表面的形状特点进行选择。

①电动往复式。如图 7.17 所示,它的质量

约 0.5 kg,操作灵活方便。工作时手握研磨柄,动力从软轴传来,带动球头杆作直线往复运动,最大行程为 20 mm,往复次数为 5 000 次/min。球头杆前端配 2~6 mm 大小的圆形或矩形研磨环,可进入狭长沟槽研磨抛光。若将球头杆换成油石夹头、砂纸夹头或金刚石什锦锉刀等,可进行较大尺寸平面或曲面的研磨抛光。

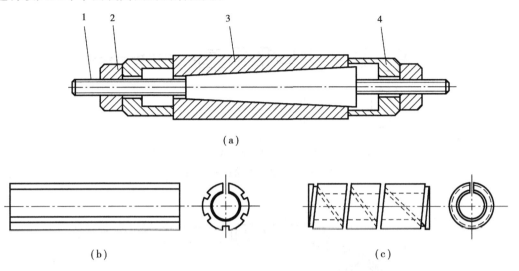

图 7.16
(a)可调式内圆研磨芯棒　(b)轴向直槽研磨套　(c)螺旋槽研磨套

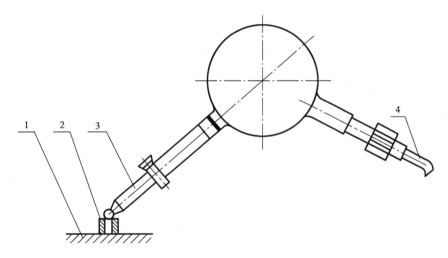

图 7.17　手持电动往复式研磨抛光工具
1—工件;2—研磨环;3—球头杆;4—软轴

②电动直杆旋转式。手持电动直杆旋转式研磨抛光工具如图 7.18 所示,安装研磨抛光工具的夹头高速旋转实现研磨抛光。夹头上可以配置 $\phi2 \sim \phi12$ 的特形金刚石砂轮,研磨抛光不同曲率的凹弧面。还可配置 $R4 \sim R12$ 的塑胶研磨抛光套或毛毡抛光轮,可以研磨抛光复杂形状的型腔或型孔。

③电动弯头旋转式。手持电动弯头旋转式研磨抛光工具如图 7.19 所示,它可以伸入型腔,对有角度的拐槽、弯角部位进行研磨抛光加工。

辅助研磨抛光工具可以提高研磨抛光效率和减轻劳动强度,但是研磨抛光质量仍取决于操作者的技术水平。

除以上介绍的3种电动机械式研磨抛光辅助工具以外,还有超声波-机械复合式、超声波-电火花-机械复合式研磨抛光等辅助工具。

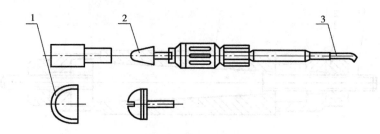

图7.18　手持电动直杆旋转式研磨抛光工具
1—抛光套;2—砂轮;3—软轴

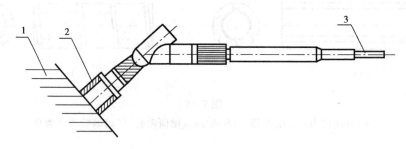

图7.19　手持电动弯头旋转式研磨抛光工具
1—工件;2—研抛环;3—软轴

7.3.4　研磨抛光工艺过程

(1)研磨抛光余量

研磨抛光余量取决于零件尺寸、原始表面粗糙度、最终精度等要求,原则上研磨抛光余量只要能去除表面加工痕迹和变质层即可。研磨抛光余量过大,使加工时间延长,研磨抛光工具和材料消耗增加,加工成本增大;研磨抛光余量过小,加工后达不到要求的表面粗糙度和精度。当零件的尺寸公差较大时,研磨抛光余量可以取在零件尺寸公差范围以内。

淬硬后的成形表面由 $Ra = 0.8~\mu m$ 提高到 $Ra = 0.05~\mu m$ 时的研磨抛光余量为:

平面:取 $0.015 \sim 0.8~\mu m$;

内圆:当 $d = \phi 25 \sim \phi 125$ mm 时,取 $0.04 \sim 0.8~\mu m$;

外圆:当 $d \leq 10$ mm 时,取 $0.03 \sim 0.04~\mu m$;

　　　当 $d = 10 \sim 30$ mm 时,取 $0.03 \sim 0.05~\mu m$;

　　　当 $d \geq 31 \sim 60$ mm 时,取 $0.04 \sim 0.06~\mu m$。

(2)研磨抛光阶段和轨迹

研磨抛光加工一般经过粗研磨→细研磨→精研磨→抛光4个阶段,4个阶段中总的研磨抛光次数依据研磨抛光余量以及初始和最终的表面粗糙度与精度而定。磨料的粒度从粗到细,每次更换磨料都要清洗工具和零件。各部位的研磨顺序根据被加工面的具体情况确定。

研磨抛光中,磨料的运动轨迹要使被加工表面各点有相同(或近似)的切削(磨削)条件,运动轨迹可以往复、交叉,但不应该重复。磨料舱运动轨迹要根据被加工表面的大小和形状来选择,有直线式、正弦曲线式、无规则圆环式、摆线式和椭圆线式等。

7.4　电化学抛光

7.4.1　基本原理

电化学抛光的基本原理如图 7.20 所示。被抛光零件接直流电源的正极,耐腐蚀材料(不锈钢或铝材)作为工具接直流电源的负极。将零件和工具放入电解液槽中,零件、工具和电解液中就有电流通过,阳极在电化学作用下产生溶解现象,其表面的金属被一层层蚀除,使被抛光零件的表面粗糙度下降,而零件的形状和尺寸不受影响。

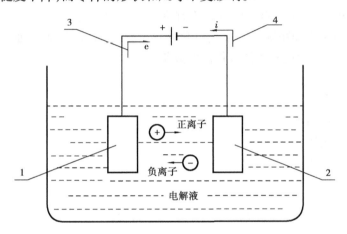

图 7.20　电化学抛光的基本原理

1—加工零件;2—工具;3—电子流动方向;4—电流方向

随着阳极溶解的进行,在阳极表面上生成黏度高,电阻大的氧化物薄膜。在突起处薄膜较薄,电阻较小,电流密度比凹洼处大(另外从电学理论得知:电场中的带电体,其电力线在粗糙表面尖端处的密度大),因此,突起处首先被溶解。经过一段时间后,高低不平的表面逐渐被蚀平,从而得到光洁平整的表面。

7.4.2　特点

①电火花加工后的表面,经过电化学抛光后可使表面粗糙度 Ra 值从 $3.2 \sim 0.8$ μm 降低到 $0.4 \sim 0.2$ μm。电化学抛光时各部位金属去除速度相近,抛光量很小,电化学抛光后的尺寸精度和形状精度可控制在 0.01 mm 之内。

②电化学抛光的效率是普通手工研磨抛光的几倍。如抛光余量为 $0.1 \sim 0.15$ mm 时,电化学抛光时间约为 $10 \sim 15$ min,而且抛光速度不受材料硬度的影响。

③电化学抛光工艺方法简单,操作容易,而且设备简单,投资小。

④电化学抛光不能消除原表面的"粗波纹",因此,电化学抛光前零件表面应无波纹现象。

7.4.3　影响电化学抛光质量的因素

1)电解液　电解液的成分和比例对抛光质量有决定性的影响,电解液的配方和比例要根据金属材料进行选择。

2)电流密度　通常电化学抛光都在较高的电流密度下进行,以获得平滑光亮的表面。但当电流密度过高时,阳极析出的氧气过多,使电解液近似沸腾,不利于抛光的正常进行。

3)电解液温度　一般电解液温度低,金属溶解速度低,生产效率低。电化学抛光属于小距离化学反应,电解产物如不能及时排除也影响抛光质量,抛光时应通过搅拌或移动,促使电解液流动,保持抛光区电解液的最佳状态,减小电解液的温度梯度。

4)抛光时间　抛光开始时表面蚀除速度最大,随着时间的增加,阳极金属去除总量增加。具体金属材料都有一个最佳抛光时间,超过最佳抛光时间抛光质量逐渐变差。

5)金属材料的金相组织状态　金属的金相组织愈均匀、致密,抛光效果愈好。金属中若含有较多非金属成分,抛光效果就差。金属若以合金形式组成,应选择使合金均匀溶解的电解液。铸件由于组织疏松和存在着游离石墨,不宜进行电化学抛光。

6)抛光表面的原始表面粗糙度　采用电化学抛光时,工件的原始表面粗糙度 Ra 值在达到 $2.5 \sim 0.8~\mu m$ 时,电化学抛光才能取得满意效果。

7.4.4　抛光方式

电化学抛光的方式如下:
①整体电化学抛光法;
②逐步电化学抛光法。

7.5　超声波抛光

人耳能听到的声波频率为 $16 \sim 16~000~Hz$,频率低于 $16~Hz$ 的声波为次声波,频率超过 $16~000~Hz$ 的声波为超声波。用于加工和抛光的超声波频率为 $16~000 \sim 25~000~Hz$,超声波和普通声波的区别是频率高、波长短、能量大和有较强的束射性。

7.5.1　基本原理

超声波加工和抛光是利用工具端面作超声频振动,迫使磨料悬浮液对硬脆材料表面进行加工的一种方法。超声波抛光的作用是降低表面粗糙度,其原理如图 7.21 所示。抛光时工具 5 和工件 7 之间加入由磨料和工作液组成的磨料悬浮液,工具以较小的压力压在工件表面上。超声换能器 2 通入 $50~Hz$ 的交流电,产生 $16~000$

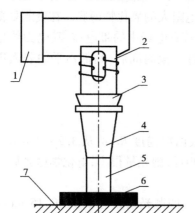

图 7.21　超声波抛光原理
1—超声波发生器;2—超声换能器;3,4—变幅杆;
5—工具;6—磨料悬浮液;7—工件

Hz 以上的超声频纵向振动,并借助变幅杆 3,4 把位移振幅放大到 0.05 ~ 0.1 mm,驱使工具端面作超声振动,迫使工作液中的悬浮磨料以很大的速度和加速度不断地撞击和抛磨被加工表面,使被加工表面的材料不断遭到破坏变成粉末,实现微切削作用。虽然每次打击下来的粉末很少,但由于打击的频率很高,因此仍保持一定的加工效率。超声波抛光的主要作用是磨料在超声振动下的机械撞击和抛磨,其次是工作液中的"空化"作用加速了超声波抛光和加工的效率。所谓"空化"作用是当产生正面冲击时,促使工作液钻入被加工表面的微裂处,加速了机械破坏作用。在高频振动的某一瞬间,工作液又以很大的加速度离开工件表面,工件表面的微细裂纹间隙形成负压和局部真空。同时在工作液内也形成很多微空腔,当工具端面以很大的加速度接近工件表面时,迫使空泡闭合,引起极强的液压冲击波,强化了加工过程。

7.5.2 特点

①超声波抛光适用于加工硬脆材料及不导电的非金属材料;

②工具对工件的作用力和热影响小,不会产生变形、烧伤和变质层;加工精度可达 0.01 ~ 0.02 mm,表面粗糙度 $Ra = 1 ~ 0.1$ μm;

③可以抛光薄壁、薄片、窄缝及低刚度零件;

④超声波抛光设备简单,使用和维修方便,操作容易;

⑤由于抛光时工具头无旋转运动,工具头可以用软材料做成复杂形状,抛光复杂的型孔和型腔表面。

7.5.3 抛光工艺

1)抛光余量 模具成形表面经过电火花精加工之后,进行超声波抛光时的抛光余量一般控制在 0.02 ~ 0.04 mm 之内,特殊情况下抛光余量可小于或等于 0.15 mm。

2)抛光方式 欲使 $Ra = 2.5 ~ 1.25$ μm 的表面抛光后达到 $Ra = 0.63 ~ 0.08$ μm,要经过逐级抛光才能达到。一般要经过粗抛、细抛和精抛几个阶段。粗抛光时采用固定磨料或采用 180# 左右的磨料进行抛光;细抛光时采用游离磨料方式,磨料粒度为 W40 左右;最后精抛光时采用 W5 ~ W3.5 的磨料进行干抛(不加工作液)。每次更换磨料时,都应该将工具头和抛光表面清洗干净。

7.5.4 影响抛光效率的因素

1)工具的振幅和频率 超声波抛光的效率随着工具振动的频率和振幅的增大而提高,在分级抛光时可以在维持工具头压力的情况下,逐步提高工具头振动的频率和振幅。但是,随着频率和振幅的提高,使变幅杆和工具承受过大的交变应力,会导致变幅杆和工具的寿命降低。另外随着频率和振幅的增大,使变幅杆和工具、换能器之间连接处的能量损耗增大。因此,一般振幅控制在 0.01 ~ 0.1 mm,频率控制在 16 000 ~ 25 000 Hz 之间。此外,在加工时频率应调至共振频率,以取得最大振幅。

2)工具对工件的静压力 抛光时工具对工件的进给力也称静压力。随着工具头末端与工件抛光表面之间间隙的增大,磨料和工作液对抛光表面的压力降低,削弱了磨料对工件的撞击力和打击深度。当两者的间隙过小时,磨料和工作液不能顺利循环更新,降低了生产效率。因此,工具与工件之间应有一个合理的间隙和压力。

3）磨料的种类和粒度　磨料的种类应该根据被加工材料选择。加工硬质合金和淬火钢等高硬度材料时应该选择碳化硼磨料；加工硬度不太高的硬脆材料时，可以选择碳化硅磨料。磨料粒度的选择和振幅有关，当振幅为 0.05 mm 时，磨料粒度愈大加工效率愈高；当振幅小于 0.05 mm 时，磨料粒度愈小加工效率愈高。

4）料液比　磨料工作液中磨料与工作液之间的体积比或质量比，称为料液比。料液比过大和过小都将使抛光效率降低，通常抛光用的料液比为 0.5~1 左右。

7.5.5　影响抛光表面质量的因素

超声波抛光的表面粗糙度和磨料的粒度、被加工材料性质、工具振幅等有关。磨料颗粒尺寸越小，工件材料硬度越高，超声振幅小，则加工表面粗糙度改观得越大。另外，采用机油和煤油工作液比水工作液更能获得好的表面粗糙度。

7.6　挤压研磨抛光

挤压研磨抛光属于磨料流动加工，也称挤压研磨。它不仅能对零件表面进行光整加工，还可以去除零件内部通道上的毛刺。

7.6.1　基本原理

挤压研磨抛光是将含有磨料的油泥状黏弹性高分子介质组成的黏弹性研磨抛光剂，用一定压力挤过被加工表面，通过磨料颗粒的刮削作用去除被加工表面的微观不平材料的工艺方法。磨料颗粒相当于"软砂轮"，在流动中紧贴零件加工表面的磨料，实施摩擦和切削作用，将"切屑"从被加工表面刮离，图 7.22 为挤压研磨抛光加工过程示意图。工件 5 安装在夹具 4 中，夹具和上、下磨料室相通，磨料室内充满黏弹性研磨抛光剂，由上、下活塞依次往复运动，对研磨抛光剂施加压力，使研磨抛光剂在一定压力作用下，反复从被加工表面滑擦通过，从而达到研磨抛光的目的。

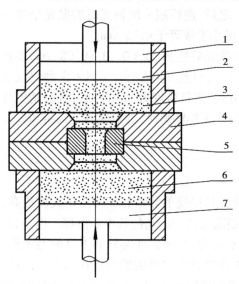

图 7.22　挤压研磨抛光加工示意图
1—上磨室；2—上活塞；3—研磨抛光剂；
4—夹具；5—工件；6—下磨室；7—下活塞

7.6.2　特点

1）适用范围广　由于研磨抛光剂是一种半流体状态的弹黏性介质，它可以和任何复杂形状的被加工表面相吻合；适用于各种复杂表面的加工。同时它加工材料范围广，无论是高硬度模具材料，还是铸铁、铜、铅等材料，以及陶瓷、硬塑料等非金属材料都可以加工。

2）抛光效果好　挤压研磨抛光后的尺寸精度、表面粗糙度和抛光前的原始状态有关。电火花线切割加工后的表面,经挤压研磨抛光后表面粗糙度可达 $Ra = 0.04 \sim 0.05\ \mu m$,尺寸精度可达 $0.01 \sim 0.002\ 5$ mm,完全可以去除电火花加工后的表面质量缺陷。但是挤压研磨抛光属于均匀"切削",它不能修正原始加工的形状误差。

3)抛光效率高　挤压研磨抛光的加工余量一般为 $0.01 \sim 0.1$ mm,所需要的研磨抛光时间为几分钟至十几分钟,与手工研磨抛光相比,大大提高了生产率。

7.6.3　黏弹性研磨抛光剂与设备

挤压研磨抛光需选用黏弹性研磨抛光剂,也称为黏性磨料。它由磨料和特殊的流动介质均匀混合而成,其性能优劣直接影响到抛光效果。

目前,国内外挤压研磨抛光机多为立式对置活塞式,通过两活塞的运动迫使研磨抛光剂作上下流动。挤压研磨抛光所用的夹具,除要完成定位和夹紧作用外,还应能容纳和引导研磨抛光剂通过零件需要研磨抛光的部位,并阻抗、干扰研磨抛光剂不流过不需要加工的部位。应该根据被加工零件的形状、尺寸和研磨抛光的需要对夹具进行设计,图 7.23 为常用夹具的工作示意图。

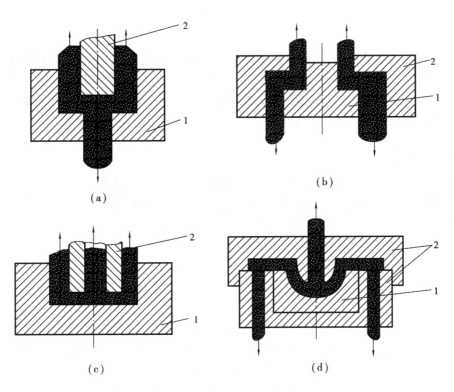

图 7.23　挤压研磨抛光夹具

(a)阶梯型孔　(b)凸模　(c),(d)型腔

1—模具;2—夹具

7.6.4　工艺参数

挤压研磨抛光的工艺参数包括磨料的种类、粒度及磨料在研磨抛光剂中的含量,研磨抛光

剂的黏度,挤压压力,研磨抛光剂的流动速度及流量 4 个方面。

磨料的种类、粒度及磨料含量可根据被加工零件的材料类型和加工要求选取。

研磨抛光剂的黏度根据加工要求选取,对于完全是研磨抛光性的加工选取高黏度研磨抛光剂,如果有去毛刺和倒圆性质的研磨抛光应选取中等黏度的研磨抛光剂。

挤压压力一般根据机床提供的范围选取,机床可提供的挤压压力在 700 ~ 20 000 kPa。一般先从低压力开始选取。

挤压研磨抛光剂的流量在机床提供的范围内选取,一般机床的流量范围为 7 ~ 225 L/min,机床磨料缸的容量为 0.1 ~ 3 L,研磨抛光时可根据不同的加工要求选取。例如,某硬质合金拉丝模进行挤压研磨抛光的工艺参数为:金刚石磨料,研磨抛光剂用高黏度研磨抛光剂,研磨抛光剂容积为 2 ~ 4 L,研磨抛光剂温度为 43 ℃,挤压压力为 5 488 kPa,冲程次数(单程)为 30 次,研磨抛光余量(单面)为 0.025 ~ 0.05 mm,加工时间为 3 ~ 8 min,由 $Ra = 0.75$ μm 降低到 $Ra = 0.15$ μm。

7.7　照相腐蚀

随着人们审美意识的加强,越来越多的塑料制品表面装饰有凸凹文字、图案或花纹(皮革纹、橘皮纹等)。照相腐蚀广泛用于模具工作型面上的图形、文字和花纹的加工,这是一种高质量、低成本、高效可靠的加工工艺,是照相制版和化学腐蚀的结合。简单的图案、文字也可采用机械刻制或电火花加工法进行加工。

7.7.1　特点

照相腐蚀作为模具成形面精饰加工的一种特殊工艺有以下特点:
①用照相腐蚀加工的图文精度高,图案仿真性强;腐蚀深度均匀;
②用照相腐蚀加工模具图文可在零件淬火、抛光后进行;
③可以在曲面上加工图文;
④可靠性高(图文加工是零件加工的最后一道工序)。

7.7.2　对模具成形零件的要求

1)材料要求　模具材料除应具有强度高,韧性好,硬度高,耐磨、耐腐蚀性好,切削加工性能优良,易抛光等优点外,还应具有良好的图文蚀刻性能,即钢质晶粒细小,组织结构均匀。常用的 45,T8,T10,P20,40Cr,CrWMn 等均具有良好的蚀刻性,而 Cr12,Cr12MoV 等材料的蚀刻性较差,花纹装饰效果不太理想。另外,在加工前应对钢材的偏析及各向异性作相应处理。

2)拔模斜度　如果型腔侧壁要做图文,则应有较大的拔模斜度。拔模斜度除根据制件的材料、尺寸、精度来确定以外,还需考虑图文深度对拔模斜度的要求,图文越深,拔模斜度越大(一般 1° ~ 2.5°),当图文深度大于 100 μm 时,拔模斜度应在 4°以上。

3)表面粗糙度　在高光洁的型腔表面上制作图文时,涂感光胶和贴花纹版时会打滑,不易粘牢,但表面太粗糙时图文的效果也不好,因此,表面粗糙度要适当。如果是亚光细砂纹,取表面粗糙度 $Ra = 0.4 ~ 0.8$ μm;细花纹或砂纹取 $Ra = 1.6$ μm 中;一般花纹取 $Ra = 3.2$ μm。

如果是粗花纹,表面粗糙度还可适当增加。

4)镶嵌块结构 如果图文面积很小,可做成镶嵌块,只对镶嵌块做照相腐蚀。这种方法工艺性好,容易制作,不会因为腐蚀的失败而报废模具成形零件,且花纹磨损后镶嵌块更换方便。

7.7.3 照相腐蚀应用实例

如图7.24所示为电器开关盒,由于凹模型腔较深,文字又是圆弧排列,因此,采用照相蚀刻技术来做图文。

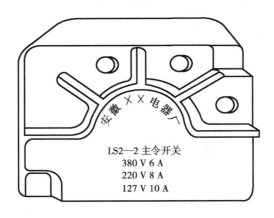

图7.24 电器开关

练习与思考题

7.1 模具钳工常用的划线工具及其作用有哪些?

7.2 在模具加工中钻孔的应用范围有哪些?

7.3 举例说明由圆弧和直线组成的表面锉削程序?

7.4 研磨的基本原理是什么?

7.5 研磨工艺参数有哪些?对加工质量的影响如何?

7.6 电化学抛光有何特点?

7.7 超声波抛光的应用场合有哪些?

7.8 文字、图案有哪些制造方法?

7.9 光整加工方法有哪些?

第**8**章
典型模具零件加工工艺分析

8.1 模架的加工

8.1.1 冷冲模模架的加工

模架用来安装模具的工作零件和其他结构零件,并保证模具的工作部分在工作时具有正确的相对位置。图 8.1 是常见的滑动导向的冷冲模模架。尽管这些模架的结构各不相同,但它们的主要组成零件上模座、下模座都是平板状零件,在工艺上主要是进行平面及孔系的加工。模架中的导套和导柱是机械加工中常见的套类和轴类零件,主要是进行内外圆柱面表面的加工。本节仅以后侧导柱的模架为例分析模架组成零件的加工工艺。

(1)导柱和导套的加工

如图 8.2(a)、(b)所示分别为冷冲模标准导柱和导套。这两种零件在模具中起导向作用,并保证凸模和凹模在工作时具有正确的相对位置。为了保证良好的导向,导柱和导套装配后应保证模架的活动部分运动平稳,无滞阻现象。因此,在加工中除了保证导柱、导套配合表面的尺寸和形状精度外,还应保证导柱、导套各自配合面之间的同轴度要求。

1)工艺性分析

构成导柱和导套的基本表面都是回转体表面,按照图示的结构尺寸和设计要求,可以直接选用适当尺寸的热轧圆钢作毛坯。为获得所要求的精度和表面粗糙度,加工导柱时采用双顶尖定位装夹;加工导套时采用卡盘或芯轴定位装夹,车削加工。由于导柱、导套要进行渗氮、淬火等热处理,硬度较高。因此,导柱、导套的配合表面的精加工方法采用磨削。零件的磨削加工安排在热处理之后。精度要求不高的表面可在热处理前车削到图样尺寸。

2)工艺方案

导柱和导套的加工方案为:

下料→粗车→钻中心孔→车→检验→热处理→研磨中心孔→磨削→研磨外圆和内孔

3)工艺过程

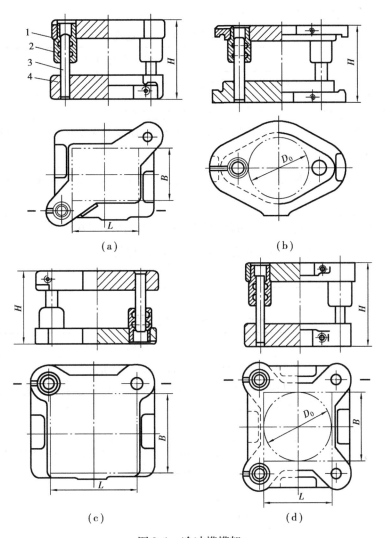

图 8.1　冷冲模模架

（a）对角导柱模架　（b）中间导柱模架　（c）后侧导柱模架　（d）四导柱模架

1—上模座;2—导套;3—导柱;4—下模座

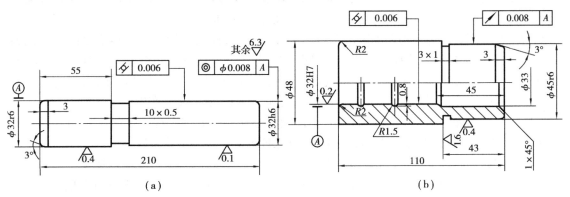

图 8.2　导柱和导套

（a）导柱　（b）导套

综上所述,导柱、导套的加工工艺过程见表 8.1 和表 8.2。

表 8.1　导柱的加工工艺过程

工序号	工序名称	工序主要内容
1	下料	用热轧圆钢按尺寸 $\phi35$ mm×215 mm 切断
2	车端面钻中心孔	车两端面钻中心孔,保证长度尺寸 210 mm
3	车外圆	车外圆各部分,$\phi32$ mm 外圆柱面留磨削余量 0.4 mm,其余达图样尺寸
4	检验	
5	热处理	按热处理工艺进行,保证渗氮层深度 0.8~1.2 mm,硬度 58~62 HRC
6	研中心孔	研两端中心孔
7	磨外圆	磨 $\phi32$ mm 外圆,$\phi32h6$ 的表面留研磨余量 0.01 mm
8		研磨 $\phi32h6$ 表面达设计要求,抛光圆角
9	检验	

表 8.2　导套的加工工艺过程

工序号	工序名称	工序内容及要求
1	下料	用热轧圆钢按尺寸 $\phi52$ mm×115 mm 切断
2	车外圆及内孔	车外圆并钻、镗内孔,$\phi45r6$ 外圆面及 $\phi32H7$ 内孔留磨削余量 0.4 mm,其余达设计尺寸
3	校验	
4	热处理	按热处理工艺进行,保证渗氮层深度 0.8~1.2 mm,硬度 58~62 HRC
5	磨内外圆	用万能外圆磨床磨 $\phi45r6$ 外圆达设计要求,磨 $\phi32H7$ 内孔留研磨余量 0.01 mm
6	研磨	研磨 $\phi32H7$ 内孔达设计要求
7	检验	

　　在导柱的加工过程中,外圆柱面的车削和磨削都是以两端的中心孔定位,这样可使外圆柱面的设计基准与工艺基准重合,并使各主要工序的定位基准统一,易于保证外圆柱面间的位置精度和使各磨削表面都有均匀的磨削余量。因此,在外圆柱面进行车削和磨削之前总是先加工中心孔,以便为后续工序提供可靠的定位基准。两中心孔的形状精度和同轴度对加工精度有直接影响。若中心孔有较大的同轴度误差,将使中心孔和顶尖不能良好接触,影响加工精度。尤其当中心孔出现圆度误差时,将直接反映到工件上,使工件也产生圆度误差。

　　导柱在热处理后修正中心孔,目的在于消除中心孔在热处理过程中可能产生的变形和其他缺陷,使磨削外圆柱面时能获得精确定位,以保证外圆柱面的形状精度要求。

　　修正中心孔可以采用磨、研磨和挤压等方法。可以在车床、钻床或专用机床上进行。

　　磨削导套时正确选择定位基准,对保证内外圆柱面的同轴度要求是十分重要的。表 8.2 所列导套工艺过程是在万能外圆磨床上,利用三爪自定心卡盘夹持 $\phi48$ mm 外圆柱面,可以避免由于多次装夹所带来的误差。容易保证内外圆柱面的同轴度要求。但每磨一件都要重新调整机床,因此,这种方法只宜在单件生产的情况下采用。如果加工数量较多的同一尺寸的导套,可以先磨好内孔,再把导套装在专门设计的锥度心轴上,以心轴两端的中心孔定位(使定位基准和设计基准重合),借心轴和导套间的摩擦力带动工件旋转,磨削外圆柱面,也能获得较高的同轴度要求,并可使操作过程简化,生产率提高。这种心轴应具有高的制造精度,其锥度在(1/1 000 ~1/5 000)的范围内选取,硬度在 60 HRC 以上。

导柱和导套的研磨加工,其目的在于进一步提高被加工表面的质量,以达到设计要求。在生产数量大的情况下(如专门从事模架生产),可以在专用研磨机床上研磨,单件小批生产可以采用简单的研磨工具在普通车床上进行研磨。研磨时将导柱安装在车床上,由主轴带动旋转,在导柱表面均匀涂上一层研磨剂,然后套上研磨工具并用手将其握住,作轴线方向的往复运动。研磨导套与研磨导柱相类似,由主轴带动研磨工具旋转,手握套在研具上的导套,作轴线方向的往复直线运动。调节研具上的调整螺钉和螺母,可以调整研磨套的直径,以控制研磨量的大小。

(2)上、下模座的加工

冷冲模的上、下模座,用来安装导柱、导套和凸、凹模等零件。其结构、尺寸已标准化。上、下模座的材料可采用灰铸铁(HT200),也可采用 45 钢或 Q235-A 钢制造。分别称为铸铁模架和钢板模架。图 8.3 是后侧导柱的标准铸铁模座。

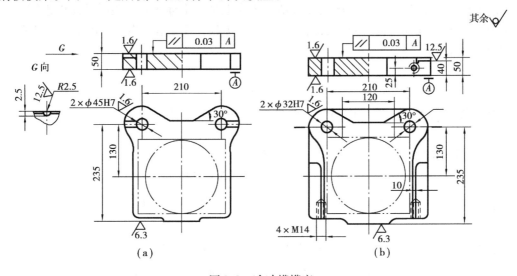

图 8.3　冷冲模模座
(a)上模座　(b)下模座

为保证模架的装配要求,使模架工作时上模座沿导柱上、下运动平稳,无滞阻现象。加工后模座的上、下平面应保持平行,对于不同尺寸的模座其平行度公差见表 8.3。上、下模座上导柱、导套安装孔的孔间距离尺寸应保持一致;孔的轴心线应与基准面垂直,对安装滑动导柱或导套的模座,其垂直度公差不超过 0.01/100。

1)加工分析

模座加工主要是平面加工和孔系加工。为了使加工方便和易于保证加工技术要求,在各工艺阶段应先加工平面,再以平面定位加工孔系(先面后孔)。模座毛坯经过铣(或刨)削加工后,磨平面可以提高平面度和上、下平面的平行度。再以平面作主定位基准加工孔,容易保证孔的垂直度要求。

表8.3　模座上、下平面的平行度公差

基本尺寸 /mm	公差等级		基本尺寸 /mm	公差等级	
	4	5		4	5
	公差值			公差值	
40～63	0.008	0.012	250～400	0.020	0.030
63～100	0.010	0.015	400～630	0.025	0.040
100～160	0.012	0.020	630～1 000	0.030	0.050
160～250	0.015	0.025	1 000～1 600	0.040	0.060

注:1. 基本尺寸是指被测表面的最大长度尺寸或最大宽度尺寸;

　　2. 公差等级按 GB/T 1184—1996《形状和位置公差　未注公差值》;

　　3. 公差等级 4 级,适用于 0 I,I 级模架;

　　4. 公差等级 5 级,适用于 0 II,II 级模架。

上、下模座的镗孔工序根据加工要求和生产条件,可以在专用镗床(批量较大时)、坐标镗床、双轴镗床上进行,也可以在铣床或摇臂钻等机床上采用坐标法或利用引导元件进行。为了保证导柱和导套的孔间距离一致,在镗孔时常将上、下模座重叠在一起,一次装夹,同时镗出导柱和导套的安装孔。

2)工艺方案

加工模座工艺方案为:

备料→刨(铣)平面→磨平面→钳工划线→铣→钻孔→镗孔→检验

3)工艺过程

加工上、下模座的工艺过程见表8.4和表8.5。

表8.4　加工上模座的工艺过程

工序号	工序名称	工序内容及要求
1	备料	铸造毛坯
2	刨(铣)平面	刨(铣)上、下平面,保证尺寸50.8 mm
3	磨平面	磨上、下平面达尺寸50 mm;保证平面度要求
4	划线	划前部及导套安装孔线
5	铣前部	按线铣前部
6	钻孔	按线钻导套安装孔至ϕ43 mm
7	镗孔	和下模座重叠镗孔达尺寸ϕ45H7,保证垂直
8	铣槽	铣R2.5 mm 圆弧槽
9	检验	

表 8.5　加工下模座的工艺过程

工序号	工序名称	工序内容及要求
1	备料	铸造毛坯
2	刨(铣)平面	刨(铣)上、下平面达尺寸 50.8 mm
3	磨平面	磨上、下平面达尺寸 50 mm,保证平行度
4	划线	划前部线,导柱孔线及螺纹孔线
5	铣床加工	按线铣前部,铣两侧压紧面达尺寸
6	钻床加工	钻导轴孔 φ30 mm,钻螺纹底孔,攻螺纹
7	镗孔	和上模座重叠镗孔达尺寸 φ32R7,保证垂直度
8	检验	

8.1.2　注射模模架的加工

(1) 注射模模架的结构组成

在注射模中,合模导向装置与支承零部件的组合构成注射模模架,如图 8.4 所示。任何注射模都可借用这种模架为基础,再添加成形零件和其他必要的功能结构来形成。

(2) 注射模模架的技术要求

模架是用来安装或支承成形零件和其他结构零件的基础,同时还要保证动、定模上有关零件的准确对合(如凸模和凹模),并避免模具零件的干涉,因此,模架组合后其安装基准面应保持平行,导柱、导套和复位杆等零件装配后要运动灵活、无阻滞现象。模具主要分型面闭合时的贴合间隙值应符合下列要求:

Ⅰ级精度模架　　　　为 0.02 mm

Ⅱ级精度模架　　　　为 0.03 mm

Ⅲ级精度模架　　　　为 0.04 mm

有关注射模模架组合后的详细技术要求,可参阅 GB/T 12555—90(大型注射模模架)、GB/T 12555—90(中小型注射模模架)。

(3) 注射模模架的加工

从零件结构和制造工艺考虑,如图 8.4 所示模架的基本组成零件有 3 种类型:导柱、导套及各种模板(平板状零件)。导柱、导套的加工主要是内、外圆柱面加工,适应加工不同精度要求的内、外圆柱面的各种工艺方法、工艺方案及基准选择等,在冷冲模模具的加工中已经讲到,这里不再重叙。支承零件(各种模板、支承板)都是平板状零件,在制造过程中主要进行平面加工和孔系加工。根据模架的技术要求,在加工过程中特别要注意保证模板平面的平面度和平行度误差以及导柱、导套安装与模板平面的垂直度误差。在平面加工过程中要特别注意防止弯曲变形。在粗加工后若模板有弯曲变形,在磨削加工时电磁吸盘会把这种变形矫正过来,但磨削后加工表面的形状误差并不会得到矫正,为此,应在电磁吸盘未接通电流的情况下,用适当厚度的垫片,垫入模板与电磁吸盘间的间隙中,再进行磨削。上、下两面用同样方法交替进行磨削,可获得 0.02/300 mm² 以下的平面度。若需要精度更高的平面,应采用刮研方法加工。

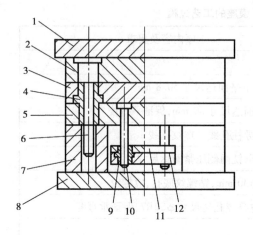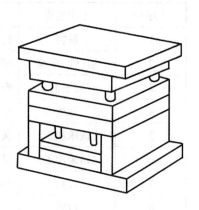

图 8.4　注射模架

1—定模座板；2—定模板；3—动模板；4—导套；5—支承板；6—导柱；7—垫块；

8—动模座板；9—推板导套；10—导柱；11—推杆固定板；12—推板

　　为了保证动、定模板上导柱、导套安装孔的位置精度，根据实际加工条件，可采用坐标镗床、双轴坐标镗床或数控坐标镗床进行加工。若无上述设备且精度要求较低的情况下，也可在卧式镗床或铣床上，将动、定模板重叠在一起，一次装夹，同时镗出相应的导柱和导套的安装孔。

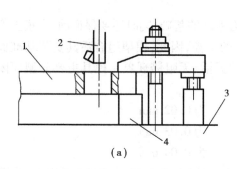

（a）

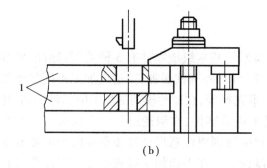

（b）

图 8.5　镗孔模板的装夹

（a）模板单个镗孔　（b)模板同时镗孔

1—模板；2—镗杆；3—工件；4—等高垫块

　　在对模板进行镗孔加工时，应在模板平面精加工后以模板的大平面及两相邻侧面作定位基准，将模板放置在机床工作台的等高垫铁上。各等高垫铁的高度应严格保持一致。对于精密模板，等高垫铁的高度差应小于 3 μm。工作台和垫铁应用净布擦拭，彻底清除切屑粉末。模板的定位面应用细油打磨，以去掉模板在搬运过程中产生的划痕。在使模板大致达到平行后，轻轻夹住。然后以长度方向的前侧面为基准，用千百表找正后将其压紧，最后将工作台移动一次，进行检验并加以确认。模板用螺栓加垫圈紧固，压板着力点不应偏离等高垫铁中心，以免模板产生变形，如图 8.5 所示。

　　对于有斜销的侧抽芯式注射模，模板上的斜销安装孔，根据实际加工条件，可将模板装夹在坐标镗床的万能转台上进行镗削加工，或者将模板装夹在卧式镗床的工作台上，将工作台偏转一定的角度进行加工。

8.2　其他结构零件的加工

8.2.1　浇口套的加工

常见的浇口套有两种类型,如图 8.6 所示。

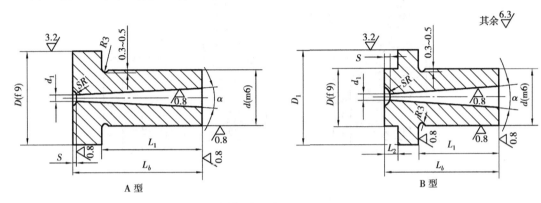

图 8.6　浇口套

图中 B 型结构在模具装配时,用固定在定模上的定位圈压住左端台阶面,防止注射时浇口套在塑料熔体的压力作用下退出定模。d 和定模上相应孔的配合为 H7/m6;D 与定位环内孔的配合为 H10/f9。由于注射成形时浇口套要与高温塑料熔体和注射机喷嘴接触和碰撞,浇口套一般采用碳素工具钢 T8A 制造,热处理硬度 57HRC。

与一般套类零件相比,浇口套锥孔小(其小端直径一般为 3 ~ 8 mm),加工较难,同时还应保证浇口套锥孔与外圆同轴,以便在模具安装时通过定位圈使浇口套与注射机的喷嘴对准。

表 8.6　加工浇口套的工艺路线

工序号	工序名称	工 艺 说 明
1	备料	按零件结构及尺寸大小选用热轧圆钢或锻件作毛坯 保证直径和长度方向上有足够的加工余量 若浇口套凸肩部分长度不能可靠夹持,应将毛坯长度适当加长
2	车削加工	车外圆 d 及端面留磨削余量 车退刀槽达设计要求 钻孔 加工锥孔达设计要求 调头车 D_1 外圆达设计要求 车外圆 D 留磨量 车端面保证尺寸 L_b 车球面凹坑达设计要求
3	检验	
4	热处理	淬火回火 55 ~ 58HRC
5	磨削加工	以锥孔定位磨外圆 d 及 D 达设计要求
6	检验	

8.2.2 侧型芯滑块的加工

当注射成形带有侧凹或侧孔的塑料制品时,模具必须带有侧向分型或侧向抽芯机构,如图 8.7 所示是一种斜销抽芯机构的结构图。在侧型芯滑块上装有侧型芯或成形镶块。如图 8.7 (a)所示为合模状态,图 8.7(b)为开模状态。

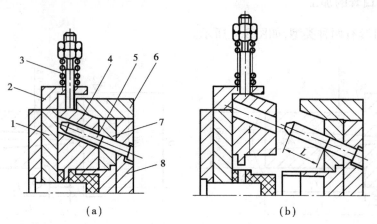

(a)   （b)

图 8.7　斜销抽芯机构

(a)合模状态　　（b)开模状态

1—动模板;2—限位块;3—弹簧;4—侧型芯滑块;5—斜销;6—楔紧块;7—凹模固定板;8—定模座板

侧型芯滑块与滑槽可采用如图 8.8 所示的结构组合。

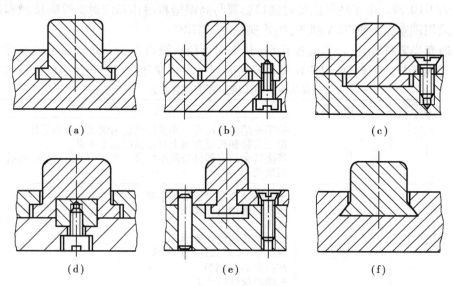

(a)　　　　　　　　（b)　　　　　　　　（c)

(d)　　　　　　　　（e)　　　　　　　　（f)

图 8.8　侧型芯滑块与滑槽的常见结构

如图 8.9 所示侧型芯滑块是侧向型芯机构的重要组成零件,注射成形和抽芯的可靠性需要它的运动精度来保证。滑块与滑槽的配合特性常选用 H8/g7 或 H8/h8,其余部分应留有较大的间隙。两者配合面的粗糙度 $Ra \leqslant 0.63 \sim 1.25\ \mu m$。滑块材料常采用 45 钢或碳素工具钢,导滑部分可局部或全部淬硬,硬度 $40 \sim 45 HRC$。

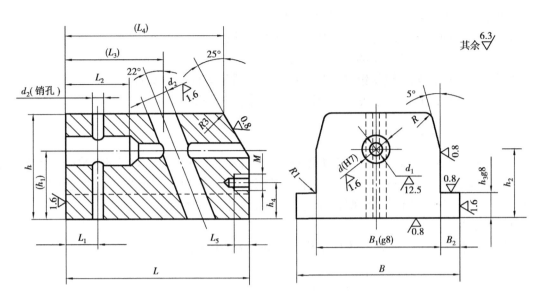

图 8.9　侧型芯滑块

如图 8.9 所示侧型芯滑块的加工工艺路线见表 8.7。

表 8.7　加工侧型芯滑块的工艺路线

工序号	工序名称	工 艺 说 明
1	备　料	将毛坯锻成平行六面体,保证各面有足够加工余量
2	铣削加工	铣六面
3	钳工划线	
4	铣削加工	铣导滑部,留磨削余量;铣各斜面达设计要求
5	钳工加工	去毛刺、倒钝锐边;加工螺纹孔
6	热处理	热处理达硬度要求
7	磨削加工	磨滑块导滑面达设计要求
8	镗型芯固定孔	将滑块装入滑槽内 按型腔上侧型芯孔的位置确定侧滑块上型芯固定孔的位置尺寸 按上述位置尺寸镗滑块上的型芯固定孔
9	镗斜导柱孔	动模板、定模板组合,楔紧块将侧型芯滑块锁紧(在分型面上用 0.2 mm 金属片垫实) 将组合的动、定模板装夹在卧式镗床的工作台上 按斜导柱孔的斜角偏转工作台,镗孔

8.3　模具成形零件的加工

模具的种类很多,模具成形零件的形状更是多种多样,它们的成形工作表面按其结构工艺特点,可分为以下两种类型:

1）外工作型面　如各种凸模、型芯的工作表面。

2）内工作型面　按其结构特点将其分为以下两种：

①型孔（通孔）。如冲裁模的凹模工作孔。

②型腔（盲孔）。如锻模模镗，塑料模、压铸模的成形零件工作型面。

不同的工作型面其加工方法也不相同。下面分别进行分析。

8.3.1　凸模、型芯类零件

各种模具的凸模、型芯零件，由于工作条件、使用要求不同，因此，它们的形状、尺寸、精度、材料和热处理要求也不尽相同。但是，它们都是模具的工作零件，与模具的技术经济指标密切相关，都要采用优质工具钢材料，都有较复杂的形状和较高的精度。

（1）冲压凸模

1）冲压凸模的结构　冲压凸模的结构形式如图8.10所示。

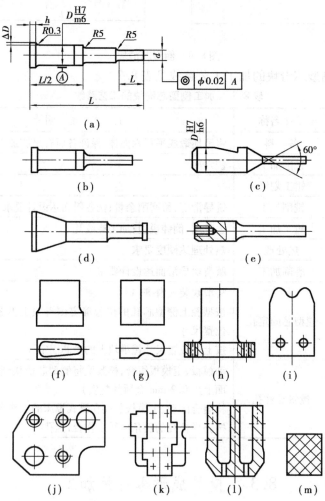

图8.10　冲压凸模结构的基本形式

图 8.10(a)和(b)分别为圆形长凸模和圆形短凸模,主要用于圆形冲裁模具,该零件的台阶尾部没有采用退刀槽结构,而且要用小圆弧转接,是基于加工和装配时强度和刚度的考虑,其尺寸关系如表 8.8 所列。其余部分台阶也是圆弧转接,固定部分为 H7/m6 配合。

图 8.10(c)为圆形快换凸模的一种,不同直径之间以 60°的圆锥形转接,固定部分为 H7/h6 配合。

图 8.10(d)和(e)凸模的固定部分均为圆锥面配合,(d)多用于冷挤压模具;(e)用于冲裁模,凸模更换方便。

图 8.10(f)凸模截面形状多为近似简单几何形状,淬火之后磨削容易,固定部分的加粗,有利于凸模的强度和刚度。

图 8.10(g)为直通式凸模,它便于电火花线切割和成形磨削加工,是复杂形状冲裁凸模的主要结构形式。

图 8.10(h)、(i)、(j)、(k)、(l)均采用紧固件方式与固定板相联,(h)为凸缘凸模,在冲裁模、弯曲模和拉深模中普遍采用;(i)主要用于弯曲模;(j)用于大截面凸模,在凸模大端面直接作螺钉孔、销钉孔或销钉衬套孔;(k)用于复杂截面的拼块式凸模,各拼块之间以结构要素定位,螺钉固紧,拼块磨削要求高;(l)凸模为铸造结构,用于大型覆盖件拉深模。

图 8.10(m)为软凸模,材料是聚氨酯橡胶。

表 8.8 圆形凸模台阶尾部尺寸/mm

ΔD	1.5			2		2.5		3	
H	3	5	6	3	6	3	6	3	6

2)材料及热处理 冲压凸模的基本材料有碳素工具钢,如 T8A,T10A;合金工具钢,如 9Mn2V,Cr6WV,Cr12,Cr12MoV 等代表材料。其中,Cr6WV 是高强度微变形高碳中铬钢,主要用于大批量生产冲模,模具寿命接近 Cr12MoV,在小型精压模、重载冷镦凸模、中等负荷冷挤压凸模上都有良好的效果。但用于高硅钢片冲裁模,寿命偏低。除此以外,常用的冲压凸模材料还有 65Cr4W3Mo2VNb(简称 65Nb)。轴承钢 GCr15、高速钢等材料,凸模零件要求进行淬火和回火处理,热处理后工作部分的硬度大于 55HRC,凸模零件毛坯形式原则上为锻件,特别是高碳高铬工具钢和高速钢,必须进行充分的"改锻",才能发挥材料的性能。

对于大型覆盖件拉深凸模,毛坯形式为铸件,常用的材料有合金铸铁,如 Ni-Cr 铸铁、Mo-Cr 铸铁和 Mo-V 铸铁,凸模工作表面进行火焰淬火,空气冷却,淬火后的硬度 Ni-Cr 铸铁为 40~45HRC,Mo-Cr 铸铁为 55~60HRC,Mo-V 铸铁为 47~52HRC。

对于软凸模,材料为聚氨酯橡胶,主要用于薄材料冲裁和成形模具,用于冲裁时要求硬度为邵氏硬度 95A,成形模时的硬度为邵氏硬度 65~80 A。

3)位置精度 凸模零件的位置精度有工作部分和固定部分的位置精度要求,在图 8.10(a)中,图样标明要求工作部分相对固定部分的同轴度误差 <ϕ0.02 mm,这条要求也同样适用于图 8.10(b)、(c)、(d)和(e)凸模。一般在加工时,通过一次装夹磨削或者采用同一安装定位基准加工的工艺措施来保证。对于(f)凸模,一方面在加工时,严格控制工作部分和固定部分的位置精度,另一方面将固定部分由 H7/m6 配合,改为粘接式或者冷涨式固定。对于图 8.10(h)、(i)、(j)和(l)凸模,不存在位置精度问题。

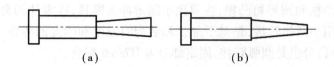

图 8.11　冲裁凸模工作段的锥度形式

（a）允许　（b）不允许

4）冲裁凸模工作段的锥度问题　冲裁凸模工作段的长度方向,不希望出现锥度。由于制造误差出现锥度,如图 8.11（a）所示锥度在直径尺寸公差范围内是允许的,但是图 8.11（b）在任何状态都是不允许的。

（2）塑料模凸模和型芯

1）基本结构形式　塑料模凸模和型芯的基本结构形式如图 8.12 所示。

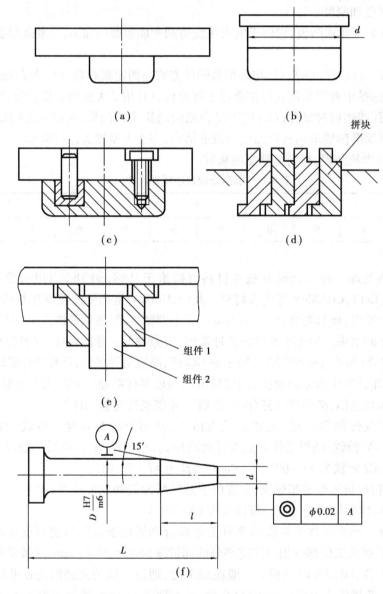

图 8.12　塑料模凸模与型芯的基本结构形式

图 8.12（a）为整体式凸模,结构简单,但是加工不方便,在加工时要保证台阶平面在同一平面内,它主要适用于形状比较简单,凸模长度不长,加工比较方便的情况下;

图 8.12(b)凸模尾部为台阶式,装入模板内,台阶面承受开模力,结构可靠,在中型和小型塑料模中应用普遍;

图 8.12(c)凸模端面与模板间用圆柱销定位、螺钉连接,它适用于较大截面和形状比较复杂的凸模,型面的加工便于采用磨削和电火花线切割加工;

图 8.12(d)凸模为拼块式凸模,它为多块凸模相拼合,主要用于形状比较复杂,难以加工,通过分解使加工精度易保证,但是在拼合后要保证尺寸精度,避免积累误差;

图 8.12(e)为组合式凸模,主要从加工工艺角度考虑,在不影响凸模使用和强度的情况下,便于制造加工;

图 8.12(f)为小直径型芯的基本结构形式。

2)材料及热处理　塑料模凸模和型芯的材料与冲压凸模相近,简单形状便于热处理后精加工的凸模材料为 T8A,T10A,复杂形状的凸模材料为 9Mn2V,Cr6WV,CrWMn,5CrMnMo,5CrNiMo。对于简单形状凸模和型芯热处理硬度为 45~60HRC,对于复杂形状凸模热处理硬度为 40~50HRC。

3)表面粗糙度要求　对于凸模和型芯的表面粗糙度要求,成形表面的粗糙度为 $Ra0.2~0.1~\mu m$,对于塑料流动性差和塑件表面粗糙度值要求低的为 $Ra0.1~0.025~\mu m$,凸模与加料室接触部分的表面粗糙度为 $Ra1.6~0.2~\mu m$,因此,以上表面都要进行研磨和抛光加工,另外还需进行镀铬处理,铬层厚度为 $0.015~0.02~\mu m$,在镀铬前后各表面都应进行抛光。

4)位置精度要求　在零件加工工艺上要保证凸模和型芯上的工作部分和固定部分同轴度的要求。

5)脱模斜度表示法　塑料模的凸模、型芯和型腔、型孔的成形部分都要有脱模斜度,在图样上脱模斜度的部位及长度、脱模斜度的大小,都应该有明显和明确的表示,目前,脱模斜度的表示有以下几种形式:

第 1 种表示方法如图 8.12(f)所示,在 L 长度内有 15′的脱模斜度;

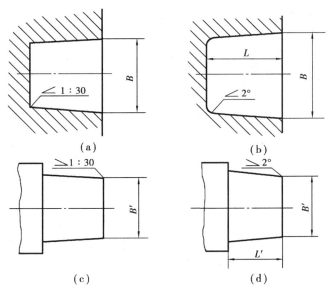

图 8.13　脱模斜度的表示方法

第 2 种表示方法如图 8.13 所示。图 8.13(a)和(b)表示型腔,B 尺寸为型腔或型孔的最大极限尺寸,在 L 长度内,向左缩小有 1∶30 或 2°的脱模斜度;图 8.13(c)和(d)表示凸模或型芯,B′尺寸为凸模或型芯的最小极限尺寸,在 L 长度内,向左扩大有 1∶30 或 2°的脱模斜度。

(3)型芯零件加工工艺分析

塑料模型芯零件如图 8.14 所示。

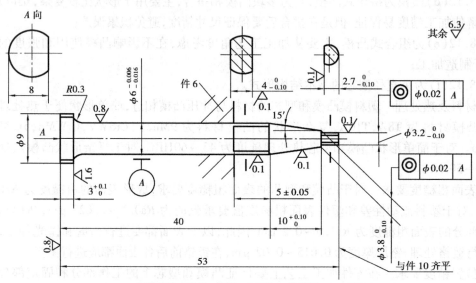

零件名称:型芯　材料:CrWMn　热处理:45~50HRC
数量:20 件　 $Ra0.1\,\mu m$ 　表面镀铬抛光 $\delta = 0.015$ mm

图 8.14　塑料模型芯

1)工艺性分析

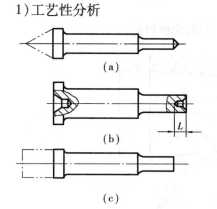

图 8.15　细长轴装卡基本形式

该零件是塑料模的型芯,从零件形状上分析,该零件的长度与直径的比例超过 5∶1,属于细长杆零件,但实际长度并不长,截面主要是圆形,在车削和磨削时应解决加工装卡问题,在粗加工车削时毛坯应为多零件一件毛坯,既方便装夹,又节省材料。在精加工磨削外圆时,对于该类零件装卡方式有 3 种形式,如图 8.15 所示。

图 8.15(a)是反顶尖结构,适用于外圆直径较小,长度较大的细长杆凸模、型芯类零件, $d < 1.5$ mm 时,两端做成 60°的锥形顶尖,在零件加工完毕后,再切除反顶尖部分。

图 8.15(b)是加辅助顶尖孔结构,两端顶尖孔按 GB 145—85 要求加工,适用于外圆直径较大的情况, $d \geqslant 5$ mm 时,工作端的顶尖孔,根据零件使用情况决定是否加长,当零件不允许保留顶尖孔时,在加工完毕后,再切除附加长度和顶尖孔。

图 8.15(c)是加长段在大端的作法,介于(a)和(b)之间,细长比不太大的情况。

该零件是细长轴,从零件形状和尺寸精度看,零件要求进行淬火处理,加工方式主要是车削和外圆磨削,加工精度要求在外圆磨削的经济加工范围之内。零件要求有脱模斜度也在外圆磨削时一并加工成形。另外,外圆几处磨扁处,在工具磨床上完成。

该零件材料是 CrWMn,热处理硬度 45～50HRC,工作时在型腔内要承受熔融状塑料的冲击,要求有一定的韧性,长期工作中不发生脆性断裂和早期塑性变形。因此,要求进行淬火处理。CrWMn 材料属于锰铬钨系低变形合金工具钢,有较好的淬硬性(HRC≥60)和淬透性(油淬,$D=30～50$ mm);淬硬层为 1.5～3 mm,该材料有较好的强韧性;淬火时不易淬裂,并且变形倾向小,有较好的耐磨性。CrWMn 材料在我国沿用较广,时间较长。在锰铬钨系钢中,CrWMn 材料的综合性能并不优良,国内外均趋于缩小使用范围。推荐代替的在锰铬钨系钢材料有 MnCrWV 和 SiMnMo 钢。该零件作为细长轴类,在热处理时,不得有过大的弯曲变形,弯曲翘曲控制在 0.1 mm 之内。塑料模型芯等零件的表面,要求耐磨耐腐蚀,成形表面的表面粗糙度能长期保持不变,在长期 250 ℃工作时表面不氧化,并且要保证塑件表面质量要求和便于脱模。因此,要求淬硬,成形表面 $Ra0.1$ μm,并进行镀铬抛光处理。该零件成形表面在磨削时保持表面粗糙度为 $Ra0.4$ μm 基础上,进行抛光加工,在模具试压后进行镀铬抛光处理。

零件毛坯形式,采用圆棒型材料,经下料后直接进行机械加工。

该型芯零件一模需要 20 件,在加工上还有一定的难度,根据精密磨削和装配的需要,为了保证模具生产进度,在开始生产时就应制作一部分备件,这也是模具生产的一个特色。在模具生产组织和工艺上都应充分考虑,总加工数量为 24 件,备件 4 件。

2)工艺方案

一般中小型凸模、型芯加工的方案为:

备料→粗车(普通车床)→热处理(淬火、回火)→检验(硬度、弯曲度)→研中心孔或反顶尖(车床、台钻)→磨外圆(外圆磨床、工具磨床)→检验→切顶台或顶尖(万能工具磨床、电火花线切割机床)→研端面(钳工)→检验

3)工艺过程

材料:CrWMn,零件总数量 24 件,其中,备件 4 件。毛坯形式为圆棒料,8 个零件为一件毛坯。塑料模型芯加工工艺过程见表 8.9。

表 8.9 塑料模型芯加工工艺过程

序号	工序名称	工 序 主 要 内 容
1	下料	圆棒料 ϕ12 mm×550 mm,3 件
2	车	按图车削,$Ra0.1$ μm 及以下表面留双边余量 0.3～0.4 mm,两端在零件长度之外做反顶尖
3	热	淬火、回火:40～45HRC,弯曲≤0.1 mm
4	车	研磨反顶尖
5	外圆磨	磨削 $Ra1.6$ μm 及以下表面,尺寸磨至中限范围,$Ra0.4$ μm
6	车	抛光 $Ra0.1$ μm 外圆达图样要求
7	线切割	切去两端反顶尖
8	工具磨	磨扁 $2.7_{-0.10}^{0}$ mm、$4_{-0.10}^{0}$ mm 至中限尺寸以及尺寸 8 mm
9	钳	抛光 $Ra0.1$ μm 两扁处
10	钳	模具装配(试压)
11	电镀	试压后 $Ra0.1$ μm 表面镀铬
12	钳	抛光 $Ra0.1$ μm 表面

(4)非圆形凸模加工工艺分析

某冲孔模的凸模如图8.16所示。

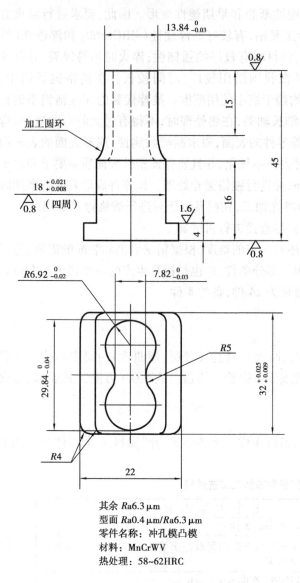

其余 $Ra6.3\ \mu m$
型面 $Ra0.4\ \mu m/Ra6.3\ \mu m$
零件名称:冲孔模凸模
材料:MnCrWV
热处理:58~62HRC

图8.16　冲孔模凸模

1)工艺性分析

该零件是冲孔模的凸模,工作零件的制造方法采用"实配法"。冲孔加工时,凸模是"基准件",凸模的刃口尺寸决定制件尺寸,凹模型孔加工是以凸模制造时刃口的实际尺寸为基准来配制冲裁间隙的,凹模是"基准件"。因此,凸模在冲孔模中是保证产品制件型孔的关键零件。冲孔凸模零件的"外形表面"是矩形,尺寸为22 mm × 32 mm × 45 mm,在零件开始加工时,首先保证"外形表面"尺寸。零件的"成形表面"是由 $R6.92\ _{-0.02}^{0}$ mm × $29.84\ _{-0.04}^{0}$ mm × $13.84\ _{-0.02}^{0}$ mm × $R5$ × $7.82\ _{-0.03}^{0}$ mm组成的曲面,零件的固定部分是矩形,它和成形表面呈台阶状,该零件属于小型工作零件,成形表面在淬火前的加工方法可以采用仿形刨削或压印法;淬火后的精密加工可以采用坐标磨削和钳工修研的方法。采用压印法加工需要制作基准件,用凹模做基准显然不合理,做个基准件又增加了二级工具,实际生产设备又没有坐标磨床。采用仿形刨削做为淬火前的主要加工手段,在淬火中控制热处理变形量,淬火后的精加工通过模具钳工的加工来保证。

零件的材料是MnCrWV,热处理硬度58~62HRC,是低合金工具钢,也是低变形冷作模具钢,具有良好的综合性能,是锰铬钨系钢的代表性钢种。由于材料含有微量的钒,可以抑制网状碳化物,增加淬透性和降低热敏感性,使晶粒细化。零件为实心零件,各部位尺寸差异不大,热处理较易控制变形,达到图样要求。

2)工艺方案

对复杂型面凸模的制造工艺应根据凸模形状、尺寸、技术要求并结合本单位设备情况等具体条件来进行制订,此类复杂凸模的工艺方案为:

备料→锻造→热处理(退火)→刨(或铣)六面→平磨(或万能工具磨)六面至尺寸上限→钳工划线→粗铣外形→仿形刨或精铣成型表面→检查→钳工粗研→热处理→钳工精研及抛光

此类结构凸模的工艺方案不足之处就是淬火之前机械加工必须成形,这样势必带来热处理的变形、氧化、脱碳、烧蚀等问题,影响凸模的精度和质量。在选材时应采用热变形小的合金工具钢如 CrWMn,Cr12MoV 等;采用高温盐浴炉加热、淬火后采用真空回火炉回火稳定处理,防止过烧和氧化等现象产生。

3)型面检验及二级工具

检查二维复杂的曲面成形表面的形状和尺寸,在不便于采用通用量具进行直接检验时,在模具生产中,广泛采用型面样板法和光学投影仪上通过放大图来检验。可以采用型面样板二级工具,利用型面检验样板的透光度检验成形表面。

4)工艺过程

冲孔模凸模加工工艺过程如表8.10所示。

表 8.10　冲孔模凸模加工工艺过程

序号	工序名称	工序主要内容
1	下料	锯床下料,$\phi40$ mm $\times 43^{+4}_{0}$ mm
2	锻造	锻成 37 mm $\times$ 27 mm $\times$ 50 mm
3	热处理	退火,HBS≤229
4	立铣	铣六方 32 .4 mm $\times$ 22 mm $\times$ 45.4 mm
5	平磨	磨六方,对 90°
6	钳	去毛刺,划线
7	工具铣	铣型面及台阶 18 $\times$ 4,留双边余量 0.4 ~ 0.5 mm
8	仿形刨	按线找正刨型面,留双边余量 0.1 ~ 0.15 mm
9	钳	修型面留余量 0.02 ~ 0.03 mm,对样板。倒角 $R4$ mm
10	热	淬火、回火 58 ~ 62HRC
11	平磨	光上下面,找正磨削尺寸 18 mm $\times$ 32 mm
12	钳	修研型面达图样要求,对样板

5)型面检验样板的设计与制造

冲孔凸模的型面检验样板图如图8.17所示。

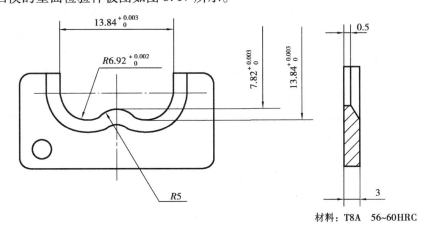

材料:T8A　56~60HRC

图 8.17　冲孔凸模型面检验样板

(5)冲裁凸凹模零件加工工艺分析

冲裁凸凹模零件如图8.18所示。

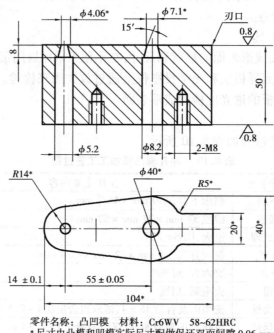

零件名称：凸凹模　材料：Cr6WV　58~62HRC
* 尺寸由凸模和凹模实际尺寸配做保证双面间隙 0.06 mm
说明：凸模和凹模应分别加工到该图所示的基本尺寸

图 8.18　冲裁凸凹模

1）工艺性分析

冲裁凸凹模零件是完成制件外形和两个圆柱孔的工作零件，从零件图上可以看出，该成形表面的加工，采用"实配法"，外成形表面是非基准外形，它与落料凹模的实际尺寸配制，保证双面间隙为 0.06 mm；凸凹模的两个冲裁内孔也是非基准孔，与冲孔凸模的实际尺寸配间隙。

该零件的外形表面尺寸是 104 mm×40 mm×50 mm。成形表面是外形轮廓和两个圆孔。结构表面是用于紧固的两个 M8 mm 的螺纹孔。凸凹模的外成形表面是分别由 R14* mm，$\phi40^*$ mm，R5* mm 的 5 个圆弧面和 5 个平面组成，形状比较复杂。该零件是直通式的。外成形表面的精加工可以采用电火花线切割、成形磨削和连续轨迹坐标磨削的方法。该零件的底面还有两个 M8 mm 的螺纹孔，可供成形磨削夹紧固定用。凸凹模零件的两个内成形表面为圆锥形，带有 15′ 的斜度，在热处理前可以用非标准锥度铰刀铰削，在热处理后进行研磨，保证冲裁间隙。因此，应该进行二级工具锥度铰刀的设计和制造。如果具有切割斜度的线切割机床，两内孔可以在线切割机床上加工。

凸凹模零件材料为 Cr6WV 高强度微变形冷冲压模具钢。热处理硬度 58 ~ 62HRC。Cr6WV 材料易于锻造，共晶碳化物数量少。有良好的切削加工性能，而且淬火后变形比较均匀，几乎不受锻件质量的影响。它的淬透性和 Cr12 系钢相近。它的耐磨性、淬火变形均匀性不如 Cr12MoV 钢。

零件毛坯形式应为锻件。

2）工艺方案

根据一般工厂的加工设备条件，可以采用两个方案：

方案1:备料→锻造→退火→铣六方→磨六面→钳工划线作孔→镗内孔及粗铣外形→热处理→研磨内孔→成形磨削外形

方案2:备料→锻造→退火→铣六方→磨六面→钳工作螺孔及穿丝孔→热处理→电火花线切割内外形→研磨内孔及成形面

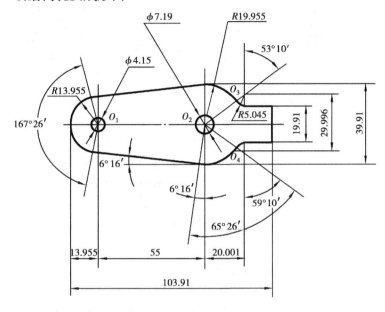

图 8.19　凸凹模成形磨削工艺尺寸图

3)工艺过程的制定(采用方案1):

表 8.11　冲裁凸凹模加工工艺过程

序　号	工序名称	工 序 主 要 内 容
1	下料	锯床下料,$\phi56 \times 117^{+4}_{0}$ mm
2	锻造	锻造 110 mm×45 mm×55 mm
3	热处理	退火,硬度 HB≤241
4	立铣	铣六方 104.4 mm×50.4 mm×40.3 mm
5	平磨	磨六面,对 90°
6	钳	划线,去毛刺,做螺纹孔
7	镗	镗两圆孔,保证孔距尺寸,孔径留 0.1～0.15 mm 的余量
8	钳	铰圆锥孔留研磨量,做漏料孔
9	工具铣	按线铣外形,留双边余量 0.3～0.4 mm
10	热处理	淬火、回火 58～62HRC
11	平磨	光上下面
12	钳	研磨两圆孔,(车工配制研磨棒)与冲孔凸模实配,保证双面间隙为 0.06 mm
13	成形磨	在万能夹具上,找正两圆孔磨外形,与落料凹模实配,保证双面间隙为 0.09 mm。成形磨削工艺尺寸图如图 8.19 所示

(6)冷挤压凸模加工工艺分析

冷挤压凸模零件如图 8.20 所示。

213

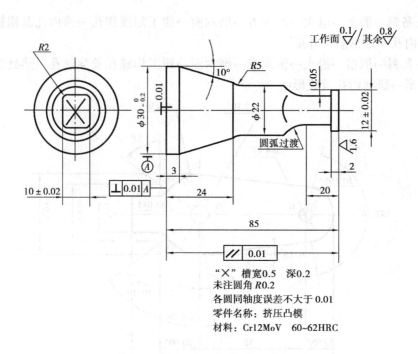

工作面 $\sqrt{\frac{0.1}{}}$ / 其余 $\sqrt{\frac{0.8}{}}$

"✕"槽宽0.5 深0.2
未注圆角 R0.2
各圆同轴度误差不大于0.01
零件名称：挤压凸模
材料：Cr12MoV　60~62HRC

图8.20　冷挤压凸模

1）工艺性分析

冷挤压凸模在工作时,凸模要承受很大的压力,凹模则承受很大的张力,其单位压力可达制件毛坯材料强度极限的4~6倍。

由于挤压时金属在型腔内流动,使凸模和凹模的工作面都承受剧烈的摩擦。这种摩擦和金属被挤压材料的剧烈变形,将产生热量,使模具表面的瞬间温度达200~300 ℃,因此,要求冷挤压凸模在长期工作时不得出现折断和弯曲疲劳断裂;并且要有较高的耐磨性和断裂抗力。

凸模材料为Cr12MoV,热处理硬度60~62HRC,Cr12MoV材料具有高的耐磨性、淬透性、微变性、高热稳定性、高的抗压强度,是高碳高铬微变形高合金工具钢,缺点是原型材的共晶碳化物偏析严重,应通过充分的"改锻"才能发挥材料的性能。

零件的形状为细长杆,为增加零件的刚度,在工作段之后,直径逐渐加粗,各过渡处为圆弧转接,为增强凸模的承力面,固定端呈锥形。模具工作表面较短,以减小被挤压材料和凸模的摩擦,但是,要求四周工作表面的表面粗糙度数值较小。

零件毛坯形式为锻件,通过"改锻"来改善原材料中共晶碳化物偏析和网状碳化物状态,应该采用"多向镦拔法",充分发挥材料的性能,在锻造之后进行碳化物偏析检验和晶粒度检查。

为了便于加工和测量,在大端增加工艺尾柄,各直径方向外形表面尽量一次装夹或同一基准装夹加工,保证工作端和固定端有良好的平行度和垂直度。各主要表面在热处理之后进行精密磨削加工和抛光,保证表面粗糙度要求。在各阶段加工中,各过渡部分要圆弧过渡,不留粗加工刀痕和磨削裂纹,以保证凸模工作寿命。

综上所述,凸模的刚度、强度、耐疲劳性和高寿命是冷挤压凸模工艺分析的重点。

2）工艺方案

一般挤压凸模的工艺方案为：

备料→锻造→等温退火→车、铣→淬火及回火稳定处理→磨加工→成品检验→工具磨切

夹头、顶台→时效处理→研磨抛光

工艺流程虽简单,但各工序必须有严格而详细的施工说明,这样才能保证挤压模具的高质量。如锻造时根据不同材料和要求制订及执行预热→加热→始锻→终锻的温度、时间以及镦拔次数等技术规范;锻后还应放入干燥的石灰粉中冷却,以防冷却速度过快。

冷挤压凸模材料主要是含碳量较高的共析钢和过共析钢,因此,锻后常采取等温球化退火,其目的是降低硬度、改善加工性能、细化组织,减少工件变形和开裂,并为最终热处理打下基础。等温球化退火比完全退火周期短、效率高。

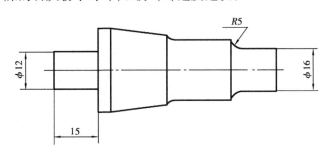

图 8.21 凸模工序草图

由于凸模前端是工作面,不允许有中心孔存在,因此,在车加工时应留有顶台并做中心孔。此中心孔是后续各工序的加工基准,应注意保护,直至凸模成品检验合格后,才将顶台切掉,并磨好前端面,最后检验全长尺寸和外观。

在粗车加工时对尾部带有夹紧锥体的凸模,由于后续工序需要铣削和外圆磨等,因此,在其尾端应留有装夹部位,俗称留夹头并打中心孔,同样它也是在成检后切掉夹头并磨好端面。

最终热处理多采用高温盐浴炉进行加热后,油介质中淬火,有条件的工厂对淬火前已成形、淬火后无法再机械加工的凸模,采取真空炉加热淬火,这对防止脱碳和氧化效果更佳。

在磨削精加工中要针对凸模材质选择适宜的砂轮,其硬度、粒度、磨料品种均应合理,磨削中切削用量要选择合理,冷却液应充分,切忌干磨和使用钝砂轮,应及时修整砂轮,保持其锋利。否则将在模具表面形成磨削应力,产生裂纹、烧伤、退火、脆裂及早期失效现象。因此,模具磨削后应在 260 ~ 315 ℃ 低温下进行除应力处理。

为提高模具寿命,提高研磨抛光质量也是非常重要的措施,工作表面不应有刀痕、磨痕,研磨抛光方向应与模具受力方向平行;方形六角或其他异形凸模凡尖角处应圆滑过渡,防止应力集中。

3)工艺过程

冷挤压凸模加工工艺过程见表8.12。

表 8.12　冷挤压凸模加工工艺过程

序　号	工序名称	工 序 主 要 内 容
1	下料	锯床下料 $\phi42$ mm $\times 60^{+4}_{0}$ mm
2	锻造	多向镦拔,碳化物偏析控制在 1 ~ 2 级,晶粒度 10 级
3	热处理	退火≤207 ~ 255HBS
4	车	按图车削,大端加工工艺尾柄如图 8.21 所示,$Ra0.8$ μm 以下表面留双边余量 0.3 ~ 0.4 mm,矩形部分车至 $\phi16$ mm
5	平磨	利用 V 形铁夹具,以工艺尾柄为基准磨削小端面

续表

序　号	工序名称	工 序 主 要 内 容
6	钳	去毛刺,在小端面划线
7	工具铣	铣削矩形部分,留双边余量 0.3 ~ 0.4 mm
8	钳	修圆角
9	热处理	淬火、回火 60 ~ 62HRC
10	外圆磨	以 $\phi22$ mm 为基准,磨削工艺尾柄外圆
11	外圆磨	以工艺尾柄为基准磨削 $3_{-0.2}^{\ 0}$ mm,10°锥面,$\phi22$ mm
12	工具磨	以工艺尾柄为基准找正 $\phi18$ mm 外圆,磨削矩形部分
13	钳	修油圆角
14	工具磨	磨削小端面槽
15	线切割	切除工艺尾柄
16	平磨	磨削大端面,保证与轴心线垂直
17	钳	研抛工作面及圆弧

8.3.2　型孔、型腔板类零件

(1)概述

冲压模具的凹模以及塑料模具的动模、定模的型孔板和型腔板是模具的工作零件,它们的形状、尺寸、精度和相对应的凸模、型芯、镶块等零件要求互相协调或配合一致。此外,和凹模、型孔板和型腔板相关的固定板、卸料板、推板等零件也属于型孔、型腔板类零件,也有较高的技术要求。这类零件统称为型孔、型腔板类零件。

1)结构形式

型孔、型腔板类零件,从模具制造工艺的角度,可以分为单型孔板和多型孔板。

①单型孔板:只有一个工作型孔或型腔的板叫单型孔板。如单工序冲压模具的凹模、单一型腔或型孔的塑料模的动模和定模。这类型孔、型腔板没有多型孔的孔距要求,制造比较简单。

②多型孔板:具有多个工作型孔或型腔的板叫多型孔板。如级进冲压模的凹模、多型孔或型腔的塑料模的动摸和定模。这类多型腔板零件除有较高的孔径和孔距要求外,还有与相关零件之间的孔距一致性要求等。

2)功能

型孔、型腔板零件,从制造工艺上看,可以分为基准板和非基准板。

①基准板:在加工过程中,几个相关的板,以某一件板为基准,其他相关各板与基准板的实际尺寸一致或协调。如级进冲压模的凹模、导板模的导板、塑料模的动模和定模。

②非基准板:与基准板实际尺寸一致或协调的各板。如冲压模具的固定板和卸料板,塑料模的固定板和推板。

3）材料及热处理

型孔和型腔的基准板中，除注射成形软质塑料的注射模的型孔和型腔板，可以采用 40Cr，T7A，12CrNi3A 等材料经调质处理 28~32HRC 以外，其他基准板都要求采用性能较好的模具钢，并经过淬火和回火处理，HRC>45 以上。

4）尺寸标注

模具型孔、型腔板的尺寸标注，传统标注方法以零件的对称中心为基准，按照对称方式标注孔距尺寸。目前，使用数控机床和数显机床越来越广泛，因此，在尺寸标注上，尽量和加工要求相协调。除传统的对称标注外，图 8.22 和图 8.23 为常用标注方式。

图 8.22 是以中心线为基准和以基准面为基准的综合标注方式。

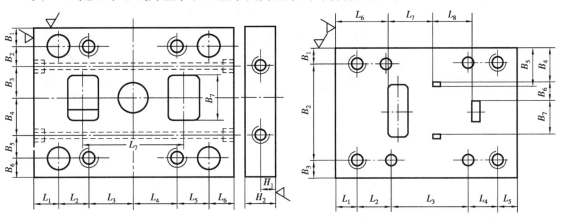

图 8.22　综合标注法　　　　　　　　　图 8.23　坐标标注法

图 8.23 是以基准面为基准的坐标标注方式。

（2）冲裁凹模零件加工工艺分析

图 8.24 是几种典型的冲裁凹模的结构图。

这些冲裁凹模的工作内表面，适用于成形制件外形，都有锋利刃口将制件从条料中切离下来，此外还有用于安装的基准面，定位用的销孔和紧固用的螺钉孔，以及用于安装其他零部件用的孔、槽等。因此，在工艺分析中如何保证刃口的质量和形状位置的精度是至关重要的。

对于图 8.24（a）圆凹模，其典型工艺方案是：

备料→锻造→退火→车削→平磨→划线→钳工（螺孔及销孔）→淬火→回火→万能磨内孔及上端面→平磨下端面→钳工装配

对于图 8.24（b）的整体复杂凹模，其工艺方案与简单凹模有所不同，具体为：

备料→锻造→退火→刨六面→平磨→划线→铣漏料孔→钳工（钻各孔及中心工艺孔）→淬火→回火→平磨→数控线切割→钳工研磨

如果没有电火花线切割设备，其工艺可按传统的加工方法：即先用仿形刨或精密铣床等设备将凸模加工出来，用凸模在凹模坯上压印，然后借助精铣和钳工研配的方法来加工凹模。其方案为：

刨→平磨→划线→钳压印→精铣内形→钳修至成品尺寸→淬火回火→平磨→钳研抛光

对图 8.24（c）组合凹模，常用于汽车等大型覆盖件的冲裁。对大型冲裁模的凸、凹模因其尺寸较大（在 800 mm×800 mm 以上），在加工时如果没有大型或重型加工设备（如锻压机、加热炉、机床等),于是一些工厂常采用"蚂蚁啃骨头"的方法来加工,就是将模具分为若干小块,以便采用现有的中小设备来制造,分块加工完毕后再进行组装。

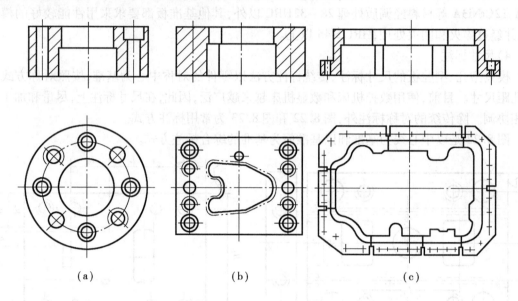

图 8.24　冲裁凹模结构图

(a)简单圆凹模　(b)整体复杂凹模　(c)大型镶拼式凹模

(3)级进冲裁凹模的加工

级进冲裁凹模如图 8.25 所示。

1)工艺性分析

该零件是级进冲裁模的凹模,采用整体式结构,零件的外形表面尺寸是 120 mm × 80 mm×18 mm,零件的成形表面尺寸是 3 组冲裁凹模型孔,第 1 组是冲定距孔和两个圆孔,第 2 组是冲两个长孔,第 3 组是一个落料型孔。这 3 组型孔之间有严格的孔距精度要求,它是实现正确级进和冲裁而保证产品零件各部分位置尺寸的关键。再就是各型孔的孔径尺寸精度,它是保证产品零件尺寸精度的关键。这部分尺寸和精度是该零件加工的关键。结构表面包括螺纹连接孔和销钉定位孔等。

该零件是这付模具装配和加工的基准件,模具的卸料板、固定板,模板上的各孔都和该零件有关,以该零件的型孔的实际尺寸为基准来加工相关零件个孔。

零件材料为 MnCrWV,热处理硬度 60 ~ 64HRC。零件毛坯形式为锻件,金属材料的纤维方向应平行于大平面与零件长轴方向垂直。

零件各型孔的成形表面加工,在进行淬火后,采用电火花线切割加工,最后由模具钳工进行研抛加工。

型孔和小孔的检查:型孔可在投影仪或工具显微镜上检查,小孔应制做二级工具"光面量规"进行检查。

2)工艺方案

级进冲裁凹模的加工工艺方案为:

下料→锻造→热处理→铣六方→平磨→钳(划线,做螺纹孔及销钉孔)→工具铣→热处理→平磨→线切割→钳(研磨各型孔)

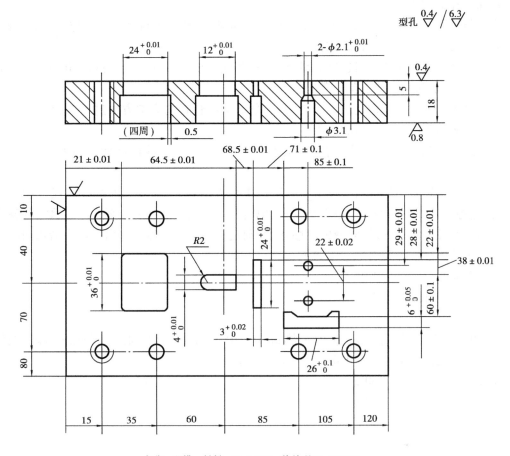

名称：凹模　材料：MnCrWV　热处理 60~64HRC

图 8.25　级进冲裁凹模

3）工艺过程的制订

级进冲裁凹模的加工工艺过程见表 8.13。

表 8.13　级进冲裁凹模的加工工艺过程

序　号	工序名称	工　序　主　要　内　容
1	下料	锯床下料 $\phi 56$ mm $\times 105^{+4}_{~0}$ mm
2	锻造	锻六方 125 mm $\times 85$ mm $\times 23$ mm
3	热处理	退火，HBS≤229
4	立铣	铣六方，120 mm $\times 80$ mm $\times 18.6$ mm
5	平磨	光上下面，磨两侧面，对 90°
6	钳	倒角去毛刺，划线，做螺纹孔及销钉孔
7	工具铣	钻各型孔线切割穿丝孔，并铣漏料孔
8	热处理	淬火、回火 60 ~64HRC
9	平磨	磨上下面及基准面，对 90°
10	线切割	找正，切割各型孔留研磨量 0.01 ~ 0.02 mm
11	钳	研磨各型孔

4）漏料孔的加工

冲裁漏料孔的作用是在保证型孔工作面长度基础上，减小落料件或废料与型孔的摩擦力。关于漏料孔的加工主要有 3 种方式：

①在零件淬火之前，在工具铣床上将漏料孔铣削完毕。这在模板厚度 ≥50 mm 以上的零件中尤为重要，是漏料孔加工首先考虑的方案。

②电火花加工法。在型孔加工完毕，利用电极从漏料孔的底部方向进行电火花加工。这种方法尤其适用于已淬火的模具零件。

③浸蚀法。利用化学溶液，将漏料孔尺寸加大。一般漏料孔尺寸比型孔尺寸单边大 0.5 mm 即可。

浸蚀法是利用酸性溶液对金属材料的腐蚀来扩大型孔尺寸，实现漏料孔的尺寸加工。浸蚀时，首先将零件非腐蚀表面涂以石蜡保护，把腐蚀零件放于酸性溶液剂槽内或将零件被腐蚀表面内滴入酸性溶液，按酸性溶液的腐蚀速度，确定腐蚀时间。然后取出零件在清水内清洗吹干。常用化学溶液配方及腐蚀速度如下：

配方 1：硝酸   14%
氢氟酸   6%
水   80%

配制时，先将蒸馏水放在烧杯内，加热到 80 ~ 100 ℃，再按比例加入硝酸和氢氟酸，在 50 ~ 70 ℃温度内腐蚀，腐蚀速度为 0.01 ~ 0.015 mm/min。

配方 2：草酸   40 g
双氧水   40 ml
蒸馏水   100 ml

腐蚀速度为 0.04 ~ 0.07 mm/min。

配方 3：草酸   18%
氢氟酸   25%
硫酸   2%
双氧水   55%

腐蚀速度为 0.08 ~ 0.12 mm/min。

配方 4：硫酸   5%
硝酸   20%
盐酸   5%
水   70%

上述配方溶液也称三酸腐蚀液，当溶液温度为 40 ℃时，腐蚀速度为 0.01 mm/min。对于不腐蚀表面要涂以虫咬保护剂，虫咬保护液的制作是：将虫咬放于酒精中溶解即可。使用时，用毛刷将虫咬液涂在非腐蚀表面上待几分钟后自然干燥，即可腐蚀，不需要烘烤。

在凹模漏料孔腐蚀之前，都应该做好腐蚀前的清洗去油工作。一般工作程序为：将待腐蚀零件首先用汽油擦洗，再用碱水擦洗，然后用肥皂水清洗，最后用冷水冲洗干净，烘烤干零件。腐蚀前对不腐蚀表面涂以保护剂，并对腐蚀表面进行尺寸测量、记录，以便确定腐蚀时间和检查腐蚀效果。

5）锻件毛坯下料尺寸与锻压设备的确定

如图 8.24 所示的冲裁凹模外形表面尺寸为：120 mm×80 mm×18 mm，凹模零件材料为 MnCrWV。设锻件毛坯的外形尺寸为 125^{+4}_{0} mm×85^{+4}_{0} mm×23^{+4}_{0} mm。

①锻件体积和重量的计算

锻件体积　　　　　　$V_{锻} = (125×85×23)$ mm $=244.38$ cm³

锻件重量　　　　　　$G_{锻} = \gamma·V_{锻} = (7.85×244.38×10^{-3})$ kg $≈1.92$ kg

当锻件重量在 5 kg 之内，一般需要加热 1～2 次，锻件总损耗系数取 5%。

锻件毛坯的体积　　　$V_{坯} = 1.05×V_{锻} = 256.60$ cm³

锻件毛坯重量　　　　$G_{坯} = 1.05×V_{锻} = 2.02$ kg

②确定锻件毛坯尺寸

理论圆棒直径 $D = \sqrt[3]{0.637×V_{坯}}$ mm $= \sqrt[3]{0.637×256.60}$ mm $=54.7$ mm

选取圆棒直径为 56 mm 时，查圆棒料长度重量表可知：

当 $G_{坯} = 2.02$ kg，$D_{坯} = 56$ mm 时，$L_{坯} = 105$ mm。

验证锻造比 Y　　　$Y = L_{坯}/D_{坯} = 105/56 = 1.875$

符合 $Y = 1.25～2.5$ 的要求。则锻件下料尺寸为 $\phi56$ mm×105^{+4}_{0} mm

③锻压设备吨位的确定。当锻件坯料重量为 2.02 kg，材料为 MnCrWV 时，应选取 300 kg 的空气锤。

8.3.3　冷挤压凹模

（1）概述

冷挤压凹模根据结构形式可分为整体式凹模，套装式预应力凹模，拼合式凹模，按其作用可分为正挤压凹模，反挤压凹模，正反挤压凹模，如图 8.26 所示为冷挤压凹模结构形式。

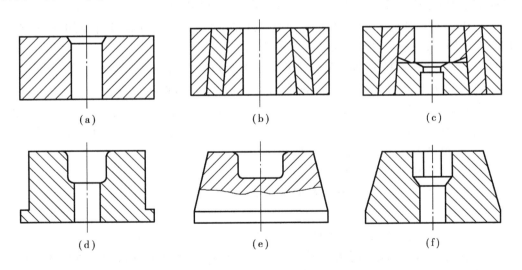

（a）　　　　　　　　（b）　　　　　　　　（c）

（d）　　　　　　　　（e）　　　　　　　　（f）

图 8.26　冷挤压凹模的结构形式

（a）整体式凹模　（b）套装式预应力凹模　（c）拼合式凹模

（d）正挤压凹模　（e）反挤压凹模　（f）正反挤压六角凹模

在冷挤压凹模工艺分析中，如何确保工作部位尺寸、性能、质量、使用要求；如何选择正确

221

合理的工艺规范,防止模具早期失效保证模具寿命,这是冷挤压凹模工艺分析的要点。

由于冷挤压凹模结构较为简单,其工艺过程也不复杂,仅以图8.26(f)正反挤压六角凹模为例进行说明,其工艺方案为:

备料→锻造→退火→车削(内外形及端面并留磨量)→淬火回火→万能磨(内孔及小端)→外磨(按内孔配磨心轴,穿心轴后磨外圆)→平磨→电火花六角型腔→人工时效(去应力退火)→钳研六角形内形

冷挤压模具制造的工艺要点如下:

1)冷挤压凹模锻造工艺要点 为改善模具原材料碳化物分布的不均匀性,锻造中应采用多次镦粗拔长方法,加热过程要缓慢进行,要勤翻动坯料,使加热均匀,对大于 $\phi70$ mm 以上的坯料应先在 800~900 ℃ 温度预热,预热时间按直径每毫米 1~1.5 min,以后转入高温炉加热,加热时间按直径每毫米 0.8~1 min,锻造中应根据材料选择合适的始锻和终锻温度,锻后还应在 400~650 ℃ 保温炉中进行保温,使之缓慢冷却。

2)热处理及表面强化处理方面 冷挤压凹模在热处理时要采用脱氧良好的盐浴炉加热或进行真空热处理,防止烧蚀和脱碳等现象,保证硬度的均匀性,对于一些既要有高强度又要有高韧性的凹模,应采用强韧化处理新工艺可有效防止脆断、胀裂、崩刃等早期失效问题,如 CrWMn,W6Mo5Cr4V2,W18Cr4V 等材质的凹模进行低温淬火(即比正常淬火温度低 100 ℃ 左右)及低温回火(比正常回火工艺低 50 ℃ 左右)工艺,使模具寿命提高几倍到几十倍。

对有些凹模为提高抗压屈服强度和疲劳强度应采用表面强化处理新技术:在 65Nb 冷挤压凹模采用真空渗碳淬火回火处理,其寿命可达 3 万件,LD 钢螺栓冷镦凹模采用氮碳共渗后平均使用寿命达 30 万件。

3)模具使用中应采取措施 冷挤压模在使用过程中要产生工作应力,当工作应力积累到一定程度时,就会加速模具的磨损,继而产生龟裂或疲劳裂纹。因此,当模具工作到一定时间后应及时卸下对其凸凹模进行除应力处理,如低温回火、时效处理等。如果预计一套冷挤压模的寿命为 100% ,可在预计寿命的 30% 进行第一次消除应力回火,在预计寿命的 60% 进行第二次消除应力回火,这样一般可延长模具寿命 50% 左右。

4)注意电加工凹模型腔表面脆硬层的影响 模具电加工后在表面可形成脆性大、显微裂纹多的脆硬层,对模具寿命影响极大。例如,在用 1 050 μs 的脉宽进行电加工时,其表面的疲劳强度要比通常的机加工方法低 60% 左右(有时甚至降低几倍),弯曲强度要降低 40% ,脆硬层的最大残留拉应力可达 900 MPa。因此,在加工中应调整或选择合理的电加工工艺来减少和改善脆硬层,也可采取回火、研磨抛光处理。

(2)齿轮冷挤压模的齿形凹模

齿轮冷挤压模的齿形凹模如图8.27所示。

1)工艺性分析

齿形凹模是齿轮冷挤压模的成形凹模,它在模具中位置如图8.28所示。

在模具中,上凹模和齿形凹模组合成凹模体,凹模体由两套预紧圈共同组成冷挤压的凹模部分。冷挤压的产品零件是 20CrMnTi 材料的齿轮。20CrMnTi 材料是合金结构钢,常作为渗碳零件,应用于承受高速、中或重负荷以及受冲击、摩擦的重要结构零件。20CrMnTi 材料的 $\sigma_b \geq 1\,080$ N/mm^2,$\sigma_s \geq 835$ N/mm^2,$\delta \geq 10\%$,$\Psi \geq 45\%$,由此可见,齿形凹模在冷挤压时要承受很大的挤压力。齿形凹模采用了 W18Cr4V 材料,热处理硬度 62~65HRC。

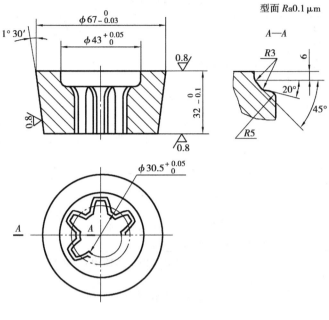

图 8.27　冷挤压齿形凹模

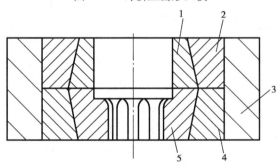

图 8.28　凹模组件图
1—上凹模;2—上凹模内预紧圈;3—外预紧圈
4—齿形凹模内预紧圈;5—齿形凹模

　　高速钢圆棒料存在着冶金缺陷,为了充分发挥高速钢材料的性能,改善共晶碳化钢分布不均匀和网状、带状碳化物现象,零件毛坯应为锻件,采用多向镦拔法,碳化物偏析控制在 1~2 级。毛坯在改锻之后进行球化退火,使组织均匀、消除应力、降低硬度,为机械加工和淬火处理做好准备。在淬火时,为了提高材料的韧性,淬火温度控制在 1 230~1 250 ℃(比常规淬火温度低 20~40 ℃),晶粒度控制在 10~11 级。

　　齿形凹模的加工,关键在齿形部分,齿形表面的粗糙度要求比较小。渐开线齿形加工可以采用电火花加工或电火花线切割加工。电火花线切割加工的程序编制比较复杂,因此,采用电火花成形加工渐开线齿形。对于渐开线齿形的研磨和抛光,在电火花加工之后,在插床上进行研磨和抛光。

　　2)工艺过程的制订

　　冷挤压齿形凹模加工工艺过程见表 8.14。

表 8.14 冷挤压齿形凹模加工工艺过程

序 号	工序名称	工 序 主 要 内 容
1	下料	锯床下料
2	锻造	多向镦拔,碳化物偏析控制在 1～2 级
3	热处理	球化退火,HBS≤241
4	车	车内外形,留双边余量 0.5 mm
5	钳	划线
6	工具铣	齿槽内钻孔,铣削留余量 0.3 mm
7	钳	去毛刺
8	热处理	淬火、回火 62～65HRC,晶粒度控制在 10～11 级
9	平磨	磨两端面
10	内磨	找正端面磨内孔
11	外磨	心轴装卡,磨外锥面(车工配制芯轴)
12	钳	与齿形凹模内预紧圈压合
13	电火花	电火花加工渐开线齿形及精修入槽角 20°,45°
14	钳	研磨抛光内齿形
15	外磨	以齿形凹模内孔芯轴装卡,磨齿形凹模内预紧圈外圆与上凹模组件外圆一致
16	钳	与上凹模组件(上凹模压入上凹模内预紧圈)一起压入外预紧圈
17	内磨	精磨内圆柱孔(凹模组件)使上凹模与齿形凹模的内圆尺寸一致

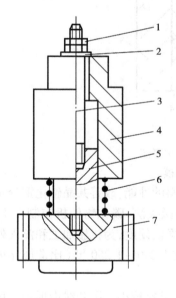

图 8.29 齿形研磨工具

1—螺母;2—垫圈;3—螺杆

4—杆套;5—芯杆;6—弹簧;7—电极

3)渐开线齿形的研磨和抛光

齿形凹模的渐开线齿形表面,在电火花加工之后,利用原铸铁电极和浮动二级工具一起作为研磨工具,在插床或钻床上进行研磨,齿形研磨工具如图 8.29 所示。研磨时,研磨工具做上下往返运动,机床和杆套外圆连接,磨料为白色氧化铝粉,粗研时磨料粒度为 M8、细研时磨料粒度为 M5、精研时磨料粒度用 M3.5。研磨液为机油或猪油。抛光加工也在插床或钻床上进行,齿形抛光工具如图 8.30 所示。抛光轮为 4～10 mm 厚的羊毛毡叠合而成。要求羊毛毡轮的外形与齿形凹模的齿形一致。羊毛毡轮的齿形加工,利用电加工电极作冲裁凸模,齿形凹模为冲裁凹模冲制而成。

(3)塑料模型孔、型腔板

塑料模型孔板、型腔板系指塑料模具中的型腔凹模、定模(型腔)、中间(型腔)板、动模(型腔)板、压制瓣合模,哈夫型腔块以及带加料室压模等,如图 8.31 所示为塑料模型孔板、型腔板的各种结构图。

上述各种零件形状千差万别,工艺不尽相同,但其共同之处都具有工作型腔、分型面、定位安装的结合面,确保这些部位的尺寸和形位、粗糙度等技术要求将是工艺分析重点。

图 8.31(a)是一压缩模中的凹模,其典型工艺方案为:备料→车削→调质→平磨→镗导柱

孔→钳工制各螺孔或销孔。如果要求淬火,则车削、镗孔均应留磨加工余量,于是钳工后还应有淬火回火→万能磨孔、外圆及端面→平磨下端面→坐标磨导柱孔及中心孔→车抛光及型腔 R→钳研抛→试模→氮化(后两工序根据需要)。

图 8.31(b)是注射模的中间板,其典型工艺方案为:备料→锻造→退火→刨六面→钳钻吊装螺孔→调质→平磨→划线→镗铣四型腔及分浇口→钳预装(与定模板、动模板)→配镗上下导柱孔→钳工拆分→电火花型腔(型腔内带不通型槽,如果没有大型电火花机床则应在镗铣和钳工两工序中完成)→钳工研磨及抛光。

图 8.31(c)是一带主流道的定模板,其典型工艺路线可在锻、刨、平磨、划线后进行车制型腔及主浇道口→电火花型腔(或铣制钳修型腔)→钳预装→镗导柱孔→钳工拆分、配研、抛光。

图 8.31(d)为一动模型腔板,它也是在划线后立铣型腔粗加工及侧芯平面→精铣(或插床插加工)型腔孔→钳工预装→镗导柱孔→钳工拆分→钻顶杆孔→钳工研磨抛光。

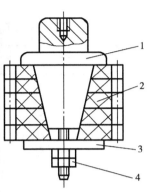

图 8.30 齿形抛光工具
1—锥度芯轴;2—羊毛毡轮
3—垫圈;4—螺母

对于大型板类的下料,可采用锯床下料。其中,H-1080 模具坯料带式切割机床,精度好、效率高,可切割工件直径 1 000 mm、重 3.5 t、宽高 = 1 000 mm×800 mm 的坯料,切口尺寸仅为 3 mm,坯料是直接从锻轧厂提供的退火状态的模具钢,简化了锻刨等工序,缩短了生产周期。此外许多复杂型腔板采用立式数控仿形铣床(MCP1000A)来加工,使制模精度得到较大提高,劳动生产率和劳动环境明显改善。

在塑料模具中的侧抽芯的机构,如压制模中的瓣合模、注射模中的哈夫型腔块等,图 8.31 (e)为压注模的瓣合模,其工艺比较典型,主要工序见表 8.15。

表 8.15 瓣合模加工工艺过程

序 号	工序名称	工 序 内 容
1	下料	按外径最大尺寸加大 10～15 mm 作加工余量,长度加长 20～30 mm 作装夹用
2	粗车	外形及内形单面均留 3～5 mm 加工余量,并在大端留夹头 20～30 mm 长,其直径大于大端成品尺寸
3	划线	划中心线及切分处的刃口线,刃口≤5 mm 宽
4	剖切两瓣	在平口钳内夹紧,两次装夹剖切开,采用卧式铣床(如 X62W)用盘铣刀
5	调质	淬火高温及回火清洗
6	平磨	两瓣结合面
7	钳工	划线、钻两销钉孔并铰孔、配销钉及锁紧两瓣为一个整体。如果形体上不允许有锁紧螺孔,可在夹头上或顶台上(按需要留顶台)钻锁紧螺孔
8	精车	内外形,单面留 0.2～0.25 mm 加工余量
9	热处理	淬火、回火、清洗
10	万能磨	磨内外圆,或内圆磨孔后配芯轴再磨外圆、靠端面、外形达尺寸,内形留 0.01～0.02 mm 研磨量
11	检验	
12	切掉夹头	在万能工具磨床上用片状砂轮将夹头切掉,并磨好大端面至成品尺寸
13	钳工	拆分成两块
14	电火花	加工内形不通型槽等
15	钳工	研磨及抛光

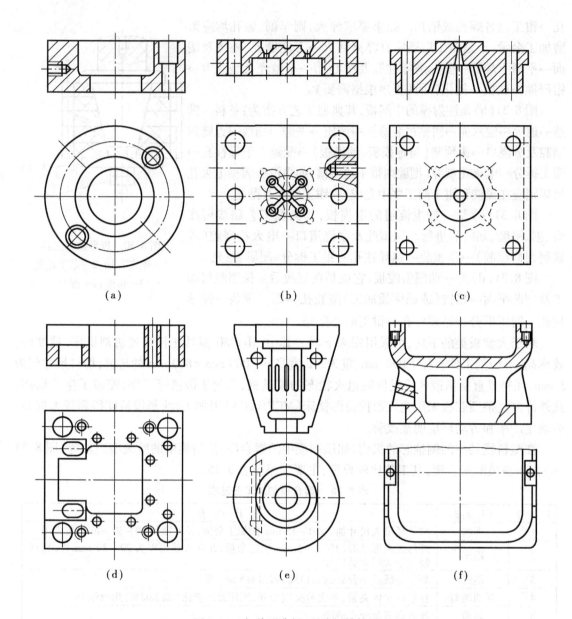

图 8.31　各种型孔板、型腔板结构图

(a)压缩塑压凹模　(b)双分型面注射模中间型板　(c)带主流道定模板
(d)带侧抽芯的动模板　(e)压注模中的瓣合模　(f)显像屏玻璃模中的屏凹模

图 8.31(f)为一显像屏玻璃模中的屏凹模,常采用铸造成形工艺,其工艺方案为:

模型→铸造→清砂→去除浇冒口→完全退火→二次清砂→缺陷修补及表面修整→钳工划线及加工起吊螺孔→刨工粗加工→时效处理→机械精加工→钳工→电火花型腔→钳工研磨抛光型腔

由于铸造工序冗长,加之铸造缺陷修补有时不理想,因此,一般中型型腔模和拉深模应尽可能采取锻造钢坯料加工或采用镶拼工艺加工。

型腔模在编制工艺时,为确保制造过程中型孔尺寸和截面形状的控制检验,因此,工艺员应设计一些必需的检具(二类工具),如槽宽样板、深度量规、R 型板等。

(4)复杂分型面镶块

注射模动模、定模复杂分型面镶块如图 8.32所示。

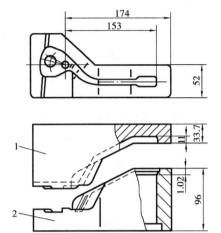

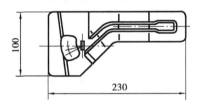

图 8.32 动、定模镶块
1—定模镶块;2—动模镶块

1)工艺性分析

该注射模是成形增强尼龙 1010 材料的手柄零件,零件外形为空间扭曲状,而且尺寸精度和外观质量要求比较高。注射模动模和定模的分型面沿零件曲线的中部分开,在动、定模镶块上都有不同深度的型腔和型孔。模具分型面是由水平平面、圆环面、垂直平面、两个不同方向的斜面及两个斜面之间的圆锥过渡曲面组合而成复杂型面分型面。分型面属于三维空间曲面。对分型面的要求,首先要保证几何形状正确,以使产品零件表面形成一条规则的分型线,同时要求动模和定模的分型面吻合一致,以保证在产品零件上不产生分型面飞边。

动、定模镶块采用 5CrNiMo 合金模具钢,调质处理。这样既满足尼龙注射模需要,又便于分型面和型腔的加工和研配。

分型面和型腔的加工,可以采用机械加工和钳工修配加工,这样不仅工作量很大,在研配和形状保证上,难度也很大。也可以采用冷挤压成形加工,但是分型面积过大,而且后续加工工作量也大。如果采用电火花加工成形,使动、定模互为电极,相互加工,能保证分型面完全吻合一致。

2)工艺过程安排

①动、定模镶块毛坯,经锻造、退火后,进行机械加工,将两镶块外形表面尺寸经铣削成六方体。

②两件镶块进行调质处理,磨六方。

③采用电火花线切割切出动模和定模外形,如图 8.32 所示,要保证两件外形尺寸完全一致。

④采用机械加工和电火花线切割的方法相结合,首先将动模或定模中一件的分型面形状、尺寸制作正确,作为基准分型面,然后以此分型面加工另一件的分型面。由于镶块分型面上的过渡圆锥面呈凸状,模具钳工制作样板和分型面比较容易,故选择动模镶块为基准件,采用切削加工和电火花线切割方法相结合初步加工成形,然后由钳工精修加工动模分型面。

⑤将定模分型面的平面、圆弧面、斜面、垂直面部分用铣削、磨削、电火花线切割方法正确加工,对于过渡圆锥面和不同方向的立体斜面的大部分余量采用铣削方法,使定模分型面初步形成。

⑥利用石墨电极对定模的圆锥面和立体斜面进行局部电火花成形加工,石墨电极的形状和动模有关部分的形状一致。

227

⑦将动模和定模分型面进行相互电火花成形加工。

A. 动、定模装卡:由于动模和定模的外形采用电火花线切割加工,尺寸完全一致。因此,在动模和定模装卡时,利用直角尺对齐动、定模,分别装于机床主轴和工作台上。

B. 变换极性加工:在动、定模分型面相互电火花加工时,为保证分型面的均匀耗损,不破坏原始基准(动模分型面)的精度,则每加工 10 min 将动模和定模的极性变换一次。

C. 错位加工:错位加工如图 8.33 所示,由于分型面上有一段垂直平面,为避免垂直分型面在粗加工时产生过大的放电间隙。在分型面的电火花加工时,分 3 步进行。首先让动模和定模在上下对齐的基础上,在 X 方向错开一段距离 a,a 值应大于粗加工放电间隙值,进行分型面的粗加工,因为动模和定模之间尚有两处 1 mm 高的台阶配合,动定模在电火花加工时,在垂直方向始终保持大于 1.2 mm 的间隙值,当垂直进给加工完毕,让动、定模沿 X 方向反向进给电火花精加工,直到动定模两件的外形完全对齐后停止加工,最后让动定模沿垂直方向进行电火花精加工,直到动模和定模分型面的放电均匀,说明分型面完全吻合,则分型面加工完毕。

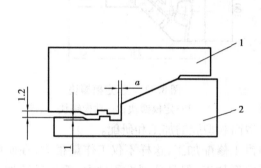

图 8.33　动模和定模分型面电火花成形加工示意图
1—定模镶块;2—动模镶块

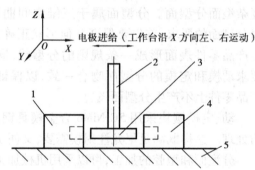

图 8.34　动、定模型腔电加工示意图
1—定模镶块;2—电极柄;3—电极;
4—动模镶块;5—机床工作台

⑧动、定模型腔的加工。

A. 动定模装卡:以动定模外形为基准装于电火花机床工作台上,用百分表找正动定模基准面,使两件在工作台前后位置一致。并让动定模之间沿 X 轴方向拉开一段距离。其尺寸大于电极间距,如图 8.34 所示。

B. 让电火花机床工作台分别沿 X 方向,向左和向右进给加工,使电极加工动、定模的型腔深度符合模具图纸要求,使动、定模在分型面上的尺寸完全一致。

3)型腔电极的设计和制造

型腔电极设计如图 8.35 所示,材料为紫铜。M10 螺孔为安装电极装夹柄使用。

由于动模和定模型腔加工采用同一电极,通过电极的两个方向分别加工出动定模和型腔,其特点是:由于动、定模采用同一电极加工,故型腔在分型面上的尺寸完全一致,避免了产品零件在分型面上产生台阶。由于采用同一电极,节省了电极材料和减少了电极加工的工作量。

电极外形由电火花线切割加工,其他型面由铣削和钳工锉修保证。通过型面样板检查各型面。

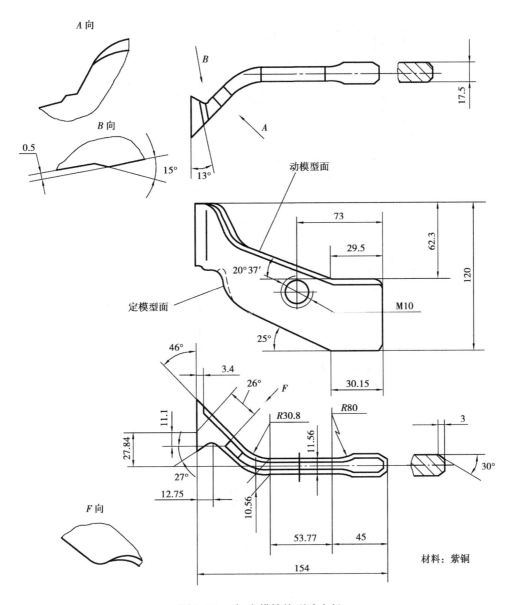

图 8.35　动、定模镶块型腔电极

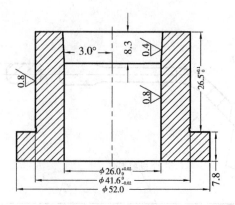

材料：3CrW8V
热处理：42~46HRC
未注 Ra=1.6 μm

图 8.36　浇口套

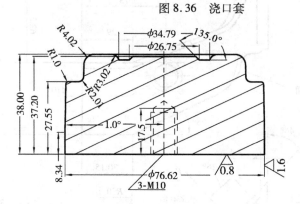

材料：3Cr2W8V
热处理：42~46HRC
未注 Ra=0.4 μm

图 8.37　动模型芯

练习与思考题

8.1　试分析图 1.7 弯曲模凸模零件的加工工艺。

8.2　试分析图 1.15 定位环(件号 1)和凹模(件号 2)零件的加工工艺。

8.3　试分析图 8.36 零件的加工工艺。

8.4　试分析图 8.37 零件的加工工艺。

第9章
模具装配工艺

9.1 概 述

要制造出一副合格的模具,除了应当保证模具零件的加工精度之外,还必须做好装配工作。模具装配就是根据模具的结构特点、装配图样和技术要求,将模具的零部件按照一定工艺顺序进行配合、定位、连接与紧固,使之成为符合要求的模具,其装配过程称为模具装配工艺过程。模具装配质量的好坏将直接影响制件的质量和模具寿命,因此,装配是模具制造过程中的一项重要工作。

模具装配过程是模具制造工艺全过程中的关键工艺过程,包括装配、调整、检验和试模。

在装配时,零件或相邻装配单元的配合和连接,均须按装配工艺确定的装配基准进行定位与固定,以保证它们之间的配合精度和位置精度,从而保证模具凸模与凹模间精密均匀的配合,模具开合运动及其他辅助机构(如卸料、抽芯、送料等)运动的精确性,进而保证制件的精度和质量,保证模具的使用性能和寿命。

9.2 模具装配精度及装配方法

模具的装配精度一般由设计人员根据产品零件的技术要求、生产批量等因素来确定。对于冲模而言,主要有凸凹模间隙,上下模座底面的平行度,导柱导套配合精度等;对于型腔模而言,主要有凸凹模间隙,动定模座底面平行度,导柱导套与其固定板的垂直度,导柱导套、顶杆与顶杆孔、卸料板与凸模的配合精度等。因此,模具的装配精度即为模架的装配精度、主要工作零件以及其他零件的装配精度。

9.2.1 冲模的装配精度

冲模的装配精度主要体现在以下几个方面:

(1)制件精度和质量

制件精度和质量要求是进行冲模设计、确定冲模精度等级的主要依据,是确定凸凹模成形零件的加工精度、选取模具标准零件的精度等级、控制模具装配精度和质量等的主要依据。

(2)冲裁间隙及其均匀性

冲裁模中凸、凹模之间的间隙值及间隙的均匀性,是确定模具精度等级的重要因素,如模具导向副中导柱与导套的滑动配合精度。冲裁间隙值(Z)越小,间隙的均匀性要求越高,上、下模定向运动精度要求就越高,即上、下模定向运动的导向精度与间隙值(Z)及其均匀性成正比例。导向副滑动配合的极限偏差δ的计算关系式如下:

$$\delta = \kappa(Z \pm Z')$$

式中 Z'——间隙值Z的许用变动量;

Z——单边冲裁间隙值;

κ——导柱外径与导柱、导套配合长度之比。

有关上述参数的取值参见《板料冲裁间隙》(JB/Z 211—86,HB/Z 167—90)。常用经验公式为:$Z = (0.06 \sim 0.15)T$(板厚)。

(3)冲模凸凹模装配精度要求

根据《冲模技术条件》(GB/T 12445),凸模在装配时,其对上、下模座基准面的垂直度偏差须在凸、凹模间隙值的允许范围内。推荐的垂直度公差等级见表9.1。

凸、凹模与固定板的配合一般为 H7/n6 或 H7/m6,以保证其工作稳定性与可靠性。

表9.1 凸模的垂直度公差等级

间隙值/mm	垂直度公差等级	
	单凸模	多凸模
≤0.02	5	6
>0.02~0.06	6	7
≥0.06	7	8

(4)冲件产量

冲件产量是确定模具结构形式、模具精度等级的重要因素之一。为保证模具的使用寿命和性能,适应冲件产量的要求,一些高寿命模具的凸、凹模常采用拼合结构,其拼合件应为完全互换性零件。因此,这些拼合件的精度,比一般模具的精度要高1个数量级。

9.2.2 塑料注射模装配精度的要求

(1)塑件精度与质量

影响塑件尺寸精度与质量的主要因素为:塑件收缩率、模具型腔的设计精度及模具结构的合理性。因此,塑件的尺寸精度和质量是进行塑料注射模设计,确定与控制模具设计、零件制造和模具装配精度与质量的主要依据。模具型腔和型芯的设计与制造公差,一般为塑件尺寸公差的1/4,即 $\Delta' = \Delta/4$。

(2)塑料注射模的精度等级及技术要求

根据 GB/T 12556.2—90,Ⅰ级、Ⅱ级和Ⅲ级模架主要分型面闭合面的贴合间隙值分别为:Ⅰ级:0.02 mm;Ⅱ级:0.03 mm;Ⅲ级:0.04 mm。主要模板组装后基准面移位偏差值分别为:

Ⅰ级:0.02 mm;Ⅱ级:0.04 mm;Ⅲ级:0.06 mm。

合理的设计、合格的模具零部件、正确的装配工艺方法、有效的检测手段是保证模具精度的关键因素。

9.2.3　模具的装配方法

根据模具的精度要求,选用合理的装配方法,可提高模具的质量和生产率。常用的装配方法有互换装配法、修配装配法和调整装配法等。

(1)互换装配法

互换装配法实质是通过控制零件制造加工误差来保证装配精度。按互换程度可分为完全互换法和部分互换法。

①完全互换法:是指装配时,各配合零件不需要挑选、修理和调整,装配后即可达到装配精度要求。此方法装配质量稳定、可靠,装配工作简单,模具维修方便;但对模具零件加工要求较高,适用于批量较大的模具零件的装配工作。

②部分互换法:是指装配时,各配合零件的制造公差将有部分不能达到完全互换装配的要求。但仍能保证装配精度。采用这种方法存在着超差的可能,但超差的几率很小,与完全互换法相比,使模具零件加工容易而经济。为了保证装配精度,可采取适当的工艺措施,排除不符合装配精度要求的个别产品。

(2)修配装配法

修配法是指装配时,修去指定零件的预留修配量,使之达到装配精度的要求。常用的修配方法有指定零件修配法和合并加工修配法。

①指定零件修配法:是在装配尺寸链的组成环中,预先指定一个零件作为修配件,并预留一定的加工余量,装配时再对该零件进行切削加工,使之达到装配精度要求的加工方法。

②合并加工修配法:是将两个或两个以上的配合零件装配后再进行加工,以达到装配精度要求的加工方法。这种方法广泛用于单件或小批量的模具装配工作。

(3)调整装配法

调整装配法是用改变模具中可调整零件的相对位置,或变化一组固定尺寸零件(如垫片、垫圈),来达到装配精度要求的方法。常用的有可动调整法和固定调整法。

①可动调整法:是在装配时,用改变调整件的位置来达到装配要求的方法。这种方法在调整过程中,一般不需要拆卸零件,调整比较方便。

②固定调整法:是在装配过程中选用有合适的形状,尺寸的零件作为调整件,达到装配要求的方法。这种方法应根据装配时的零件实际测量值,按一定的尺寸间隔进行装配。

综上所述,装配方法可归纳为两大类:即互换法类和补偿法类。完全互换法、部分互换法属于互换法类,只是各自的互换程度和互换的方法有所不同。而修配法和调整法的实质都是补偿调整加工误差,都属于补偿类,只是补偿误差所采用的手段不同而已。在具体的模具装配过程中,要根据其结构、精度要求、生产批量和生产条件的不同,选择合理的装配方法,以保证模具的装配精度要求。

模具属于单件、小批量生产,因此,模具装配是以修配法和调整法为主。

9.2.4　模具的装配精度及检查

模具的装配精度可以概括为模架的装配精度、主要工作零件以及其他零件的装配精度。

依据冲模模架精度的标准 GB/T 12447—90 对冲模模架的精度进行检查验收。

塑料注射模模架及零件的精度应按中小型模架技术条件（GB/T 12556.2—90）及大型模架技术条件（GB/T 12555.2—90）进行检查验收。

9.3 装配尺寸链

9.3.1 模具尺寸链

在模具的装配关系中,由相关零件的尺寸(表面或轴线间的距离)或相互位置关系(同轴度、平行度、垂直度等)所组成的尺寸链,叫做模具装配尺寸链。

装配尺寸链的封闭环就是装配后的精度和技术要求。这种要求是通过将零件、部件等装配后才最后形成和保证的,是一个结果尺寸或位置关系。在装配关系中,与装配精度要求发生直接影响的那些零件、部件的尺寸和位置关系,是装配尺寸链的组成环,组成环分为增环和减环。

装配尺寸链的基本定义、所用基本公式、计算方法,均与零件工艺尺寸链相类似。应用装配尺寸链计算装配精度问题的步骤是:首先,正确无误地建立装配尺寸链;其次,作必要的分析计算,并确定装配方法;最后,确定经济而可行的零件制造公差。

工模具的装配精度要求,可根据各种标准或有关资料予以确定。当缺乏成熟资料时,则常采用类比法并结合生产经验定出。确定装配方法后,把装配精度要求作为装配尺寸链的封闭环,通过装配尺寸链的分析计算,就可以在设计阶段合理地确定各组成零件的尺寸公差和技术条件。只有零件按规定的公差加工,装配按预定的方法进行,才能有效且经济地达到规定的装配精度要求。

9.3.2 尺寸链的建立

建立和解算装配尺寸链时应注意下面几点:

①当某组成环属于标准件(如销钉等)时,其尺寸公差大小和分布位置在相应的标准中已有规定,属已知值。

②当某组成环为公共环时,其公差大小及公差带位置应根据精度要求最高的装配尺寸链来决定。

③其他组成环的公差大小与分布应视各环加工的难易程度予以确定:对于尺寸相近、加工方法相同的组成环,可按等公差值分配;对于尺寸大小不同、加工方法不一样的组成环,可按等精度(公差等级相同)分配;加工精度不易保证时可取较大的公差值等。

④一般公差带的分布可按"入体"原则确定,并应使组成环的尺寸公差符合国家公差与配合标准的规定。

⑤对于孔心距尺寸或某些长度尺寸,可按对称偏差予以确定。

⑥在产品结构既定的条件下建立装配尺寸链时,应遵循装配尺寸链组成的最短路线原则(即环数最少),即应使每一个有关零件(或组件)仅以一个组成环来参入装配尺寸链中,因而组成环的数目应等于有关零、部件的数目。

9.3.3　尺寸链的分析计算

当装配尺寸链被确定后,就可以进行具体的分析与计算工作。

如图9.1(a)所示为塑料注射模中常用的斜楔锁紧结构的装配尺寸链。在空模合模后,滑块2沿定模1内斜面滑行,产生锁紧力,使两个半圆滑块严密拼合,不产生塑件飞边。为此,须在定模1内平面和滑块2分型面之间留有合理间隙。

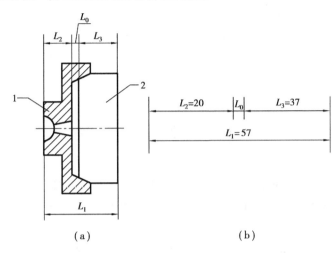

(a)　　　　　　　　　　　(b)

图9.1　装配尺寸链

1—定模;2—滑块

已知各零件基本尺寸为:$L_1 = 57$ mm,$L_2 = 20$ mm,$L_3 = 37$ mm,L_0 的尺寸间隙的极限值为 $0.18 \sim 0.30$ mm,试确定各组成环的公差和极限尺寸。

1)封闭环的确定　如图9.1(a)中的间隙是在装配后形成的,为尺寸链的封闭环,以 L_0 表示。按技术条件,间隙的极限值为 $0.18 \sim 0.30$ mm,则封闭环的公差 $T_0 = 0.30 - 0.18 = 0.12$ mm,因此,$L_0 = 0.18^{+0.12}$。

2)查明组成环　将 $L_0 \sim L_3$,依次相连,组成封闭的装配尺寸链。该尺寸链共由4个尺寸环组成,如图9.1(a)所示。L_0 是封闭环,$L_1 \sim L_3$ 为组成环。绘出相应的尺寸链图,并将各环的基本尺寸标于尺寸链图上,如图9.1(b)所示。

根据尺寸链图9.1(b),其尺寸链方程式为:$L_0 = L_1 - (L_2 + L_3)$。其中,当 L_1 增大或减小(其他尺寸不变)时,L_0 亦相应增大或减小,即 L_1 的变动导致 L_0 同向变动,故 L_1 为增环。

当 L_2,L_3 增大时,L_0 减小;当 L_2,L_3 减小时,L_0 增大。即 L_2,L_3 的变动导致 L_0 反向变动,故 L_2,L_3 为减环。

3)公差计算　封闭环上极限偏差为 $ES(L_0) = 0.12$ mm,封闭环下极限偏差为 $EI(L_0) = 0$ mm;尺寸链各环的其他尺寸公差之和应不大于封闭环公差 0.12 mm。

各组成环的平均公差 T_{im} 为:

$$T_{im} = \frac{T_0}{m} = \frac{0.12}{3} = 0.04$$

式中　m——组成环数。

按各组成环的基本尺寸大小和加工难易程度调整,取 $T_1 = 0.05$ mm,$T_2 = T_3 = 0.03$ mm。

4)校核组成环基本尺寸和极限尺寸　留 L_1 为调整尺寸,其余各组成环按包容尺寸下偏差为零,被包容尺寸上偏差为零, $L_2 = 20_{-0.03}^{0}$, $L_3 = 37_{-0.03}^{0}$,将各组成环的基本尺寸和上下偏差代入尺寸链方程式得

$$L_0 = L_1 - (L_2 + L_3) = [L_1 - (20 + 37)]\text{mm} = 0.18\text{ mm}$$

则　　　　　　　　　　　　　　　$L_1 = 57.18\text{ mm}$

$$ES(L_0) = ES(L_1) - [EI(L_2) + EI(L_3)]$$

则 $ES(L_1) = +0.05$

$$EI(L_0) = EI(L_1) - [ES(L_2) + ES(L_3)]$$

则 $EI(L_1) = 0$

因此 $L_1 = 57.18_{0}^{+0.05}$ 。

9.4　模具装配的工艺过程

在总装前应选好装配的基准件,安排好上、下模装配顺序。如以导向板作基准进行装配时,则应通过导向板将凸模装入固定板,然后通过上模配装下模。在总装时,当模具零件装入

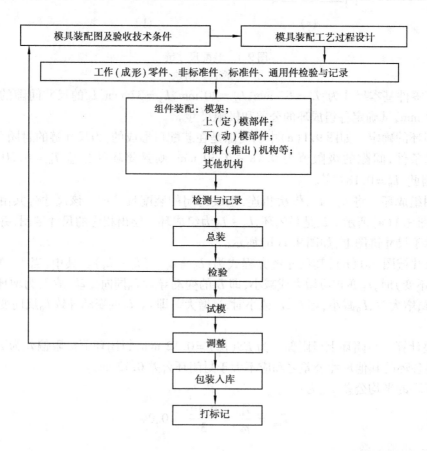

图 9.2　装配工艺过程

上下模板时,先装作为基准的零件,检查无误后再拧紧螺钉,打入销钉。其他零件以基准件配装,但不要拧紧螺钉,待调整间隙试冲合格后再固紧。

型腔模往往先将要淬硬的主要零件(如动模)作为基准,全部加工完毕后再分别加工与其有关联的其他零件。然后加工定模和固定板的 4 个导柱孔、组合滑块、导轨及型芯等零件;配镗斜导柱孔,安装好顶杆和顶板。最后将动模板、垫板、垫块、固定板等总装起来。模具的装配工艺过程如图 9.2 所示。

9.5　模具间隙及位置的控制

9.5.1　凸、凹模间隙的控制

冷冲模装配的关键是如何保证凸、凹模之间具有正确合理而又均匀的间隙。这既与模具零件的加工精度有关,也与装配工艺的合理与否有关。为保证凸、凹模间的位置正确和间隙的均匀,装配时总是依据图纸要求先选择其中某一主要件(如凸模或凹模、或凸凹模)作为装配基准件。以该件位置为基准,用找正间隙的方法来确定其他零件的相对位置,以确保其相互位置的正确性和间隙的均匀性。

控制间隙均匀性常用的方法有如下几种:

(1)测量法

测量法是将凸模和凹模分别用螺钉固定在上、下模板的适当位置,将凸模插入凹模内(通过导向装置),用厚薄规(塞尺)检查凸、凹模之间的间隙是否均匀,根据测量结果进行校正,直至间隙均匀后再拧紧螺钉、配作销孔及打入销钉。

(2)透光法

透光法是凭肉眼观察,根据透过光线的强弱来判断间隙的大小和均匀性。有经验的操作者凭透光法来调整间隙可达到较高的均匀程度。

(3)试切法

当凸、凹模之间的间隙小于 0.1 mm 时,可将其装配后试切纸(或薄板)。根据切下制件四周毛刺的分布情况(毛刺是否均匀一致)来判断间隙的均匀程度,并作适当的调整。

(4)垫片法

如图 9.3 所示,在凹模刃口四周的适当地方安放垫片(纸片或金属片),垫片厚度等于单边间隙值,然后将上模座的导套慢慢套进导柱,观察凸模Ⅰ及凸模Ⅱ是否顺利进入凹模与垫片接触,由等高垫铁垫好,用敲击固定板的方法调整间隙直到其均匀为止,并将上模座事先松动的螺钉拧紧。放纸试冲,由切纸观察间隙是否均匀。不均匀时再调整,直至均匀后再将上模座与固定板同钻,铰定位销孔并打入销钉。

(5)镀铜(锌)法

在凸模的工作段镀上厚度为单边间隙值的铜(或锌)层来代替垫片。由于镀层均匀,可提高装配间隙的均匀性。镀层本身会在冲模使用中自行剥落而无须安排去除工序。

(6)涂层法

与镀铜法相似,仅在凸模工作段涂以厚度为单边间隙值的涂料(如磁漆或氨基醇酸绝缘漆等)来代替镀层。

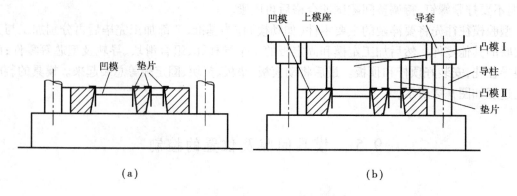

(a)   (b)

图 9.3   凹模刃口处用垫片控制间隙
(a)放垫片   (b)合模观察调整

(7)酸蚀法

将凸模的尺寸做成与凹模型孔尺寸相同,待装配好后,再将凸模工作部分用酸腐蚀以达到间隙要求。

(8)利用工艺定位器调整间隙

如图 9.4 所示,用工艺定位器来保证上、下模同轴。工艺定位器的尺寸 d_1,d_2,d_3 分别按凸模、凹模以及凸凹模之实测尺寸,按配合间隙为零来配制(应保证 d_1,d_2,d_3 同轴)。

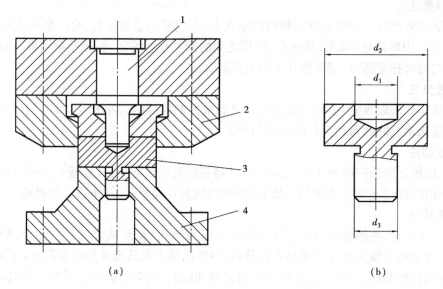

(a)   (b)

图 9.4   用工艺定位器保证上、下模同轴
1—凸模;2—凹模;3—工艺定位器;4—凸凹模

(9)利用工艺尺寸调整间隙

对于圆形凸模和凹模,可在制造凸模时在其工作部分加长 1~2 mm,并使加长部分的尺寸按凹模孔的实测尺寸零间隙配合来加工,以便装配时凸、凹模对中(同轴),并保证间隙的均匀。待装配完后,将凸模加长部分磨去。

9.5.2　凸、凹模位置的控制

为了保证级进模、复合模及多冲头简单模凸、凹模相互位置的准确,除要尽量提高凹模及凸模固定板型孔的位置精度外,装配时还要注意以下几点:

①级进模常选凹模作为基准件,先将拼块凹模装入下模座,再以凹模定位,将凸模装入固定板,然后再装入上模座。当然这时要对凸模固定板进行一定的钳修。

②多冲头导板模常选导板作为基准件。装配时应将凸模穿过导板后装入凸模固定板,再装入上模座,然后再装凹模及下模座。

③复合模常选凸凹模作为基准件,一般先装凸凹模部分,再装凹模、顶块以及凸模等零件,通过调整凸模和凹模来保证其相对位置的准确性。

型腔模常以其主要工作零件——型芯(凸模)、型腔(凹模)和镶块等作为装配的基准件,或以导柱、导套作为基准件,按其依赖关系进行装配。

9.6　模具零件的固定及连接

按模具结构设计的不同,模具零件常用下面几种方法进行连接:

(1)紧固件法

如图 9.5 所示,这种方法工艺简便。

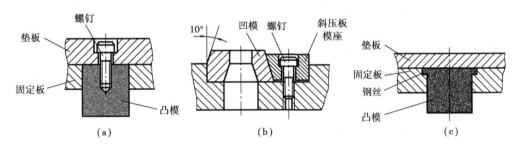

图 9.5　紧固法固定模具零件示例

(a)螺钉固定　(b)斜压块和螺钉固定　(c)钢丝固定

(2)压入法

压入法是过盈零件间常用的连接方法之一,如图 9.6 所示。它的优点是牢固可靠,拆装方便;缺点是对被压入的型孔尺寸精度和位置精度要求较高,固定部分应具有一定的厚度。

在压入时应注意:结合面的过盈量、表面粗糙度应符合要求;其压入部分应设有引导部分(引导部分可采用小圆角或小锥度),以便压入顺利;要将压入件置于压力机中心;压入少许时即应进行垂直度检查,压入至 3/4 时再作垂直度检查,即应边压边检查垂直度,最后配磨平底面。

(3)挤紧法

如图 9.7 所示,系用凿子环绕凸模外圈对固定板型孔进行局部敲击,使固定板的局部材料被挤向凸模而将其固定的方法。挤紧法操作简便,但要求固定板型孔的加工较准确。一般步骤是:将凸模通过凹模压入固定板型孔(凸、凹模间隙要控制均匀);挤紧;检查凸、凹模间隙,如不符合要求,还需修挤。

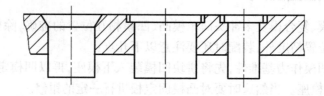

图9.6 压入法固定模具零件

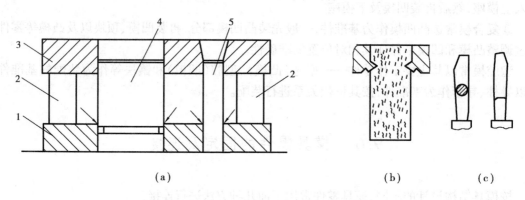

(a)   (b)   (c)

图9.7 用挤紧法固定凸模的方式和工具
1—固定板;2—等高垫铁;3—凹模;4,5—凸模

在固定板中挤紧多个凸模时,可先装最大的凸模,这可使挤紧其余凸模时少受影响,稳定性好。然后再装配离该凸模较远的凸模,以后的次序即可任选。

如图9.7(a)所示为先挤紧最大凸模4,箭头所示为挤紧方向;如图9.7(b)所示为凸模的另一种结构形式,即外周磨有沟槽的结构形式;如图9.7(c)所示为挤紧用工具,可按凸模形状选择适当的工作部分截面。

(4)焊接法

焊接法一般只用于硬质合金模块。由于硬质合金与钢的热膨胀系数相差较大,焊接后容易产生内应力而引起开裂,故应尽量避免采用。

(5)热套法

热套法常用于固定凸、凹模拼块以及硬质合金模块。仅单纯起固定作用时,其过盈量一般较小;当要求有预应力时,其过盈量要稍大一些。图9.8为热套法固定的3个例子。

(6)冷胀法

利用低熔点合金冷凝时体积膨胀的特性来紧固零件。冷胀法可减少凸、凹模的位置精度和间隙均匀性的调整工作量,尤其对于大而复杂的冷冲模装配,其效果尤为显著。

低熔点合金固定凸模的几种结构形式如图9.9所示。

低熔点合金的浇注实例如图9.10所示,其工艺过程如下:

①浇注前去除凸模3及固定板4浇注部分的油污,并涂以氯化锌溶液,均匀浸锡。

②以凹模5的孔定位安装凸模。若凸、凹模之间的间隙小于0.015 mm,可直接将凸模放入凹模孔中对位;若凸、凹模之间的间隙大于0.015 mm,为保证间隙的均匀,可在凸模上镀铜或在凸、凹模间垫薄片。

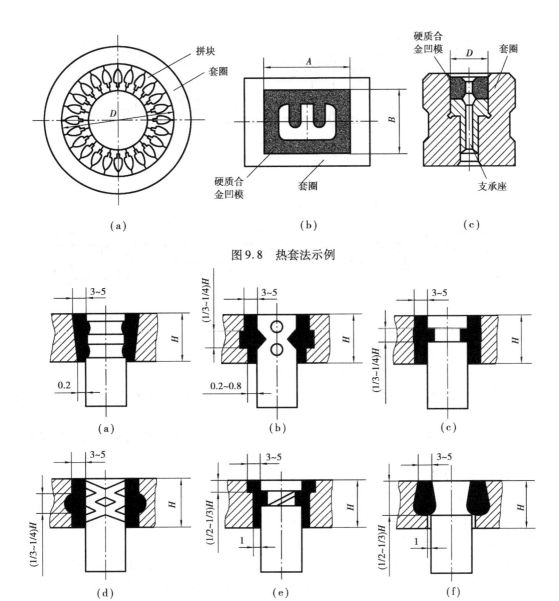

图 9.8　热套法示例

图 9.9　低熔点合金浇固凸模部分的几种结构形式

③在凹模 5 与固定板 4 之间垫上等高垫铁 9,保证凸模进入凹模型口的深度为 2 ~ 5 mm。放在电炉板上加热(或喷浇加热),其预热温度为 100 ~ 120 ℃。

④将熔化的合金(在清洁的坩埚内加热熔化,温度以 200 ℃ 为宜)用清洁铁棒搅拌,待温度降至 150 ℃ 时开始浇注。

⑤在合金凝固前可用清洁的细铁丝在合金内轻微拖动,使气泡溢出,以增加强度。合金浇注完毕后应放置 10 ~ 12 h,待冷却后方可动用。

(7)无机黏结法

无机黏结剂由氢氧化铝的磷酸溶液与氧化铜粉末定量混合而成。其黏结面具有良好的耐热性(可耐 600 ℃ 左右的温度),黏结简便,不变形,有足够的抗剪强度。但承受冲击能力差,不耐酸、碱腐蚀。

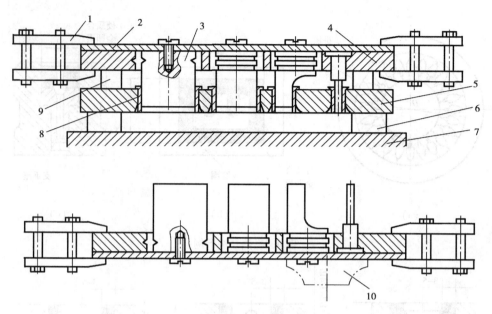

图 9.10　浇注低熔点合金示例

1—平行夹;2—垫板;3—凸模;4—固定板;5—凹模;6,9—等高垫块;

7—平板;8—间隙垫铁;9—支板

黏结部分的间隙不宜过大,否则将影响黏结强度,一般单边间隙为 0.1～1.25 mm(较低熔点合金取小值),表面以粗糙为宜。

该方法常用于凸模与固定板、导柱、导套,硬质合金模块与钢料、电铸型腔与加固模套的黏结。

(8)环氧树脂黏结

环氧树脂在硬化状态对各种金属表面的附着力都非常强,机械强度高,收缩率小,化学稳定性和工艺性能好。因此,在冷冲模的装配中得到了广泛使用,例如,用环氧树脂固定凸模,浇注卸料板,胶结导柱、导套等。

用环氧树脂固定凸模时,将凸模固定板上的孔做得大一些(单边间隙一般为 1.5～2.5 mm)、黏结面粗糙一些($Ra = 12.5～50\ \mu m$),并浇以黏结剂,如图 9.11 所示。图 9.11(a)和(b)的固定形式用于冲裁厚度小于 0.8 mm 的材料。

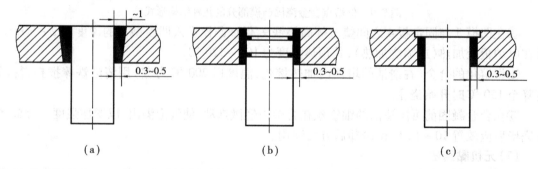

(a)　　　　　　　　　(b)　　　　　　　　　(c)

图 9.11　环氧树脂黏固凸模的几种结构形式

环氧树脂黏结法的突出优点是:

①可简化型孔的加工,降低机械加工要求,节省工时,提高生产率,对于形状复杂及多孔冲模其优越性更加显著;

②能提高装配精度,容易获得均匀的冲裁间隙;

③用于浇注卸料板型孔时,型孔质量高。

如图9.12所示为小导套和凸模黏结固定的实例。在黏结部分(如凸模 A 处)不可过于光洁,若凸模通过磨削而表面较光时,宜用硝酸等溶液将该部分腐蚀粗糙,以增加黏结强度。

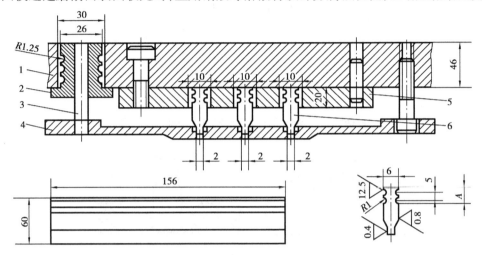

图9.12　小导套和凸模用环氧树脂黏结

1—上模座;2—小导套;3—小导柱;4—卸料板;5—固定板;6—凸模

若需更换零件或重新黏结时,可将环氧树脂黏结部分局部加热(150 ℃左右)至环氧树脂稍微软化后,便可取出。

9.7　模具装配的调试与修整

模具零件的连接,如上下模座与凸凹模固定板的连接、卸料板与凹模的连接等,通常是以销钉定位、螺钉紧固的。

在传统工艺中,不同零件上相应的螺孔、螺纹过孔一般都采用配作的方法进行加工。随着加工手段的现代化,孔系加工的位置精度大大提高,完全可以满足装配要求,现今这些螺孔、螺钉过孔已较多采用分别加工的方法,这样可大幅度提高装配效率。但对于不同零件上的导柱、导套孔、定位销孔,若采用分别加工法则势必大大提高其位置精度要求,从而增加加工的难度,因而仍较多采用配作的方法。应该注意的是,在装配过程中选定的基准件,可在用螺钉固紧后配钻铰销孔,并装入销钉定位。而非基准件应先用螺钉初步紧固,然后根据基准件找正,并进行切纸试冲,直至符合要求后方可固紧螺钉并配钻铰销孔,装入销钉。

另外,在模具的装配过程中,经常要对装配后的组件进行加工,从而保证模具的装配精度。例如,冲裁模压入式模柄的装配,模柄与上模座的配合为H7/m6,装配的过程如图9.13所示;在装配冲模模柄与上模座组装后的同磨、凸模(型芯)与凸模(型芯)固定板组装后的磨削(图9.14)等。

塑料模装配中的各种修磨方法示例见表9.2。

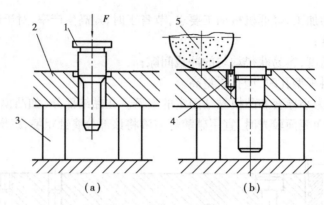

图 9.13　模柄的装配过程

(a)模柄装配　(b)模柄端面磨削

1—模柄;2—上模座;3—等高垫铁;4—骑缝销;5—砂轮

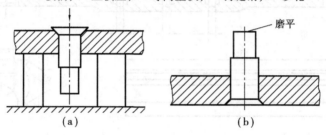

图 9.14　凸模的组装

(a)压入凸模后将其尾部磨平　(b)磨平凸模端面

表 9.2　塑料模装配中各种修磨方法示例

修磨要求	简　图	修　磨　方　法
消除型芯端面与加料室平面的间隙	C　D　B　A　Δ	1.修磨固定板平面 A,修磨时需拆下型芯,多型芯时因各型芯高度不一,不能用此法; 2.修磨型腔上平面 B,不需拆卸零件,修磨方便。同样不能用于多型腔模具; 3.修磨型芯台肩面 C,装入模板后再修磨平面 D,适用于多型腔模具
消除型腔与型芯固定板的间隙	B　A　Δ (a) Δ (b) (c)	1.修磨型芯工作面 A(见图(a)),只适用于型芯工作面为平面; 2.在型芯和固定板台肩内加入垫片(见图(b)),适用于小模具; 3.在固定板上设垫块,垫块厚度不小于 2 mm,因此,需在型芯固定板上铣出凹坑(见图(c)),大型模具在设计时就考虑垫块,以供修磨后浇口

修磨要求	简　图	修　磨　方　法
套须高出固定板 0.02 mm	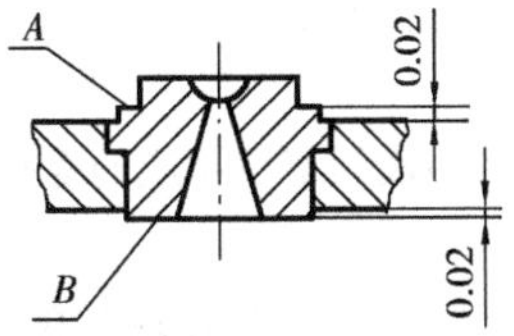	A 面高出固定板平面 0.02 mm，由加工精度保证； B 面高出固定板平面的修磨方法是将浇口套压入固定板后磨平，然后拆去浇口套，再将固定板磨去 0.02 mm
埋入式型芯修磨后达到高度尺寸	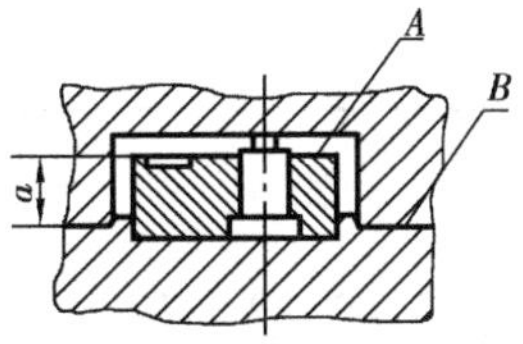	当 A，B 面无凹凸形状时，可根据高度尺寸修磨 A 或 B 面； 当 A，B 面有凹凸形状时，修磨型芯底面使尺寸 a 减小，在型芯底部垫薄片使尺寸 a 增大； 对于这种模具结构，在型芯加工时应在高度方向加修正量；固定板凹坑加工时，深度应加工至下限尺寸
修磨型芯斜面，合模后使之与型面贴合	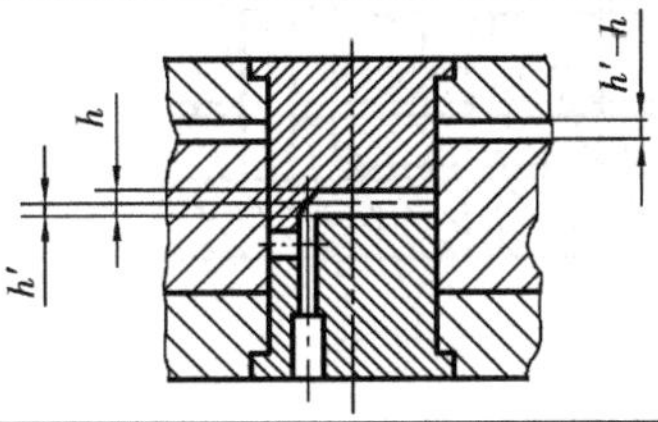	小型芯斜面必须先磨成形，但小型芯的总高度可略增加。小型芯装入后合模，使小型芯与上型芯接触，测量出修磨量 $h'-h$，然后将小型芯斜面修磨

9.8　模具装配示例

9.8.1　冲模装配示例

图 9.15 电度表冲片连续模装配工艺见表 9.3。

表 9.3　电度表冲片连续模装配工艺

序　号	工　序	工　序　说　明
1	凸、凹模预配	1. 装配前检查各凸模以及凹模是否符合图纸要求的尺寸精度、形状； 2. 将凸模与凹模孔相配，检查间隙是否均匀。不合适者应重新修磨或更换
2	凸模装入固定板	以凹模孔定位，将各凸模分别压入凸模固定板型孔中，并紧固
3	装配下模	1. 在下模板 28 上划中心线，按中心预装凹模 26、垫板 27、导料板 21 中料板 20； 2. 在下模板 28、垫板 27，导料板 21、卸料板 20 上，用已加工好的凹模分别复印螺孔位置；并分别钻孔、攻丝； 3. 将下模板、垫板、导料板、卸料板、凹模用螺钉紧固，打入销钉

续表

序号	工序	工序说明
4	装配下模	1. 在已装好的下模上放等高垫铁,将凸模与固定板组合通过卸料孔导向,装入凹模; 2. 预装上模板4,划出与凸模固定板相应的螺孔、销孔位置,并钻铰螺孔、销孔; 3. 用螺钉将固定扳组合。垫板、上模板连接在一起,但不要拧紧; 4. 复查凸、凹模间隙并将其调整合适后紧固螺钉; 5. 切纸检查,合适后打入销钉
5	装辅助零件	装配辅助零件后试冲

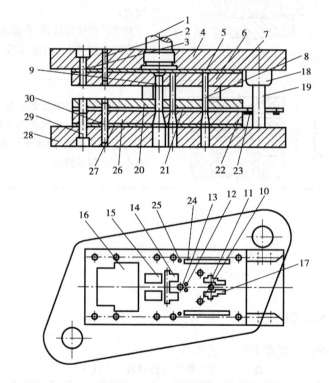

图9.15 电度表冲片连续模

1—模柄;2,25,30—销钉;3,23,29—螺钉;4—上模板;5,27—垫板;
6—凸模固定板;7—侧刃凸模;8—15,17—冲孔凸模;16—落料凸模;18—导套;
19—导柱;20—卸料板;21—导料板;22—托料板;24—挡块;26—凹模;28—下模板

9.8.2 塑料模装配示例

图9.16 热塑性塑料注射模装配示例见表9.4。

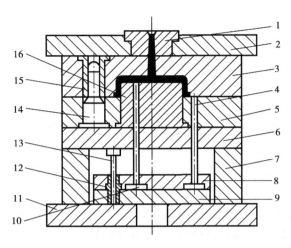

图 9.16　热塑性塑料注射模

1—浇口套；2—定模板；3—定模；4—复位杆；5—动模固定板；6—垫板；
7—支撑板；8—推板；9—推板垫板；10—顶件杆；11—动模板；12—顶板导套；
13—推板导柱；14—导柱；15—导套；16—动模型芯

表 9.4　注塑模装配示例

序号	工　序	工　序　说　明
1	精修定模	1. 定模经锻、刨后，磨削 6 面，下、上平面留修磨余量； 2. 划线加工型腔，用铣床铣型腔或用电火花加工型腔，深度按要求尺寸增加 0.2 mm； 3. 用油石修整型腔表面。
2	精修动模型芯及动模固定板型孔	1. 按图纸将预加工的动模型芯精修成形，钻铰顶杆孔； 2. 按划线加工动模固定板型孔，并与型芯配合加工
3	同镗导柱、导套孔	1. 将定模、动模板固定板叠合在一起，使分型面紧密接触，然后夹紧镗削导柱、导套孔； 2. 锪导套、导柱孔的台肩
4	复钻各螺孔、销孔及推杆孔	1. 定模 3 与定模板叠合在一起，夹紧复钻螺孔、销孔； 2. 动模固定板、垫板、支撑板、动模板叠合夹紧，复钻螺孔、销孔
5	动模型芯压入动模固定板	1. 将动模型芯压入固定板并配合紧密； 2. 装配后型芯外露部分要符合图纸要求
6	压入导柱、导套	1. 将导套压入定模； 2. 将导柱压入动模固定板； 3. 检查导柱、导套配合的松紧程度
7	磨安装基面	1. 将定模 3 上基面磨平； 2. 将动模固定板下基面磨平
8	复钻推板上的推杆及顶杆孔	通过动模固定板及型芯，复钻推板上的推杆及顶杆孔。卸下后再复钻垫板各孔
9	将浇口套压入定模板	用压力机将浇口套压入定模板
10	装配定模部分	定模板、定模复钻螺孔、销孔后，拧入螺钉和敲入销钉紧固
11	装配动模	将动模固定板、垫板、支撑板、动模板复钻后拧入螺钉，打入销钉紧固
12	修正推杆、复位杆、顶杆长度	将动模部分全部装配后，使支承板底面和推板紧贴于动模板；自型芯表面调出推杆、顶杆的长度，进行修正
13	试模与调整	各部位装配完后进行试模，并检查制品，验证模具质量状况

9.8.3 冷冲模的试冲和调整

为了保证冲模在投入产品生产时能顺利安装在压力机上进行安全操作,并能稳定地保证冲件质量,冲模在使用前,一般就在冲模制造装配完工检验合格后,要安装在模具制造部门试冲专用或试冲前生产部门指定的压力机上,进行试冲。通过冲件的缺陷来发现在冲压工艺、冲模的设计和制造,有时甚至在产品冲压件的设计中所存在的问题,主要通过调整冲模(必要时对冲件坯料,冲压工艺或产品冲压件设计也作相应调整)来解决,从而使冲件最后完全达到质量要求。试冲和调整的一般程序如下:

(1)检查试冲用压力机的技术状态和对冲模的安装条件

压力机的技术状态要完全完好,无任何故障。对冲模安装的条件诸如闭合高度、安装槽孔位置、工作台漏料孔以及压力机的打料机构等要完全适应,包括压力机的吨位和行程完全能满足冲模冲压的要求。

(2)安装冲模

在压力机查明无误后,即可安装冲模,大致步骤如下:

①先将冲模上下平面及与之接触的压力机滑块底面和工作台面揩干净;

②开动压力机,使滑块上升到上顶点;

③用起重设备将冲模放到压力机工作台面上;

④检查和调整在上顶点时的滑块底面到处在闭合状态的冲模与平面的距离,使之大于压力机行程;

⑤下降滑块到下顶点,调节到与处在闭合状态的冲模上平面接触。先将上模紧固在滑块上。再将滑块稍上升后空车开动压力机运行几次。最后把需用的卸料橡胶等,妥善安放到正确的位置上。

(3)进行试冲和调整冲模

先调整上下模间的距离,然后用规定的坯料进行试冲。再按试冲结果,分析冲件缺陷原因,有的放矢地调整冲模。冲裁模在试冲时先要调整好上模进入下模的深度。在试冲过程中,较多的是调整凹、凸模之间的间隙,此间隙过大或过小时,冲件就会出现毛刺,间隙不均匀时冲件剪切断面的光亮带就宽窄不一。如冲件尺寸不合或孔的位置不对时,要检查并调整定位块或销钉位置。必要时还要调整卸料系统,检查卸料件与冲件形状是否适应,废料排出有无阻塞等。

9.8.4 塑料注射模试模

模具装配完成以后,在交付生产之前,应进行试模。试模的目的有:其一是检查模具在制造上存在的缺陷,并查明原因加以排除;其二还可以对模具设计的合理性进行评定,并对成形工艺条件进行探索,这将有益于模具设计和成形工艺水平的提高。

试模应按下列顺序进行:

(1)装模

在模具装上注射机之前,应按设计图样对模具进行检验,以便及时发现问题,进行修理,减少不必要的重复安装和拆卸。在对模具的固定部分和活动部分进行分开检查时,要注意方向记号,以免合拢时搞错。

模具尽可能整体安装,吊装时要注意安全,操作者要协调一致密切配合。当模具定位圈装入注射机上定模板的定位圈座后,可以较慢的速度合模,由动模板将模具轻轻压紧,然后装上压板。通过调节螺钉,将压板调整到与模具的安装基面基本平行后压紧,如图9.17所示。压板位置绝不允许像图中双点划线所示。压板的数量,根据模具的大小进行选择,一般为4~8块。

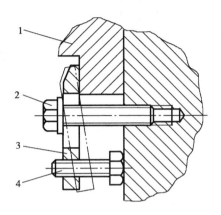

图9.17 模具紧固

1—模脚;2—压紧螺钉;3—压板;4—调节螺钉

在模具被紧固后可慢慢启模,直到动模部分停止后退,这时应调节机床的顶杆使模具上的推板和动模支承板之间的距离不小于5 mm,以防止顶坏模具。

为了防止制件溢边,又保证型腔能适当排气,合模的松紧程度很重要。由于目前还没有锁模力的测定装置,因此,对注射机的液压柱塞—肘节锁模机构主要是凭目测和经验进行调节。即在合模时,肘节先快后慢,既不很自然,也不太勉强的伸直时,合模的松紧程度就正好合适。对于需要加热的模具,应在模具达到规定的温度后再校正合模的松紧程度。

最后,接通冷却水管或加热线路。对于采用液压或电机分型模具也应分别进行接通和检验。

(2)试模

经过上述的调整和检查,做好试模准备后,选用合格原料,根据推荐的工艺参数将料筒和喷嘴加热。由于制件大小、形状和壁厚的不同,以及设备上热电偶位置的深度和温度表的误差也各有差异,因此,资料上介绍的加工某一塑料的料筒和喷嘴温度只是一个参考范围,还应根据具体条件试调。判断料筒和喷嘴温度是否合适的最好办法是将喷嘴和主流道脱开,用较低的注射压力,使塑料自喷嘴中缓慢的流出,观察料流。如果没有硬头、气泡、银丝、变色,料流光滑明亮,即说明料筒和喷嘴温度是比较合适的,即可开机试模。

在开始注射时,原则上选择在低压、低温和较长的时间条件下成型。如果制件未充满,通常是先增加注射压力。当大幅度提高注射压力仍无效果时,才考虑变动时间和温度。延长时间实质上是使塑料在料筒内的受热时间增长,注射几次后若仍然未充满,最后才提高料筒温度。但料筒温度的上升以及它与塑料温度达到平衡需要一定的时间(一般约15 min左右),需要耐心等待,不要过快地把料筒温度升得太高,以免塑料过热甚至发生降解。

注射成型时可选用高速和低速两种工艺。一般在制件壁薄而面积大时,采用高速注射,而壁厚面积小的塑件采用低速注射,在高速和低速都能充满型腔的情况下,除玻璃纤维增强塑料外,均宜采用低速注射。

对粘度高和热稳定性差的塑料,采用较慢的螺杆转速和略低的背压加料及预塑,而粘度低和热稳定性好的塑料可采用较快的螺杆转速和略高的背压。在喷嘴温度合适情况下,采用喷嘴固定形式可提高生产率。但当喷嘴温度太低或太高时,需要采用每次注射后向后移动喷嘴的形式(喷嘴温度低时,由于后加料时喷嘴离开模具,减少了散热,故可使喷嘴温度升高,而喷嘴温度太高时,后加料时可挤出一些过热的塑料)。

在试模过程中应进行详细记录,并将结果填入试模记录卡,注明模具是否合格。若需反修,应提出反修意见。在记录卡中应摘录成形工艺条件及操作注意要点,最好能附上注射成型的制件,以供参考。对试模后合格的模具,应清理干净,涂上防锈油后入库。

练习与思考题

9.1　装配尺寸链的组成、作用与求解方法是什么?

9.2　举例说明模具装配中一般需修磨的部位与方法。

9.3　确定凸凹模间隙的方法有哪些?

9.4　凸模与型芯的固定形式与方法有哪些?

9.5　如何保证级进模、复合模及多冲头简单模的位置精度?

参考文献

1 《模具制造手册》编写组. 模具制造手册. 北京：机械工业出版社，1997

2 孙凤勤. 模具制造工艺与设备. 北京：机械工业出版社，1999

3 〔日〕吉田弘美. 模具加工技术. 上海：上海交通大学出版社，1987

4 《简便模具设计与制造》编写组. 简便模具设计与制造. 北京：北京出版社，1985

5 陈炎嗣，郭景仪. 冲压模具设计与制造技术. 第一版. 北京：北京出版社，1991

6 任鸿烈等. 塑料成型模具制造技术. 广州：华南理工大学出版社，1987

7 齐世恩. 机械制造工艺学. 哈尔滨：哈尔滨工业大学出版社，1988

8 姚开彬等. 工模具制造工艺学. 南京：江苏科学技术出版社，1989

9 冯晓曾等. 模具用钢和热处理. 北京：机械工业出版社，1982

10 李天佑. 冲模图册. 北京：机械工业出版社，1988

11 《模具制造手册》编写组. 模具制造手册. 北京：机械工业出版社，1996

12 《模具标准选编》编写组. 模具标准汇编. 北京：中国标准出版社，1992

13 赵世友. 模具工实用技术. 沈阳：辽宁科学技术出版社，2004

14 徐嘉元，曾家驹. 机械制造工艺学. 北京：机械工业出版社，1999

15 李云程. 模具制造工艺学. 北京：机械工业出版社，2001

16 郭铁良. 模具制造工艺学. 北京：高等教育出版社，2002

17 刘晋春，赵家齐. 特种加工. 第三版. 北京：机械工业出版社，1999

18 王敏杰，宋满仓. 模具制造技术. 第一版. 北京：电子工业出版社，2004

19 皱继强. 刘矿陵. 模具制造与管理. 第一版. 北京：清华大学出版社，2005